Environmental Stimuli-responsive
Poly(aryl ether) Dendritic Gels

环境敏感型
聚芳醚树状分子凝胶

刘志雄 著

化学工业出版社

·北京·

内容简介

树状分子凝胶作为一类典型的超分子凝胶材料，在构筑多重外界刺激响应性软材料方面表现出独特的优势。本书首先简要介绍了凝胶和超分子凝胶的基本概念，重点围绕树状分子凝胶，特别是聚芳醚型树状分子凝胶，系统总结了这类软物质材料的制备以及环境刺激响应性能，结合作者的科研工作，主要选取了基于偶氮苯官能团、配位作用、卤键识别作用的聚芳醚树状分子凝胶材料以及几类典型的双功能聚芳醚型树状分子凝胶材料，详细介绍了具体凝胶因子的合成、凝胶材料制备、成凝胶机理、环境刺激响应性能以及污染物吸附性能等方面的成果和经验。

本书可供化学及材料专业的研究生、科研人员、产品开发人员参考。

图书在版编目（CIP）数据

环境敏感型聚芳醚树状分子凝胶 / 刘志雄著 . —北京：化学工业出版社，2022.12

ISBN 978-7-122-42351-1

Ⅰ.①环… Ⅱ.①刘… Ⅲ.①聚芳酯-凝胶 Ⅳ.①O648.17

中国版本图书馆 CIP 数据核字（2022）第 190216 号

责任编辑：李晓红　　装帧设计：刘丽华
责任校对：宋　夏

出版发行：化学工业出版社（北京市东城区青年湖南街13号　邮政编码100011）
印　　刷：三河市航远印刷有限公司
装　　订：三河市宇新装订厂
710mm×1000mm　1/16　印张13½　字数254千字
2022年12月北京第1版第1次印刷

购书咨询：010-64518888　　售后服务：010-64518899
网　　址：http://www.cip.com.cn
凡购买本书，如有缺损质量问题，本社销售中心负责调换。

定　　价：128.00元

前言

FOREWORD

当今化学学科发展的一个重要标志就是创造新物质的方法日益丰富多样，除了传统的化学合成手段之外，利用分子间的弱相互作用构筑具有新颖超分子结构的分子材料成为化学工作者创造新物质的重要途径之一。超分子凝胶就是传统化学合成技术和当代超分子组装技术综合运用所创造的一类重要物质。与高分子凝胶不同，维系超分子凝胶结构的是凝胶因子之间的弱相互作用，因此，在受到机械力、超声波、化学试剂以及温度等外界环境刺激时，凝胶材料宏观上可能表现出凝胶 - 溶液相态转变，即环境刺激敏感特性，这种特性使其在缓释、细胞培养、模板合成、信息存储与感知等方面表现出广阔的应用前景。

树枝状大分子是通过支化基元逐步重复反应得到的具有高度支化结构的大分子，具有精确、单一分散的三维立体结构，分子体积、形状和功能可在分子水平精确设计和控制。一方面，树状分子众多支化单元提供的多重弱相互作用力有利于形成稳定的超分子凝胶体系，即使在其上面修饰对外界变化敏感的官能团，依然能够保持稳定的凝胶形态；另一方面，树状分子灵活多变的可修饰位点也为研究构效关系和响应机理提供了有利条件。因此，树状分子凝胶作为一类典型的超分子凝胶材料，其在构建环境敏感型软材料，尤其是多重外界刺激响应性软材料方面，显现出了独特的优势。

笔者自 2009 年以来，一直致力于树状大分子智能凝胶材料研发工作。本书以笔者多年来在环境敏感型树状分子凝胶材料方面的研究成果为基础，充分考虑了树状分子凝胶材料的系统性和完整性，参考并吸收了国内外相关最新研究成果编撰而成，力争使著作能比较全面地反映环境敏感型聚芳醚型树状分子凝胶领域的研究成果和进展。笔者具体工作有：在外围间苯二甲酸二甲酯功能化的聚芳醚树状分子中引入偶氮苯官能团，构筑了首例能够同时对光、热、超声和触变等四重外界物理刺激产生智能响应的树状分子有机凝胶材料；通过调控金属离子和树状分子配体配位作用，发展了一类能够对多种化学试剂以及物理刺激产生响应的树状分子金属凝胶材料；通过聚芳醚树状分子配体和卤素阴离子的卤键作用，实现了对氯离子可视化、专一性识别；研究发现聚芳醚树状分子凝胶材料除了环境敏感特性，对金属离子以及有机污染物具有良好的吸附性能。

本书由山西大同大学博士科研启动基金项目（2019-B-01）资助，书中主要内容是国家自然科学项目（No.21074140，91027046，21290194和21221002）、山西省高等学校科技创新项目（2019L0739）、山西大同大学科研项目（2020YGZX011）和中国科学院海洋新材料与应用技术重点实验室开放基金（2021K02）等项目的主要成果。冯宇教授和白云峰教授对本书的完成给予了极大的鼓励和支持；陈辉博士和郝晓宇硕士等人的工作为本书部分章节的形成做出了很大贡献；初庆凯、赵晓芳等参与了文献资料搜集和文字编排工作，在此一并致以诚挚的谢意。

由于笔者水平有限，书中难免有疏漏和不足之处，敬请专家和读者不吝赐教，提出宝贵意见和建议。

刘志雄

2022年10月

于山西大同大学

目录

CONTENTS

第 3 章
基于偶氮苯官能团的环境敏感型聚芳醚树状分子凝胶 / 063

第 4 章
基于配位作用的环境敏感型聚芳醚树状分子金属凝胶 / 102

第 5 章
基于卤键识别作用的环境敏感型聚芳醚树状分子凝胶体系 / 140

第 6 章
双功能化环境敏感型聚芳醚树状分子凝胶 / 170

凝胶材料概述

1.1 凝胶简介

1.1.1 基本概念

凝胶，简单地讲，就是“看起来像果冻一样的东西”。凝胶与我们的日常生活息息相关。像生活中常用的牙膏、洗面奶、洗发水、发胶等日用品以及果冻、肉冻、豆腐等食品都是凝胶；人体的许多组织，如眼球、肌肉以及一些软组织、结缔组织等也属于凝胶。另外，许多口服型或注射型的药物、妇婴保健品也都是以凝胶为载体。由此可见，凝胶在食品、医学、材料科学、卫生保健等领域有着广泛的应用。

在一般高分子化学教科书中，通常这样定义凝胶：“交联的体型聚合物网络中包含溶剂或者单体、低聚物时为凝胶状态，称作凝胶”，或者“体型缩聚反应进行到一定程度，反应体系的黏度突然增加，并且出现具有弹性的凝胶，这种现象称作凝胶化，此时，体系中包含了两部分，一部分是凝胶，是巨型网络结构，不溶于一切溶剂；另一部分是溶胶，其分子量较小，被笼罩在凝胶的网络结构中”。然而有关凝胶，迄今为止，还没有一个严谨、完整、准确的定义，也许正像 Dorothy Jordon Lloyd 在 1926 年预言的那样：“胶体，比起去定义它，或许更容易识别”。到目前为止，Flory 对凝胶的定义是学术界公认的最全面和准确的，他认为：胶体是指在对其分析和测试的时间范围内持续稳定，流变力学行为类似于固体，具有连续结构的一类物质 [1]。

1.1.2 凝胶分类

凝胶可以看成是由凝胶因子构成的三维网络结构和充塞网络间隙的介质构成，

介质可以是液体或者气体，绝大多数情况下介质为液体，因此，也可将凝胶看作是三维网络包含了液体（溶剂）的膨胀体。凝胶种类繁多，可以依据凝胶的来源、形态尺寸和介质类型等进行分类（图 1-1）[2]。

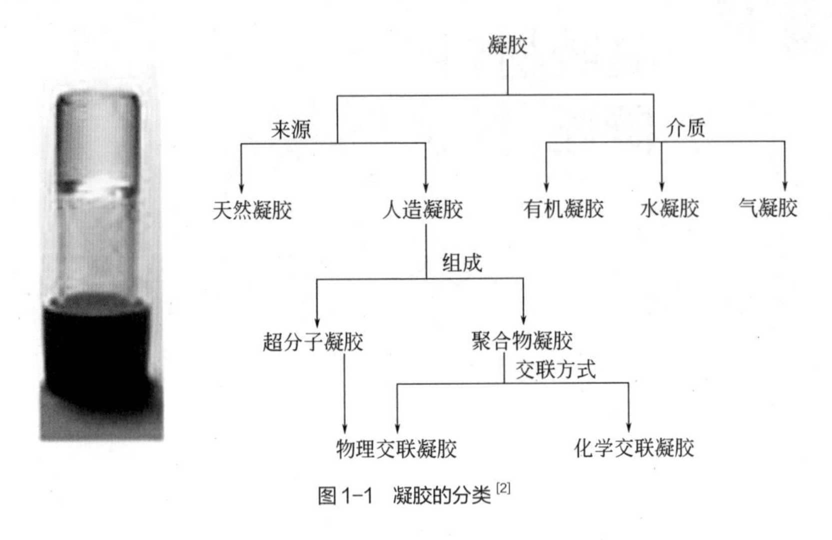

图 1-1　凝胶的分类 [2]

（1）按照来源分类

按照来源可分为天然凝胶和人造凝胶两大类。天然凝胶多由生物体制备，例如，琼脂、肌肉、蛋白质等都是凝胶。人造凝胶按照组成可以分为聚合物凝胶和超分子凝胶：聚合物凝胶是通过人工合成出交联高分子，同时或再令其吸收溶剂而形成的凝胶，例如隐形眼镜、高吸水性树脂和芳香剂等；近年来，人们发现有些有机小分子化合物能在很低的浓度下（质量分数一般低于 2%），通过分子自组装，使有机溶剂凝胶化，形成有机小分子凝胶，这类凝胶也称为超分子凝胶。聚合物凝胶按照交联方式又分为物理交联凝胶和化学交联凝胶。无论天然的还是人造的凝胶都有单组分与多组分之分。天然凝胶包含的种类繁多，人类食品很多都是凝胶，人体本身除骨头和牙齿等硬组织外，都含大量的水，例如肌肉、血管、角膜、晶状体、玻璃体等都是凝胶。因此，广义地说包括人类在内的生物体都可以被认为是由凝胶材料构成的。为提高合成凝胶的生物适应性，常将合成物与生物成分复合起来，使其具有特殊的生物功能，称为杂化凝胶。杂化凝胶可以作为能与生物组织融合的填补材料和人造内脏器材，例如人造皮肤团、人造角膜等医用材料。

（2）按照形态尺寸分类

凝胶按照形态尺寸分为微凝胶和宏观凝胶两类。微凝胶是极其微小的，由线型分子内交联构成的网络，或者由几个分子间发生交联的网络与所含溶剂组成。微凝胶属于微米级的凝胶颗粒，是一种具有分子内交联结构的聚合物微粒，具有优良的加工性能和施工性能，这种微凝胶分散在溶剂中，形成的“溶液”黏度低，易涂布，干燥后粒子黏附成牢固的膜，因而是涂料很有用的基料。

宏观凝胶呈块状，甚至可以认为是体系内所有高分子都相互交联起来形成的一个巨大分子的溶胀体，通常就称为凝胶，为区分微凝胶而称为宏观凝胶。宏观凝胶内部交联结点的分布通常是不均匀的，这是因为合成凝胶时，最常用的方法是将单体与交联剂混合在一起进行化学反应，由于单体和交联剂的反应活性有差别，交联反应可能优先发生，也可能最后发生，这使交联结点在凝胶中通常集中于某些特定部位，这些交联结点密集处也称作宏观凝胶中的微凝胶。

（3）按照介质类型分类

按照介质是液体还是气体而分为湿凝胶和干凝胶，液体又分水和有机溶剂两类。以水为介质的凝胶称作水凝胶，几乎所有天然凝胶和大部分合成凝胶中的介质为水，属于水凝胶。此外，以有机溶剂为介质的有机凝胶也发挥着很多作用，例如吸油树脂吸油形成有机凝胶，在除油污方面起很大作用，又如充硅油的有机凝胶作为运动鞋吸收冲击力的材料而备受重视。以气体为介质的干凝胶又称为气凝胶，如冻豆腐、硅胶、干燥的琼脂等。

1.1.3 凝胶应用

凝胶材料由于本身所具有的优越性能引起了众多研究者极大的兴趣与关注，相应的制备与开发研究也日新月异，其应用已渗入农、林、牧、园艺、医疗卫生、生物医药、建筑、石油化工、日用化工、食品、电子和环保等各个领域，并仍在向更广阔的应用领域拓展[3]。

（1）农林园艺领域

农林用凝胶材料通常是高分子水凝胶材料，也称超强吸水剂，由于具有吸水率高、保水性强等优异性能，使得其在农、林、牧、园艺、绿化等方面的应用极具发展前景。超强吸水剂可改善土壤团粒结构，使土壤透水性、透气性增强，并且能缩小土壤白天和晚上的温差；同时它还能吸收肥料、农药构成缓释体系，增长了肥效、农药效果。因此，超强吸水剂作为土壤改良剂、土壤保水剂、种子包衣剂、植物生殖生长促进剂和苗木移植保存剂等得到应用，这不仅可改善土壤团粒结构，增加土壤的保墒、保湿、保肥性能，提高种子发芽率、成活率，促进植物生长发育、抗旱保苗、保收，而且可节约灌溉用水、减小劳动强度。

（2）医疗卫生领域

高分子水凝胶材料特别是超强吸水剂，不仅吸水率高、保水性强，而且具有吸尿、吸血等特性，其在卫生材料领域内的应用开发最早，也最为成熟。目前全球80%的产品都用作纸尿布、排尿袋、卫生巾等，其发展已经给妇女、儿童、尿失禁病人和精神病患者带来了福音。同时，由于高分子水凝胶具有缓慢释放及毒性小的特点，使其在医药和医疗方面也极具应用价值，软接触眼镜就是高分子水凝胶材料在生体内使用最为成功的例子，而作为药物控制释放材料和抗菌材料[4, 5]的研究意义重大。

（3）工业领域

工业上，凝胶材料可用于工业脱水剂、功能涂料[6]、功能缓蚀剂、电缆包裹材料、钻井润滑剂，建筑上的防水堵漏剂、固化剂、防结露剂和水泥的防护剂等，食品、水果、蔬菜等的保鲜型包装材料，日用品方面化妆品的润湿剂、头发定型剂、香料缓释剂等，环保领域的污水处理药剂，消防制品方面的凝胶防焰剂、防火布，以及电子工业中的湿度传感器、水分测量传感器、漏水检测器等精细化工产品与仪器的制备。

功能涂层材料和缓蚀剂作为一种最经济、便捷的防护材料已经广泛应用于材料的防护领域[7-9]。有机硅溶胶-凝胶材料作为一类典型的凝胶涂层材料，由于其热稳定、耐刮擦性，与无机材料的结合性能明显高于普通的有机材料，已被广泛用作防腐[10, 11]、防潮和绝缘涂覆及灌封材料。功能高分子凝胶作为一种迅速发展的新型功能材料，已经在建筑、石油化工、日用化工、食品、电子、环保等领域有着广泛应用。与高分子凝胶材料相比，超分子凝胶材料尽管没有规模化应用，但近年来发展了刺激响应性超分子凝胶、相分离超分子凝胶、自愈合超分子凝胶。特别是超分子凝胶在药物缓释、化妆品、文物保护、3D打印和电子皮肤等领域的应用研究也取得了长足进展[12]。相信随着超分子凝胶研究的不断深入，未来超分子凝胶也会广泛应用于日常生活领域。

1.2 超分子凝胶

1.2.1 基本概念

超分子凝胶的研究兴起于20世纪末，1921年Hoffman和Gortner等就对L-胱氨酸衍生物形成的小分子水凝胶行为进行了研究[13,14]，但是直到1987年Weiss小组报道了偶然发现的一个小分子凝胶体系[15]，才真正掀起了人们对超分子凝胶的研究热潮。

小分子凝胶[2,16-31]一般是指某些小分子化合物在很低的浓度下（质量分数一般低于2%），通过自组装，使有机溶剂凝胶化，形成有机小分子凝胶，这类化合物被称为凝胶因子（gelator）。在适当溶剂中加热小分子凝胶因子使其完全溶解形成均一的过饱和溶液后，在冷却过程中，随着体系温度的降低，分子开始聚集，通常可能发生如下三种不同的情况（图 1-2）：①高度有序地堆积形成晶体；②随机聚集成杂乱无序的沉淀；③介于上述两种情况之间的状态，形成比较有序的小分子凝胶。

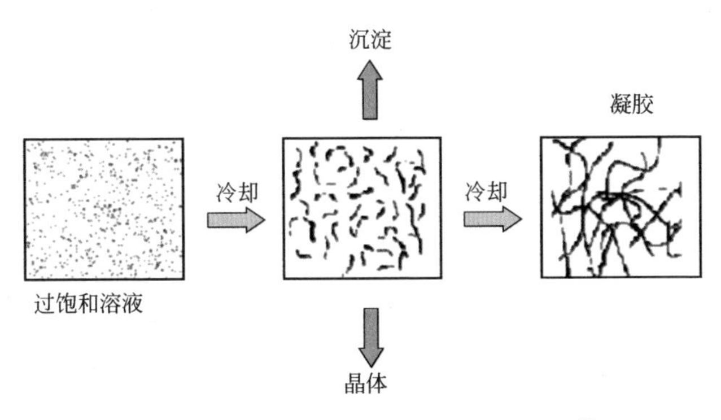

图 1-2　过饱和溶液冷却过程中形成的聚集体 [2]

在凝胶形成过程中，凝胶因子通常在随机产生的晶核上通过分子间氢键、π-π 堆积作用、疏水作用、配位键、范德瓦耳斯力等弱相互作用自发一维生长，形成纤维状、管状、棒状或者带状的一维结构，进而相互交联、缠绕组装形成三维网络状结构，从而将溶剂分子“固定”在网络状结构中而阻止分子的流动，形成宏观上类似于固体的一种软物质材料 [16,32]，即超分子凝胶（图 1-3）。超分子凝胶能否形成除了跟小分子本身的结构有关外，还与溶剂的性质、冷却过程等因素有关。

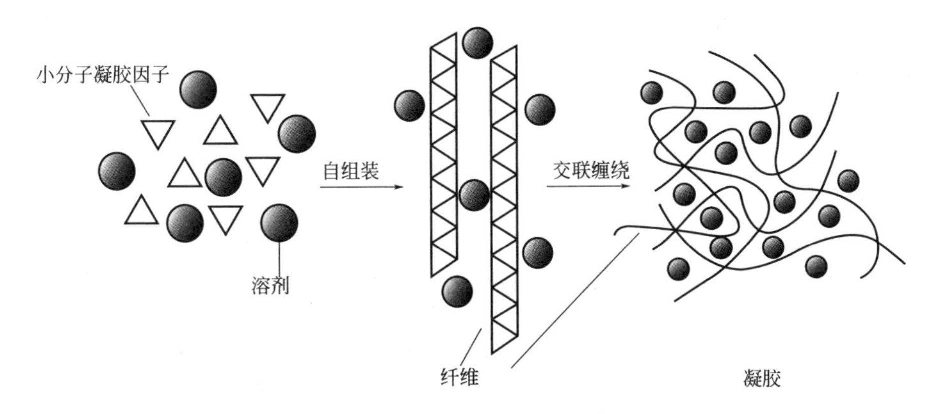

图 1-3　超分子凝胶形成过程示意图

与聚合物凝胶相比，小分子凝胶具有如下特点：①凝胶因子具有明确的分子结构和分子量；②小分子凝胶形成的三维网络状结构是通过分子间弱相互作用力形成的，而聚合物凝胶则主要依靠共价键形成；③小分子凝胶都属于物理凝胶，而聚合物凝胶绝大部分是化学凝胶；④小分子凝胶具有热可逆性，即加热可以转变为溶液，而聚合物凝胶只能发生凝胶 - 溶胶相转变。

1.2.2 几种典型小分子凝胶因子

尽管已有许多文献报道了成千上万种结构不同、种类繁多的小分子凝胶因子 [2,14,16-31]，然而面对“究竟什么样结构的分子能够在特定的溶剂中形成凝胶？”这一最基本的科学问题时，时至今日，人们仍然无法给出确定的答复。一般情况下，能够形成有机小分子凝胶的分子中往往含有某些特定的成胶基元，根据成胶基元的不同，可以将常见的小分子凝胶因子分为如下几类（图 1-4）：①氨基酸和多肽类衍生物 [25,29]；②脲类衍生物 [33,34]；③糖类衍生物 [35]；④甾体类衍生物 [36]；⑤长烷基链类衍生物 [37]；⑥金属配合物 [26,28]；⑦树枝状分子 [32,38-41] 等。

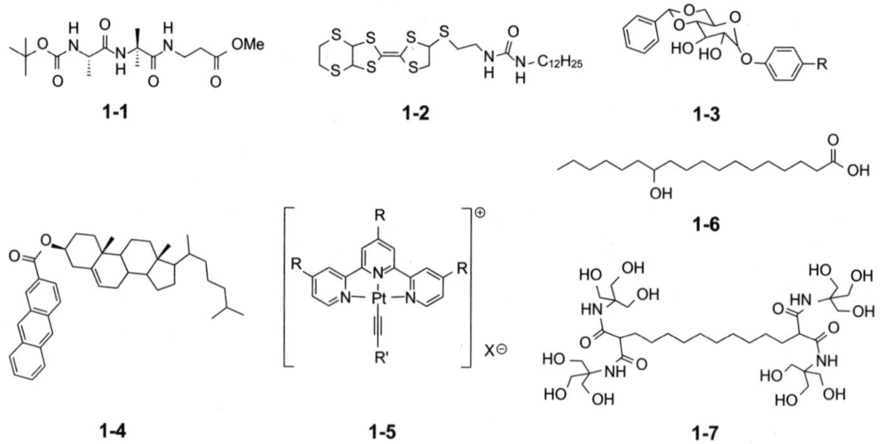

图 1-4 几种典型的小分子凝胶因子

1.2.3 环境敏感型超分子凝胶

与传统的由共价键交联而形成的三维网状结构高分子或生物凝胶不同，超分子凝胶具有热可逆性和对外部环境变化的敏感特性，使超分子凝胶在制备环境敏感凝胶、新型无机材料模板剂、光电功能材料、生物医学材料和反应介质，药物缓释、组织工程等方面有很好的应用前景和价值 [2,24,31,42]。

超分子凝胶除了固有的热可逆属性外，由于其具有明确的分子结构，可以根据需要巧妙地将某些可调控的官能团引入凝胶因子中，一方面可以维持小分子凝胶因子优异的成胶性能；另一方面可以实现小分子凝胶感应外界环境变化，并对外界刺激（如光、电、化学试剂、应力等）产生智能响应。这类智能凝胶有望作为崭新的“软材料”应用于传感器、光开关、人工触角、药物缓释等领域 [43]。到目前为止，环境敏感型智能小分子凝胶主要可以分为如下几种：化学响应性凝胶、光响应性凝胶、超声响应性凝胶以及多响应性凝胶等。

（1）化学响应性凝胶

有关化学响应性小分子凝胶种类非常丰富[43-45]。化学刺激可以是 pH 值、金属阳离子、阴离子以及通过主客体识别的客体分子，甚至可以是催化凝胶因子发生反应的酶等。在这些化学刺激的作用下，凝胶体系往往能够实现凝胶和溶液的相态变化。

2004 年 Shinkai 小组[44] 报道了首例基于 Cu^{+} 配合物的氧化还原性小分子凝胶 **1-8**。研究发现，当往 Cu^{+} 配合物小分子凝胶中加入氧化剂 $NOBF_4$ 并加热冷却后，配合物的金属铜离子被氧化形成 Cu^{2+}，同时凝胶体系被破坏，形成淡蓝色溶液，伴随有少量沉淀析出；当在该溶液体系中加入还原性的抗坏血酸并加热冷却后，Cu^{2+} 被还原形成 Cu^{+}，凝胶体系自行恢复。可以利用 $NOBF_4$ 和抗坏血酸使 Cu^{+} 与 Cu^{2+} 相互变化，从而有效地调控凝胶 - 溶液的智能转变（图 1-5）。随后关于阴离子、客体分子以及酶等化学响应性超分子凝胶体系也被陆续报道了出来[28,43,46]。

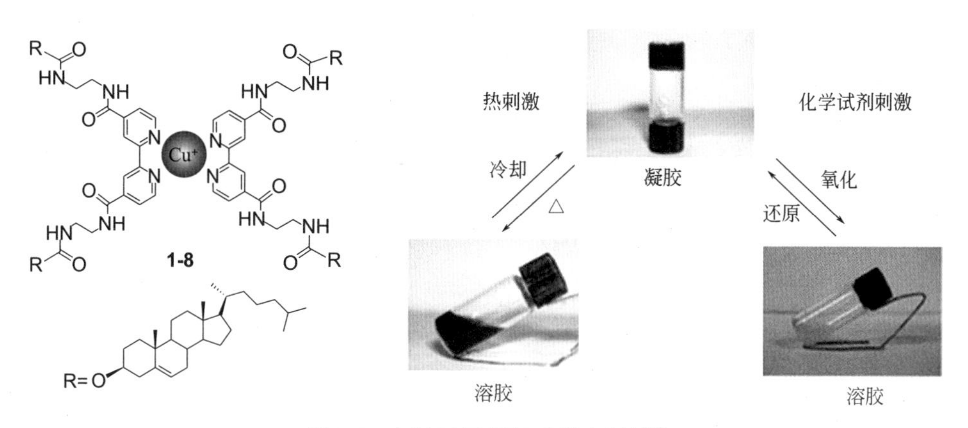

图 1-5　小分子金属凝胶及化学响应性[44]

（2）光响应性凝胶

通过在小分子凝胶因子上面修饰有光响应性官能团（如偶氮苯官能团、螺吡喃、二芳基乙烯等）[47-52]，在紫外光以及可见光的交替照射下，由于凝胶因子中光响应官能团结构的变化，导致凝胶态和溶液态的相互转变。光响应性小分子凝胶研究最多的是偶氮苯类衍生物凝胶因子。早在 1994 年 Shinkai 小组就报道了首例基于偶氮苯衍生物的光响应性凝胶体系[47]（图 1-6）。在紫外光照射下，偶氮苯官能团由反式构型变成顺式构型，伴随着凝胶向溶液的转变；溶液在可见光照射下，偶氮苯官能团由顺式转变为反式，在暗室中静置后凝胶自行恢复。随后，修饰有二芳基乙烯、螺吡喃等光致变色官能团的光响应性凝胶体系也被陆续报道了出来。

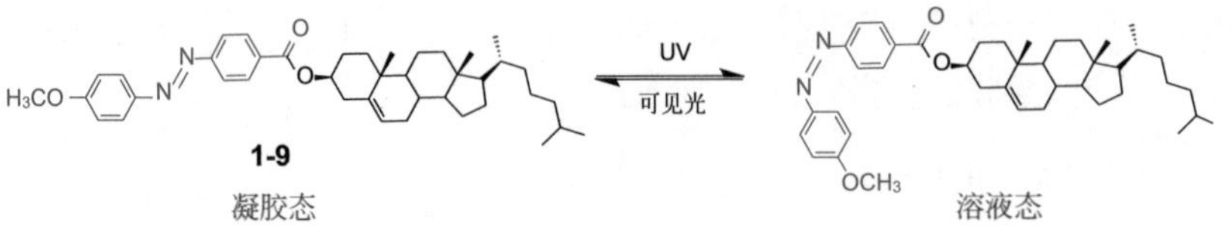

图 1–6　偶氮苯小分子凝胶的光致异构反应

（3）超声响应性凝胶

尽管在很早以前，人们认为超声刺激不利于凝胶的形成，事实上，最近研究发现，对于某些小分子凝胶体系，超声反而能够诱导形成凝胶。到目前为止，有关超声诱导凝胶形成的体系多为金属配合物和含有多氢键位点的小分子凝胶体系，但是对于超声能够诱导形成凝胶的机理尚不清楚[53-57]。2005 年 Naota 小组[54]首次报道了超声刺激可以诱导钯配合物 **1-10** 形成凝胶的例子（图 1-7），发现在乙酸乙酯溶剂中，经过 40W 功率的超声波作用 60s 后，可形成稳定的凝胶。而未经超声刺激，直接冷却则形成溶液。究其原因可能是超声刺激使得分子的构型发生变化，从而有利于自组装的进行。

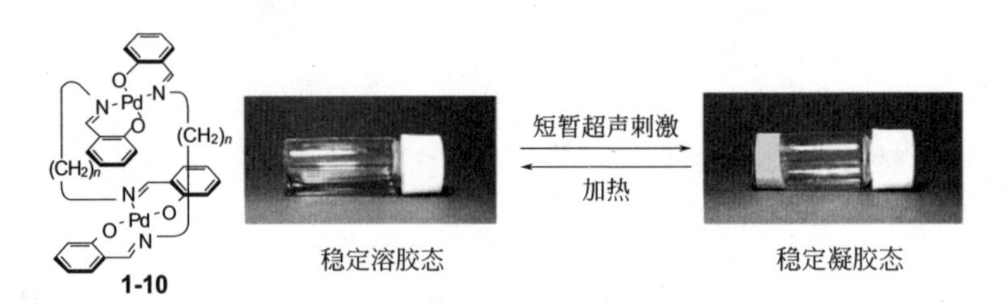

图 1–7　金属凝胶因子及超声响应示意图[54]

（4）多响应性凝胶

相对于单一刺激（热刺激除外）响应的小分子凝胶体系，能够对多重环境刺激（通常两种或者两种以上）产生智能响应的凝胶体系具有更加诱人的前景。但是，这类功能化小分子凝胶的构建也更具有挑战性：一方面需确保在引入多个能够对外界刺激产生响应的官能团后，小分子凝胶因子的凝胶性能不受影响；另一方面，引入多个刺激响应的官能团后，需保证各个官能团能够彼此独立地对外界刺激产生响应，而不互相干扰。事实上，有关多响应超分子凝胶体系的报道还很少[58-67]。

2003 年，Rowan 小组[59]报道了一例如图 1-8 所示的三齿配体 **1-11**，其能和杂金属离子配位形成超分子聚合物，进而自组装形成稳定的凝胶；在乙腈溶剂中，此配体能够和 Co^{2+} 或 Zn^{2+} 等二价离子按 2 ∶ 1 的比例进行配位形成线性的超分子聚合物；当二价离子中掺杂少量的 La^{3+} 或 Eu^{3+} 等三价金属离子时，由于凝胶因子会和这两种三价离子按照 3 ∶ 1 的比例进行配位，因而体系能够形成三维状的交联结构，最终形成黏稠的金属凝胶。该金属凝胶能够对热、化学试剂和触变等多重外界刺激产生智能响应（图 1-8）。

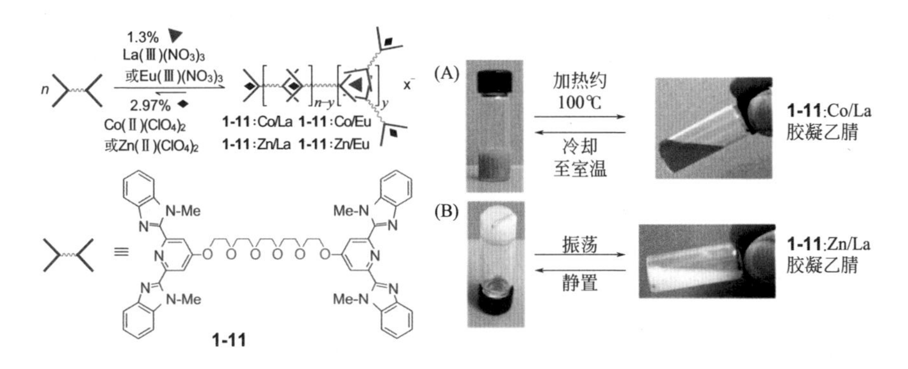

图 1-8　金属离子诱导形成的多响应性有机小分子凝胶 [59]

2007 年，吉林大学吴立新 [60] 报道了一例基于 Ag^+ 配合物的功能化小分子凝胶（图 1-9），研究发现吡啶配体与 Cu^{2+}、Co^{2+}、Ni^{2+} 等离子形成的配合物均不能形成凝胶，但与银离子配位后却能在甲苯等有机溶剂中自组装成三维的网络状结构，并最终形成凝胶。在卤素离子或者硫离子作用下，凝胶体系中的 Ag^+ 与阴离子反应，生成的 AgX 以沉淀形式析出，该体系迅速由凝胶态变成溶液态，而再次加入 Ag^+ 后，体系再次变成凝胶；另外发现除阴离子以外，加入其他化学信号刺激剂（如硫化氢气体、氨水和质子等），该凝胶体系同样能够实现凝胶态和溶液态的相互转变，且转变前后其微观形貌发生了明显变化。

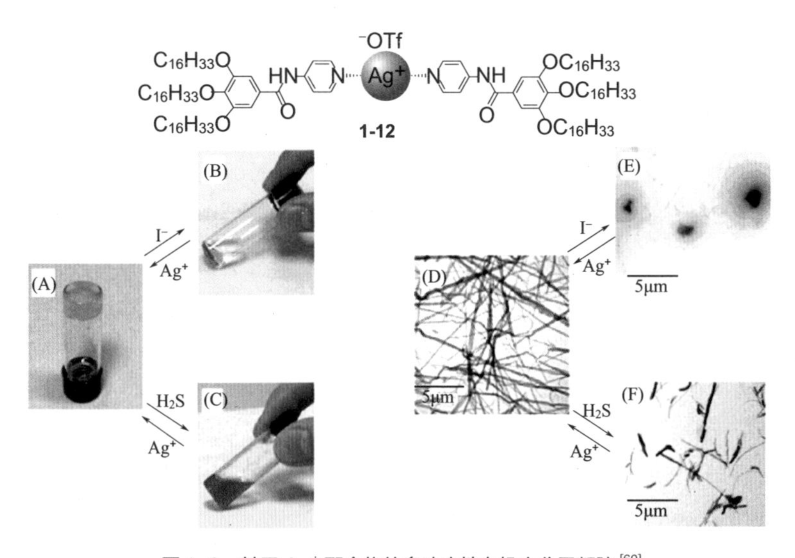

图 1-9　基于 Ag^+ 配合物的多响应性有机小分子凝胶 [60]

2008 年，陕西师范大学的房喻教授[61]报道了一类基于二茂铁官能团的功能化小分子凝胶因子 **1-13**，其在环己烷中形成透明的黄色凝胶，该凝胶可以形成高弹性的超分子凝胶薄膜；在凝胶中加入氧化剂后，二茂铁被氧化，凝胶被破坏变成溶液，再添加还原剂还原后，凝胶能自行恢复。另外发现其还能够对热、超声和触变产生智能响应（图 1-10）。

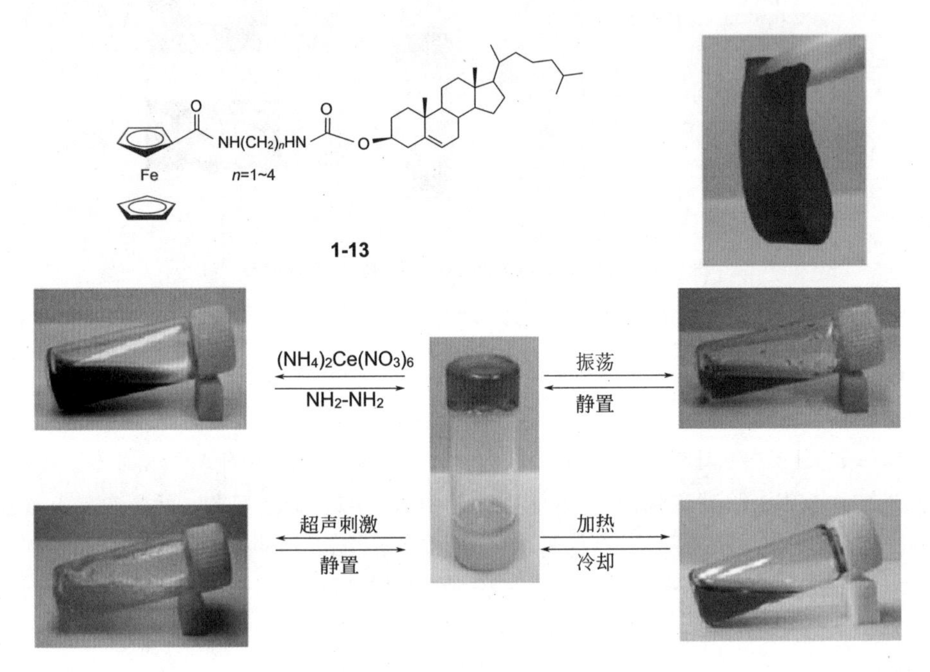

图 1-10 基于二茂铁的多响应性有机小分子凝胶[61]

2010 年，中科院化学所的张德清小组[64]报道了一例基于氧化还原活性四硫富瓦烯（TTF）和光活性偶氮苯官能团的有机小分子凝胶因子 **1-14**，该凝胶因子能在四氢呋喃、甲苯等有机溶剂形成稳定凝胶。凝胶状态时加 Fe^{3+} 作为氧化剂，TTF 功能基团被氧化，凝胶转变为深绿色的沉淀，接着加入抗坏血酸作为还原剂，并加热冷却后，体系又重新形成凝胶；采用电化学也能完成相应的循环过程。同时，偶氮苯官能团的存在，使得体系能够对紫外光和可见光作出智能响应，伴随着可逆的凝胶 - 溶液转变过程（图 1-11）。

2012 年，浙江大学黄飞鹤[65,66]报道了一类基于冠醚和铵阳离子的凝胶因子 **1-15**、**1-16**，该凝胶因子首先通过冠醚和铵正离子的识别作用形成线型聚合物，再通过金属交联形成超分子聚合物凝胶；流变力学研究表明这类超分子聚合物凝胶具有良好的黏弹性和机械性能，其能够对热、pH、阳离子以及竞争性配体等多重外界刺激产生智能响应（图 1-12）。

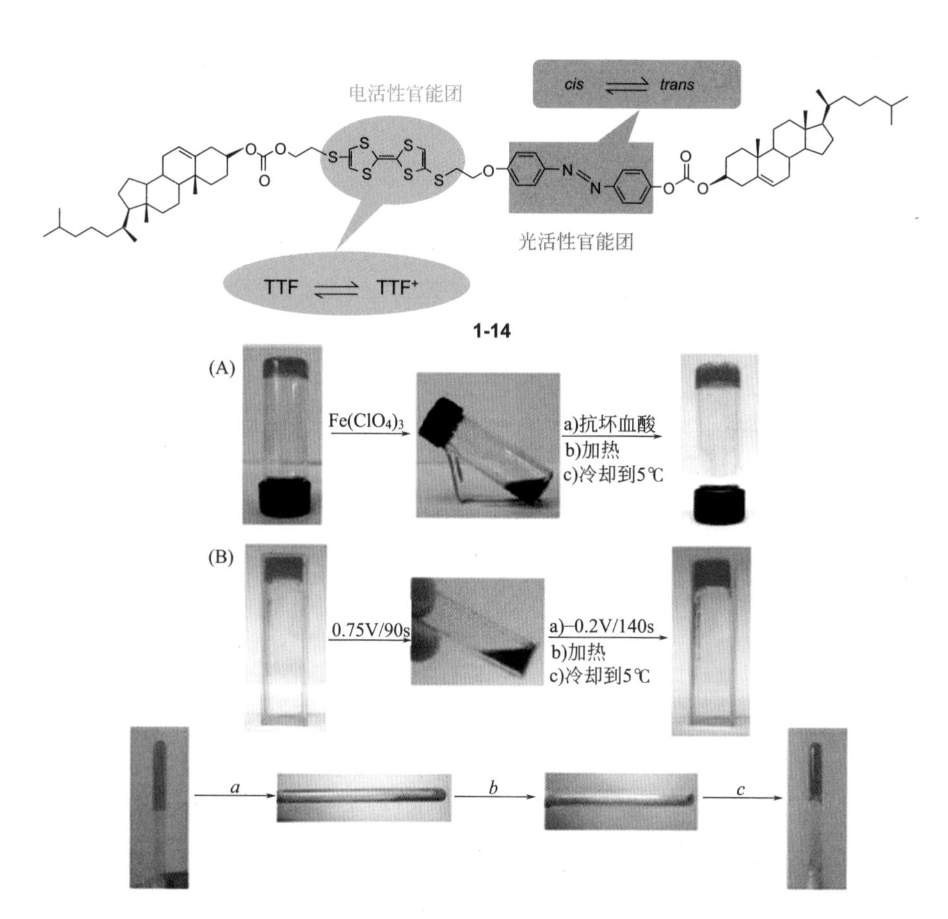

图 1-11　基于 TTF 和偶氮苯的多响应性有机小分子凝胶[64]

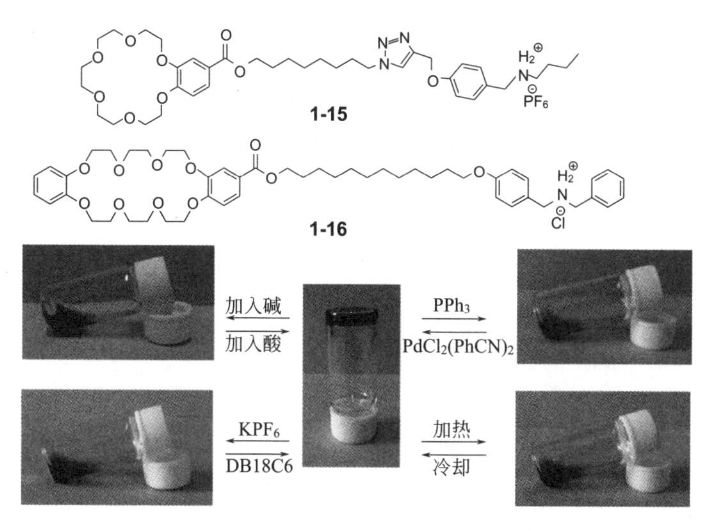

图 1-12　超分子聚合物凝胶以及多响应性能[65, 66]

1.3 树状分子凝胶

1.3.1 树状分子简介

树状分子（dendrons 或 dendrimers）是 20 世纪 80 年代发展起来的一类具有特殊结构和组成的新型高分子。树状分子是通过支化单元逐步重复反应而得到的具有高度支化结构的大分子，其分子组成一般包括三个部分：核心单元、支化单元和末端单元。每一次循环反应都会导致分子的支化层增加一次，人们通常将这类分子的每一层重复单元称为代（generation）（图 1-13）。

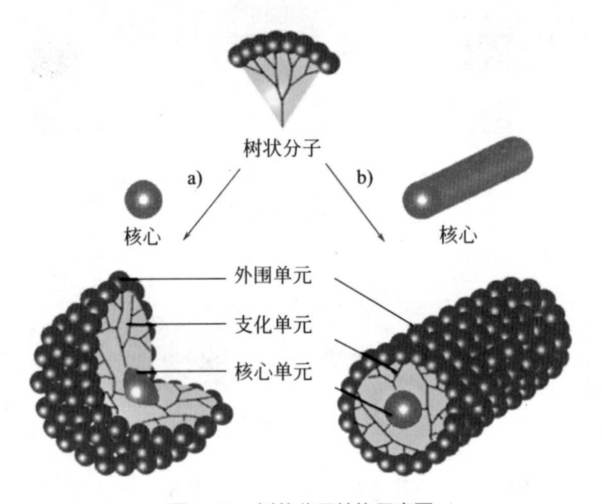

图 1-13 树状分子结构示意图

1985 年，Newkome 小组 [68] 报道了树状分子醇类化合物（arborols）的合成；随后，Tomalia 等人用发散法合成了聚酰胺 - 胺型树状分子（PAMAM）[69,70]；1990 年，Fréchet 等人首次用收敛法合成了聚芳醚型树状分子 [71]；1993 年 Meijer 小组 [72] 改进了树状分子合成方法，用发散法成功合成了高代数聚丙烯亚胺型树状分子（PPI）（图 1-14）。另外，Majoral 等人 [73] 发展了含磷树状分子（phosphodendrimers）；Lambert 等人 [74] 发展了含硅树状分子。这几类树状分子是目前研究最广泛、深入的树状分子类型，并且部分树状分子已经成功实现了商业化。

不同树状分子的组成对其性质有决定性的影响，但不管影响如何，它们普遍存在以下几个主要特点：

① 精确的分子结构 传统线性聚合物的分子质量分散系数一般都大于 1，结构也不统一。而树状分子是通过许多重复步骤合成的，在每一步骤中都保持了对其物理性质和结构的控制，因此分子生长可精确设计，最终分散系数接近 1。

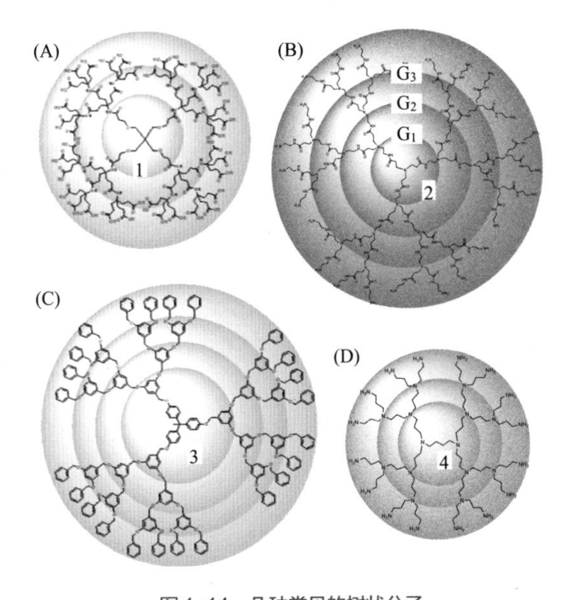

图 1-14 几种常见的树状分子

（A）Newkome 的树枝醇 [68]；（B）Tomalia 的聚酰胺 - 胺型树状分子（PAMAM）[70]；
（C）Fréchet 的聚苄醚型树状分子 [71]；（D）聚丙烯亚胺型树状分子（PPI）[72]

② 高度的几何对称性 虽然树状分子中核和分支单元具有多官能度，但由于重复分步反应的精确控制，反应途径具有一致性，故所得分子结构均匀，内部分支单元高度对称。这种对称性既影响物理性质也会影响其化学性质。

③ 大量的官能团 树状分子的增长过程就是重复单元的几何增长，当增长到一定代数后，大量分支单元的末端基就会在外层聚集，使树枝形分子内层得到有效保护，同时随着端基的性质不同，树状分子具有多功能性，外层大量的官能团为树状分子的应用提供了广阔前景。

④ 分子内存在空腔 树状分子每生成一代便具有一层分支结构，层与层之间形成大量空腔，可以包埋客体分子。

⑤ 分子质量的可控性 由于树状分子是多步重复的方法合成的，在逐步增长的过程中，每一步的分子质量是精确可控的，并可根据不同的用途选择不同的分子代数。

⑥ 分子本身具有纳米尺寸 是构筑超分子体最理想的基本构筑基元和模拟生物大分子最理想的替代模型。

⑦ 树状分子的溶解性由外围官能团的性质决定。

从 20 世纪 90 年代中期开始，在种类繁多的树状大分子合成的基础上，人们开始将研究兴趣转移到功能化树状分子 [75,76] 研究上。近年来的研究结果表明，树状分子的应用领域非常广泛，其在主客体化学 [77-79]、药物化学（如药物的传输与运输）[80,81]、催化[82-84]以及功能材料[85，86]等方面取得了十分成功的应用。限于篇幅，后面我们将重点介绍其在超分子组装，尤其是超分子凝胶领域的应用研究[38-41]。

1.3.2 树状分子凝胶简介

树状分子作为一类具有规整、精致三维立体结构的大分子，由于其分子体积、形状和功能可在分子水平精确设计和控制等特性，成为构建纳米级尺寸软物质材料的理想分子之一。但是相对于聚合物凝胶和小分子凝胶，树状分子凝胶的研究还很少，树状分子凝胶作为超分子凝胶的一种，其兼具聚合物凝胶和小分子凝胶的双重优点，具有如下特性（图 1-15）：

① 树状分子内层的多个重复单元有利于提供多重的弱相互作用力，从而有利于形成高强度的凝胶；

② 空间位阻在一定程度上调节了分子聚集的取向，从而影响凝胶的形成以及性能；

③ 结构可调（如树状分子代数、功能基团、骨架和位置等），为研究树状分子结构与性能提供了很好的研究平台；

④ 易于修饰功能化基团，由于树状分子丰富的几何结构，可以在树状分子的核心、枝上、外围等不同的位置修饰不同的官能团，从而确保各个官能团能够彼此独立工作，而不彼此相互干扰。

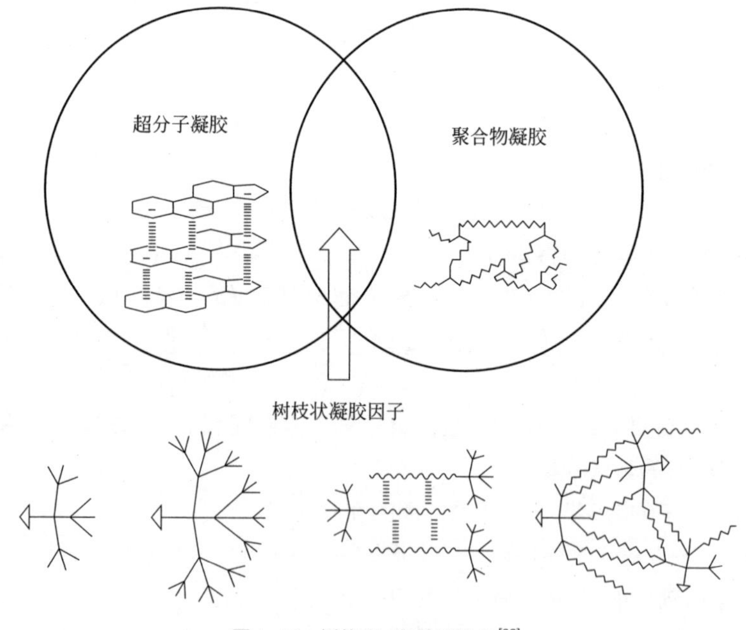

图 1-15　树状分子凝胶的特点[32]

1.3.3 树状分子有机凝胶

早在 1986 年，Newkome 等人[87]就报道了首例基于“哑铃型”树状分子（bola-amphiphiles）水凝胶体系。随后，2000 年，Aida 等人[88]报道了第一例基于核心修饰有二肽的 Fréchet 型聚苄醚树状分子有机凝胶体系，自此揭开了树状分子凝胶的研究序幕。根据溶剂介质不同，树状分子凝胶大致分为水凝胶和有机凝胶两大类[38]，由于篇幅所限，本节将主要从树状分子凝胶因子的类型、构效关系、成胶机理以及功能等方面详细介绍树状分子有机凝胶领域近年来取得的重要进展。在此，根据树状分子凝胶成胶基元的不同，大致将树状分子凝胶因子分为如下三大类。

1.3.3.1 氨基酸型树状分子有机凝胶

氨基酸是一类同时含有氨基和羧基的两性化合物，是组成蛋白质、多肽等生物活性分子的基本单元。氨基酸分子间存在丰富的氢键，而氢键是形成小分子凝胶最基本的驱动力之一[25，29，89-94]；另外，大部分氨基酸是手性的，在凝胶因子的设计过程中引入手性氨基酸必然会对凝胶的性能和功能产生重要影响。根据凝胶组成不同可以大致把这类氨基酸型树状分子凝胶分为两大类[41]：基于氨基酸的单组分树状分子有机凝胶和基于氨基酸的双组分树状分子有机凝胶。单组分树状分子凝胶是指由一种树状分子凝胶因子通过弱相互作用形成的凝胶体系；双组分树状分子凝胶是指由树状分子和另外一种化合物通过非共价相互作用，协同形成的凝胶。

（1）基于氨基酸的单组分树状分子有机凝胶

Smith 等人[95，96]报道了单组分聚氨基酸型树状分子凝胶，他们合成了两大类树状分子凝胶因子（**1-17**、**1-18**）：其外围是聚赖氨酸（Lys）树状分子片段而核心连接基团为脲胺或者烷基链（图 1-16）。研究表明这类树状分子在非极性溶剂中可以形成稳定的凝胶；SEM 研究发现这类树状分子组装形成由细长纤维相互交联形成的三维网络状微观形貌；圆二色谱（CD）研究表明形成的细长纤维具有螺旋手性。有趣的是，他们发现这类树状分子凝胶的相变温度（T_{gel}）随着树状分子代数的增大而升高，显示出了明显的树状分子正效应，究其原因可能是高代数的树状分子更容易形成更多重网络状氢键，进而促进形成高强度的凝胶体系。随后，他们利用上述树状分子凝胶体系 **1-18**，以 $HAuCl_4$ 作为金源，在紫外光照条件下原位制备了直径在 1 ～ 3nm 的金纳米粒子[97]，并发现树状分子凝胶体系在稳定金纳米粒子过程中起了重要作用。同年，他们通过在该类树状分子外围修饰有烯烃官能团，在凝胶态下，通过加入 Grubbs 二代催化剂催化烯烃复分解反应，成功构建了一类可膨胀的高弹性有机凝胶[98]。

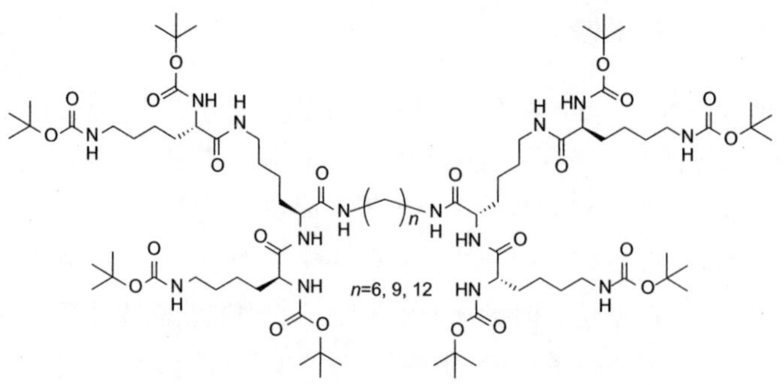

n=6, 9, 12

1-17

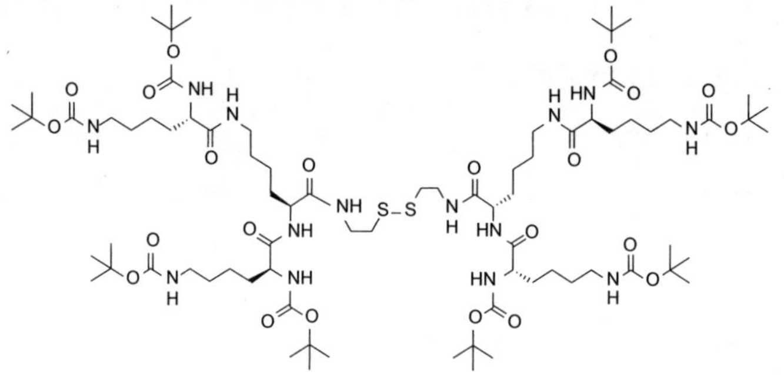

1-18

图 1-16　聚氨基酸型树状分子凝胶因子

该小组又研究了这类树状分子凝胶的自识别过程[99,100]（图 1-17），他们合成了三大类跟上面结构相似，却具有不同结构因素的树状分子凝胶因子：①不同的尺寸，即不同代数树状分子（一代和二代）；②不同的形状，即核心的烷基链长度不同（C_6 和 C_{12}）；③不同的手性，即 D- 赖氨酸和 L- 赖氨酸。研究发现将不同尺寸或者不同手性的树状分子凝胶因子混合后，其能够自我识别、组装；而不同形状的树状分子凝胶因子混合后，彼此之间的组装被破坏，而相互混杂组装。随后研究发现，外围含有不同官能团的树状分子凝胶同样能够实现自识别、自组装。

北京大学的贾欣茹等人[101-106]报道了一例以谷氨酸（Ala）和天冬氨酸（Asp）为构筑单元的树状分子凝胶因子 **1-19**（图 1-18）。研究发现这类树状分子不仅能够在很多有机溶剂中形成凝胶，而且能够在苯甲醇中形成溶致液晶，这也是目前报道的为数不多同时具有凝胶性能和液晶性能的树状分子。随后，他们系统地研究了树状分子结构和凝胶性能之间的构效关系，发现核心官能团[104,106]、支化结构[102]、代数以及外围的官能团[107]等都对成胶性能、堆积模式以及液晶行为有着重要影响；其中三代树状分子表现出了最好成胶性能。微观形貌研究表明这类树状分子干凝胶均是由细长的纤维相互缠绕形成网络状微观结构。进一步通过核磁、红外以及荧光光谱等手段证实氢键、π-π 堆积作用和范德瓦耳斯力是成胶的主要驱动力。

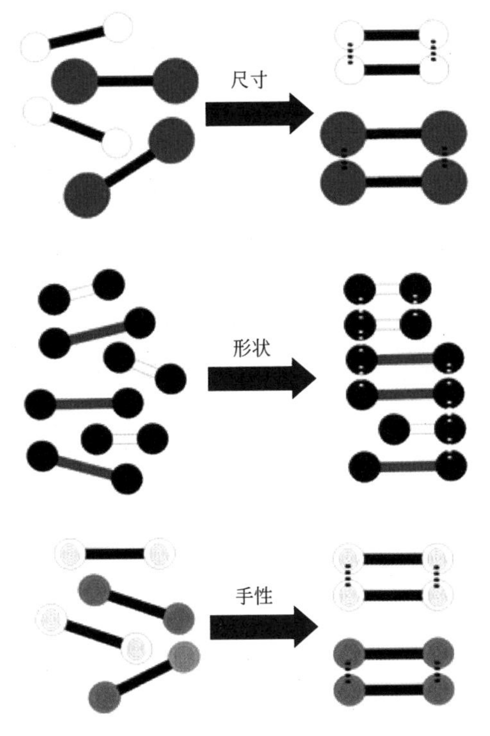

图 1-17　聚氨基酸型树状分子凝胶因子自识别、组装示意图[99,100]

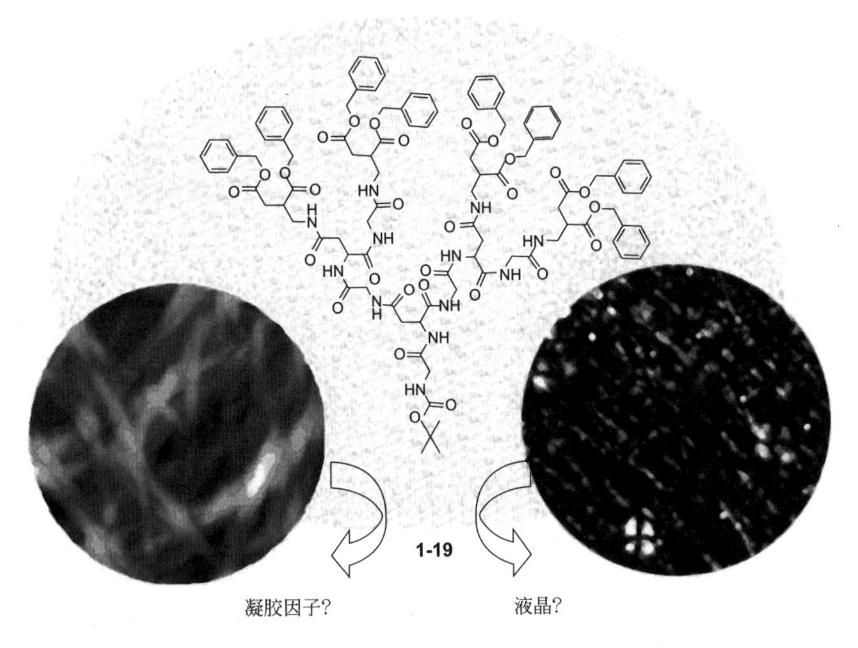

图 1-18　聚谷氨酸 - 天冬氨酸型树状分子凝胶因子[103]

在上面研究的基础上，他们又对这类树状分子凝胶的功能进行探索[108，109]。他们首先通过在这类树状分子的核心修饰有刺激响应性官能团从而构建环境敏感型凝胶（图 1-19）。2007 年，他们通过在该类树状分子凝胶因子的核心修饰有光响应的偶氮苯官能团（**1-20**）[108]，发现其形成的凝胶在紫外光（＞ 365nm）照射下逐渐崩溃变成澄清溶液；而在可见光的照射下，凝胶体系自行恢复。随后通过紫外可见吸收光谱和圆二色谱（CD）证实了在紫外和可见光的交替照射下，偶氮官能团发生顺反异构导致了凝胶相态的变化。随后，他们又在该类型树状分子核心修饰了可以发生光二聚反应的对硝基肉桂酸官能团（**1-21**）[109]，发现形成的凝胶在紫外光照下，由于树状分子凝胶因子发生光二聚反应，导致凝胶被破坏变成澄清溶液；而该溶液在更短波长的光（＜ 254nm）照射下，由于树状分子二聚体发生光解反应而促使凝胶自行恢复。

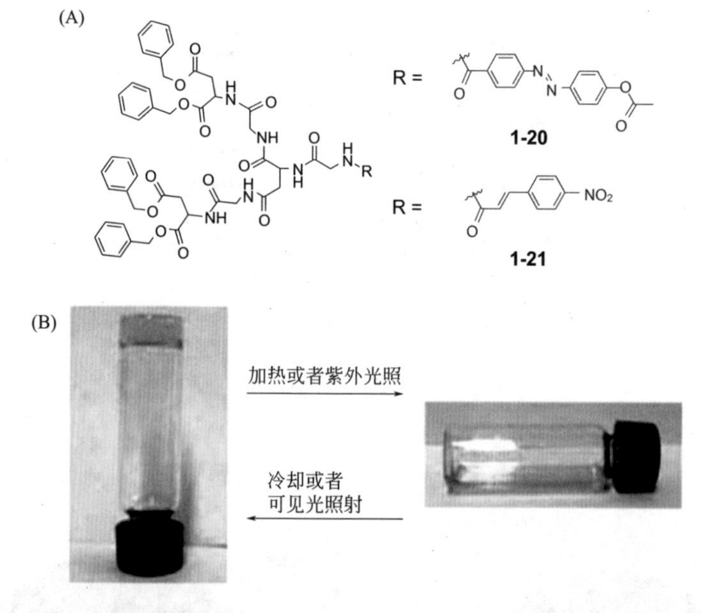

图 1-19　光响应性聚（谷氨酸－天冬氨酸）树状分子凝胶因子（A）和凝胶光响应（B）图片[108，109]

他们通过在聚甘氨酸 - 谷氨酸树状分子凝胶因子的核心引入其他类型的生色团（如酪氨酸或者色氨酸）从而成功构建了一类发光型凝胶材料[110]（图 1-20）。研究发现核心为酪氨酸的树状分子 **1-22** 能够和核心为色氨酸的树状分子 **1-23** 发生共组装形成凝胶，该凝胶显示出了高效的能量转移和光捕获行为；当掺杂客体分子（PNDS）后，其荧光从蓝色变成绿色，原因可能是由于连续的能量迁移，导致最终将树状分子凝胶的能量转移到客体荧光分子而导致的。该体系有效地模拟了自然界中能量迁移过程，有利于揭开自然界能量迁移与转化奥秘。

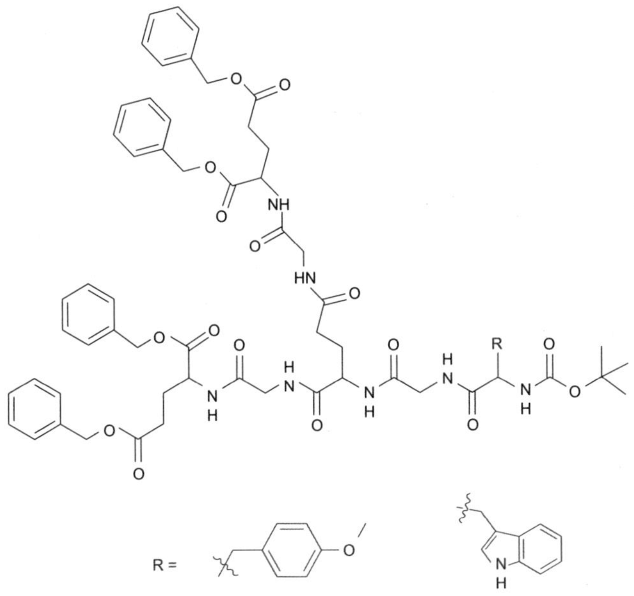

丹酰胺(PDNS)

1-22　　1-23

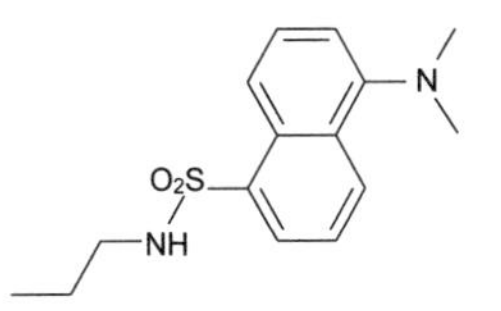

图 1-20　发光型聚（谷氨酸 – 天冬氨酸）型树状分子凝胶因子（A）和客体分子 PDNS 的结构 [110]

2005 年，香港中文大学的 Chow 等人 [111,112] 设计合成了一类每一层含有不同氨基酸的新型树状分子凝胶因子 **1-24**（图 1-21），研究发现这类树状分子在很多有机溶剂中显示出了非常优异的成胶性能，其临界凝胶因子浓度可达 4.0mg/mL；其成胶性能跟氨基酸的种类、排列顺序以及中心官能团类型等有着密切的关系；通过圆二色谱（CD）研究表明，其组装形成的纤维具有螺旋手性；分子间的氢键和树状分子芳香环之间的 π-π 相互作用是其成胶的主要驱动力。随后，他们又研究了一系列吡啶 -2,6- 二酰胺衍生的聚氨基酸型凝胶因子的成胶性能 [113]，发现其成胶溶剂的范围更广，另外发现除了分子间的氢键，分子内氢键同样也是其成胶的主要驱动力。

另外一些成胶性能优异的聚氨基酸型树状分子凝胶因子也被报道了出来 [114-119]。如中国科学院化学所刘鸣华等人 [114,116] 报道了一类以 L- 谷氨酸酯为构筑单元的树状分子凝胶体系（图 1-22），其在有机溶剂以及水中都可以形成凝胶；研究发现其核心芳环的大小对其成胶性能有着显著的影响，蒽基取代的树状分子 **1-28** 形成的凝胶表现出了更好的热稳定性。其中分子间的氢键以及芳香环之间的 π-π 相互作用是其成胶的主要驱动力。当核心为萘环（**1-26** 和 **1-27**）或者蒽环（**1-28**）时，凝胶态的荧光比溶液态显著增强。另外发现成胶后，氨基酸的手性可以传递到核心的芳香环上面，实现了手性传递与转移。

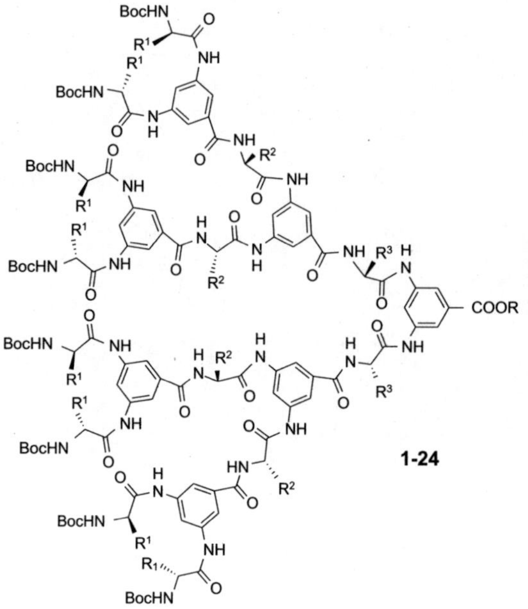

图 1-21　基于 α- 氨基酸的树状分子凝胶因子

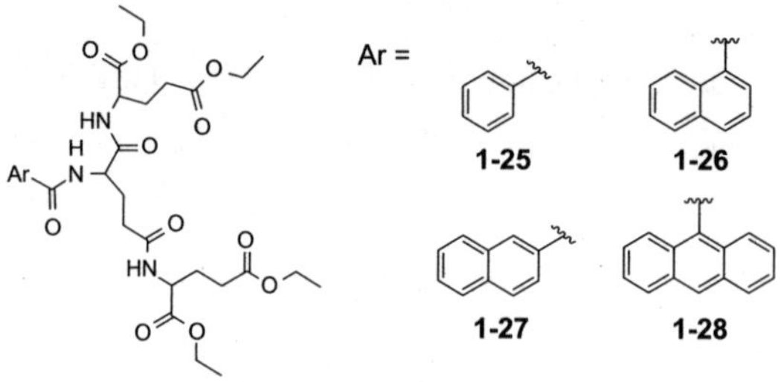

图 1-22　基于 L- 谷氨酸酯树状分子凝胶因子

（2）基于氨基酸的双组分树状分子有机凝胶

事实上，相对于单组分树状分子凝胶，双组分树状分子有机凝胶[120-122]更大程度地激发了人们的研究热情；双组分树状分子凝胶更加易于调节，只需调节其中任一组分，就可以达到调节凝胶性能的目的。早在 2001 年，Smith 小组[123]报道了首例双组分树状分子有机凝胶（图 1-23），他们利用酸碱作用将含有核心修饰有羧基的聚赖氨酸型树状分子和长烷基链的脂肪二胺连接起来，形成一个“哑铃型”超分子复合物 **1-29**。在两组分凝胶中，两个组分首先作用形成特定的超分子复合物，随后再自组装形成纳米级的纤维网络状结构；如果把上述树状分子中的羧基改成酯基，则不能形成超分子复合物，因而也不能成胶。进一步研究发现树状分子之间形成的氢键同样是成凝胶的主要驱动力之一。

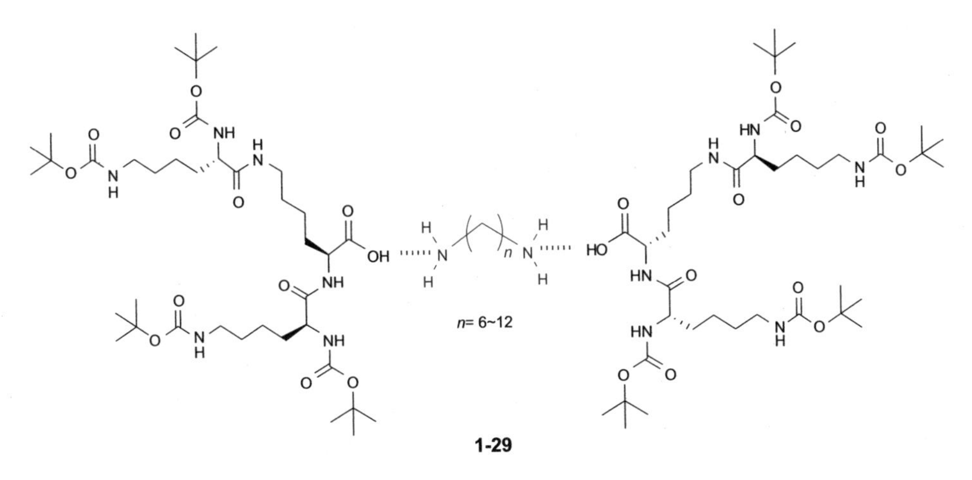

图 1-23　聚赖氨酸型双组分树状分子凝胶

随后，他们系统地研究了该两组分凝胶体系的构效关系，研究发现溶剂效应[124]、树状分子代数[125]、立体效应[126]、两组分比例[127,128]以及烷基链的长度[129]等因素对成胶性能起着很重要的作用。

① 溶剂效应：非极性溶剂更有利于形成稳定的树状分子凝胶，究其原因可能是极性溶剂使得树状分子之间氢键变弱，从而不利于形成凝胶。

② 代数效应：与单组分凝胶因子不同的是，在双组分凝胶体系中，二代树状分子凝胶因子显示出了比一代和三代更优异的成胶性能和热力学稳定性，同时发现代数对其微观形貌以及手性传递也有着明显的影响，这可能是由于二代树状分子之间的氢键作用和树状分子之间的立体位阻刚好达到了微妙的平衡，因此显示出更优异的成胶性能。

③ 立体效应：组成树状分子赖氨酸基元的手性对树状分子凝胶的性能（热力学稳定性）、微观形貌和手性传递等起着至关重要的作用，即使仅仅树状分子上面的一个手性中心发生变化，其组装性质也会发生明显变化。单一手性树状分子凝胶的热力学稳定性明显高于消旋体形成的凝胶；单一手性树状分子凝胶呈现的是细长的纤维状相互交联形成的网状微观结构，而消旋体形成的却是细长纤维相互平行堆积而成的组装体；消旋体的手性传递能力明显弱于手性树状分子。

④ 烷基链长度效应：值得一提的是烷基链的长短同样对树状分子的热力学性能、微观形貌和手性传递有影响，烷基链越长其形成的凝胶热力学稳定性越好。

⑤ 两组分比例：改变两组分的比例不仅能够调节凝胶性能和手性传递，还能有效地调节其微观形貌，随着烷基链比例的增加，其微观形貌逐渐由细长的纤维转变为扁平的“血小板”状组装体（图 1-24）。

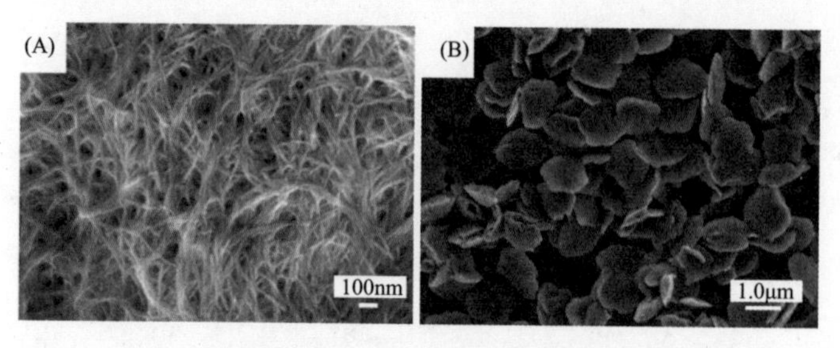

图 1-24　SEM 表征组分比例对其微观形貌的影响 [127,128]

（A）树状分子片段 /C_{12}=2/1；（B）树状分子片段 /C_{12}=1/4.5

随后该小组将树状分子外围的官能团改为长烷基链 [130,131]（图 1-25），发现这类树状分子能形成单组分或者两组分树状分子凝胶，在双组分凝胶中，由于树状分子显著的立体位阻效应，低代数的树状分子表现出了更好的成胶性能。

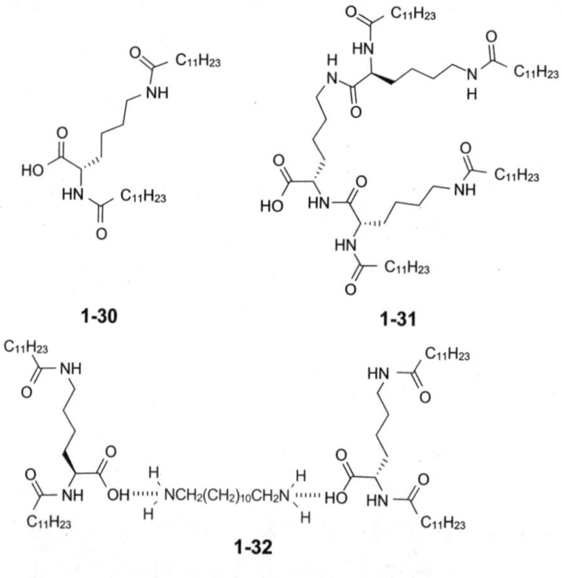

1-30　　**1-31**

1-32

图 1-25　外围修饰有长烷基链的聚赖氨酸型树状分子凝胶

除了研究烷基链脂肪二胺作为连接基团对其成胶性能的影响以外，他们还研究了刚性二胺连接基团（如邻苯二胺、间苯二胺、对苯二胺和环己二胺等）对凝胶性能的影响 [132]（图 1-26）。研究发现：与前面柔性的烷基链脂肪二胺不同，当树状分子片段和芳基二胺的比例为 2 ： 1 时，其形成澄清溶液而不能成胶；但当二者比例等于或者小于 1 ： 1 时，则可以形成稳定的凝胶，且不论二者比例如何，树状分子和芳基二胺总是以 1 ： 1 的混合物形成凝胶。这就说明这种凝胶体系对于过量的芳基二胺有很好的耐受性。受此启发，他们又研究了树状分子与相同浓度的芳基二胺混合物（如邻苯二胺、间苯二胺和对苯二胺）之间的组装行为，发现树状分子可以高效识别出对苯二胺，并与之组装；对于邻苯二胺和间苯二胺则没有明显的识别行为。值得一提的是树状分子与对苯二胺形成的凝胶体系可以作为主体有效地识别某些客体分子（如芘等）。

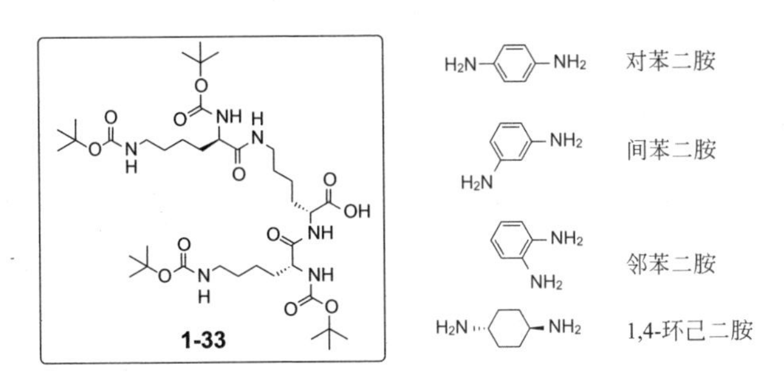

图 1-26　聚赖氨酸型树状分子与刚性双胺化学结构式

该小组又成功构建了一类基于聚 L- 赖氨酸型树状分子和单胺的双组分树状分子凝胶体系[133]（图 1-27），发现只需将树状分子片段和一系列不同的单胺进行简单的混合即可得到稳定的凝胶，SEM 研究发现该凝胶体系呈现由细长纤维构成的三维网络状微观形貌。通过核磁等实验证实树状分子片段和单胺通过酸碱作用形成 1 ∶ 1 的络合物，协同分子间氢键形成凝胶。有意思的是，即使在这类复杂的多组分凝胶体系中，某种特定的胺总是可以被优先识别，并组装到凝胶网络中。这种选择性识别、组装的过程是由如下两个关键步骤决定的：①酸碱络合物的形成，各种单胺 pK_a 值的不同决定了胺和树状分子形成络合物的优先顺序；②纤维聚集体的形成，通常可由凝胶的相变温度（T_{gel}）来确定哪种络合物优先形成纤维聚集体。另外，这类凝胶体系在接触到与之作用力更强的单胺组分时，可以识别并与其组装从而“进化”成更稳定的凝胶；这表明这类可“进化”的凝胶将来可能在环境敏感型软材料以及自修复材料等领域得到应用。

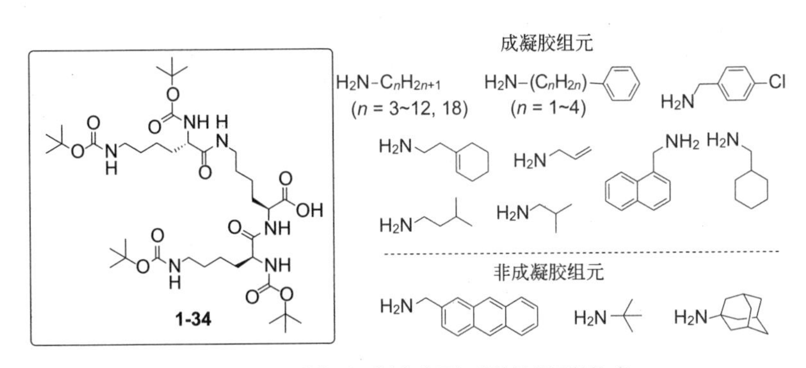

图 1-27　聚赖氨酸型树状分子与单胺的分子结构式

除了酸碱作用以外，Smith 小组最近又报道了一类基于冠醚和铵正离子主客体识别作用的双组分树状分子凝胶[134,135]（图 1-28），设计合成了核心修饰有冠醚的聚 L- 赖氨酸树状分子片段；利用主客体识别作用，即冠醚型二代树状分子和质子化的长烷基链脂肪二胺的相互作用形成超分子复合物 **1-35**，可以在非氢键型溶剂中组装形成凝胶。在该两组分树状分子凝胶体系中加入竞争性的钾离子，由于钾离子和冠醚更强的识别作用，导致超分子复合物被破坏并释放出质子化的脂肪二胺，伴随着凝胶体系被破坏形成溶液，该体系有望被应用于药物缓释领域。

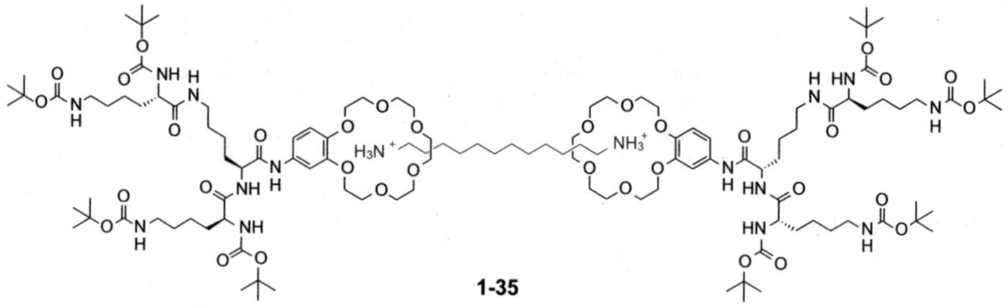

图 1-28　基于主客体识别的聚赖氨酸型树状分子凝胶体系

1.3.3.2　外围修饰有长烷基链的树状分子有机凝胶

长烷基链由于其分子间丰富的范德瓦耳斯力而成为构建纳米功能材料的重要构建基元之一[136-140]。迄今为止，长烷基链作为凝胶基元片段也已经被广泛应用于超分子凝胶领域。通过在树状分子的外围修饰有多条长烷基链从而发展新型的树状分子凝胶也是树状分子凝胶研究的热点之一。

2001 年，Kim 等人[141]报道了首例外围修饰有多条长烷基链的树状分子凝胶体系（图 1-29）。通过在核心为羧酸的聚酰胺型树状分子外围修饰有多条十二烷基链而成功发展了一类新型的树状分子凝胶因子 **1-36** 和 **1-37**，研究发现这类树状分子能够在某些有机溶剂中很好地成胶，其中核心的羧基和树状分子结构对树状分子的成胶性能起着至关重要的作用，其中酰胺之间的氢键以及烷基链间的范德瓦耳斯作用力是其成胶的主要驱动力。作为这部分工作的进一步拓展[142]，他们将炔基引入疏水性的烷基链处（**1-38**），发现其组装形成的六方柱状微观结构可以通过凝胶态下光照诱导炔基原位聚合来固定。

随后，他们进一步研究了核心官能团对其成胶性能的影响[143]，发现当把核心的羧基换成二肽（**1-39** 和 **1-40**）后，其同样可以形成热可逆的树状分子凝胶；当把两个树状分子片段连接在具有不同刚性结构的核心连接基上[144]（图 1-30），其中核心为刚性较弱的联苯基团（**1-43**）或者萘基团（**1-41** 和 **1-42**）时，可以形成稳定的树状分子凝胶；而为刚性强的异亚丙基二苯基连接基团（**1-44**）时，则不能形成凝胶。

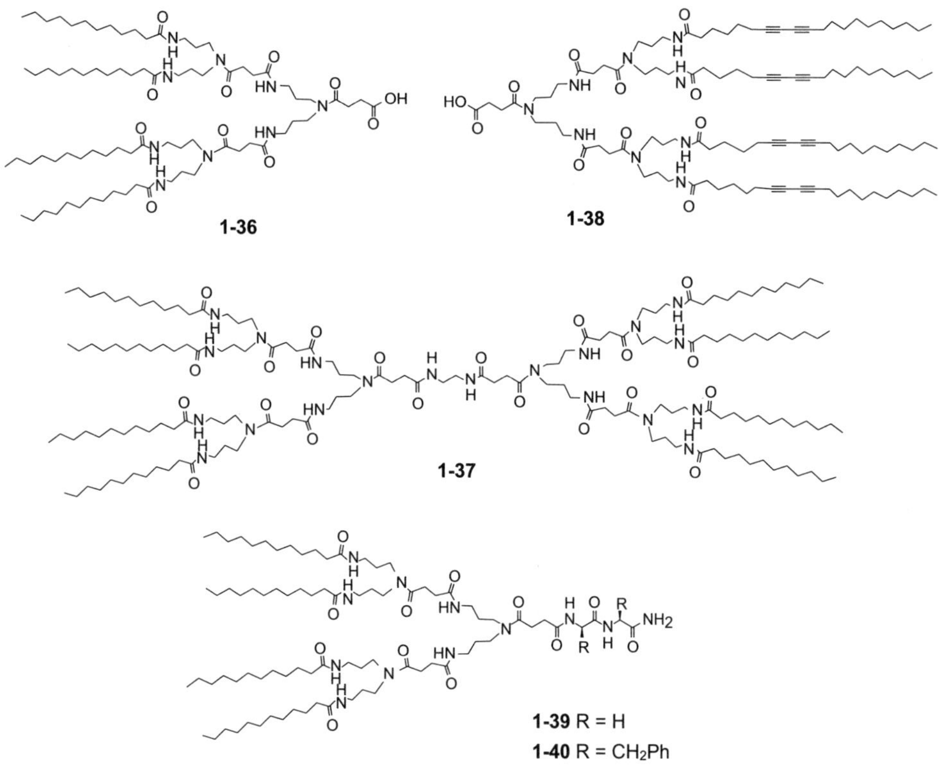

1-36

1-38

1-37

1-39 R = H

1-40 R = CH_2Ph

图 1-29　外围含有烷基链的聚酰胺型树状分子凝胶因子

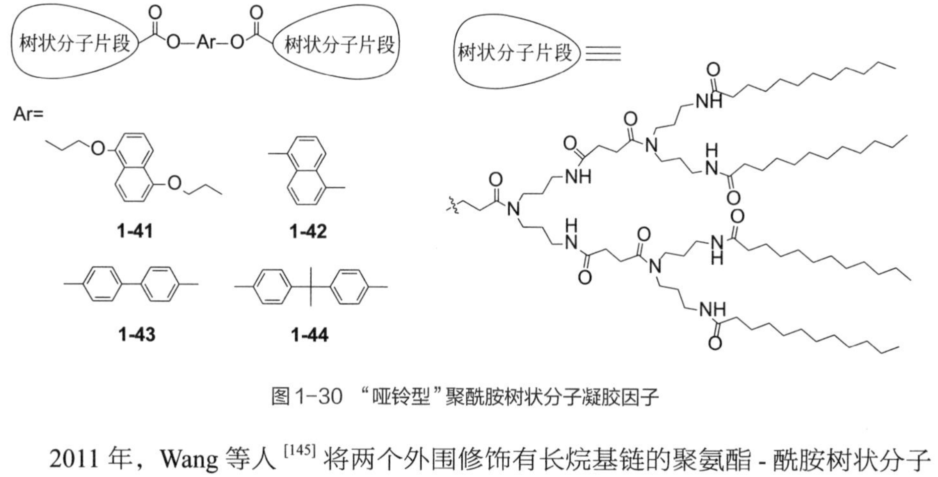

树状分子片段 O—Ar—O 树状分子片段

树状分子片段 ≡

Ar=

1-41　1-42

1-43　1-44

图 1-30　“哑铃型”聚酰胺树状分子凝胶因子

2011 年，Wang 等人 [145] 将两个外围修饰有长烷基链的聚氨酯 - 酰胺树状分子片段与多金属氧簇（POM）通过共价键连接而成功构建了一类多金属氧簇树状分子杂化体凝胶因子 **1-45**（图 1-31）。质子化后，其多金属氧簇具有亲水性，而树状分子片段具有疏水性，形成的两亲性凝胶因子可以在 *N,N*- 二甲基甲酰胺（DMF）中形成凝胶，他们提出多种弱相互作用力协同促进凝胶因子组装形成单分子层的带状一维结构，带状结构进而相互缠绕形成三维的网络状结构，从而使溶剂凝胶化。

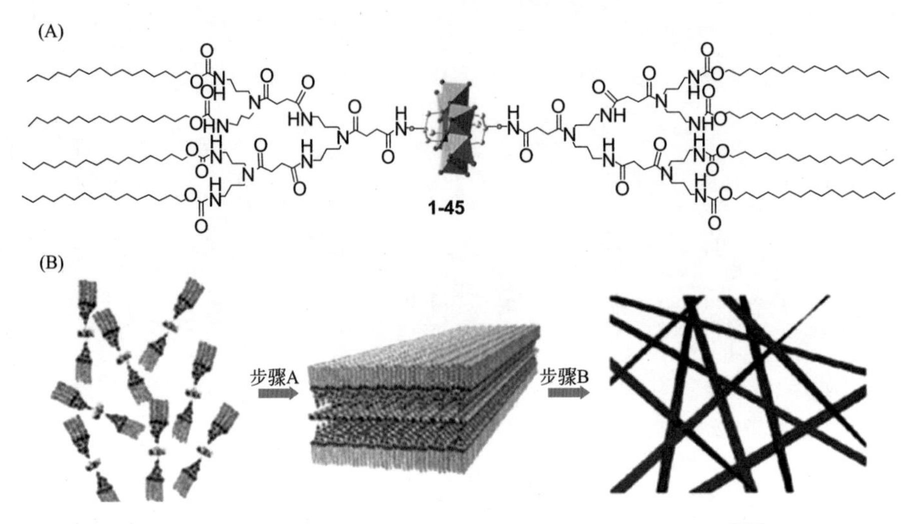

图 1-31　多氧酸盐簇型聚酰胺树状分子凝胶因子及成胶过程示意图 [145]

有关不对称两亲性双嵌段树状分子凝胶 [146-148] 的报道还较少，2008 年 Wang 小组 [147] 报道了一种不对称两亲性双嵌段树状分子凝胶因子 **1-46**，其一端为末端修饰有羟基的聚 1,1- 双（氯甲基）乙烯树状分子片段，另一端为外围修饰有长烷基链的聚氨酯 - 酰胺树状分子片段［图 1-32（A）］。该类树状分子凝胶因子能够在甲苯和苯中形成稳定凝胶，其中酰胺基团、羟基之间的氢键以及外围烷基链之间的范德瓦耳斯力是其成胶的主要驱动力。小角 X 射线散射（SAXS）研究表明在形成凝胶的过程中，低代数树状分子采取交错模式堆积形成层状结构，其可能的堆积模式如图 1-32（B）所示。

(A)

1-46

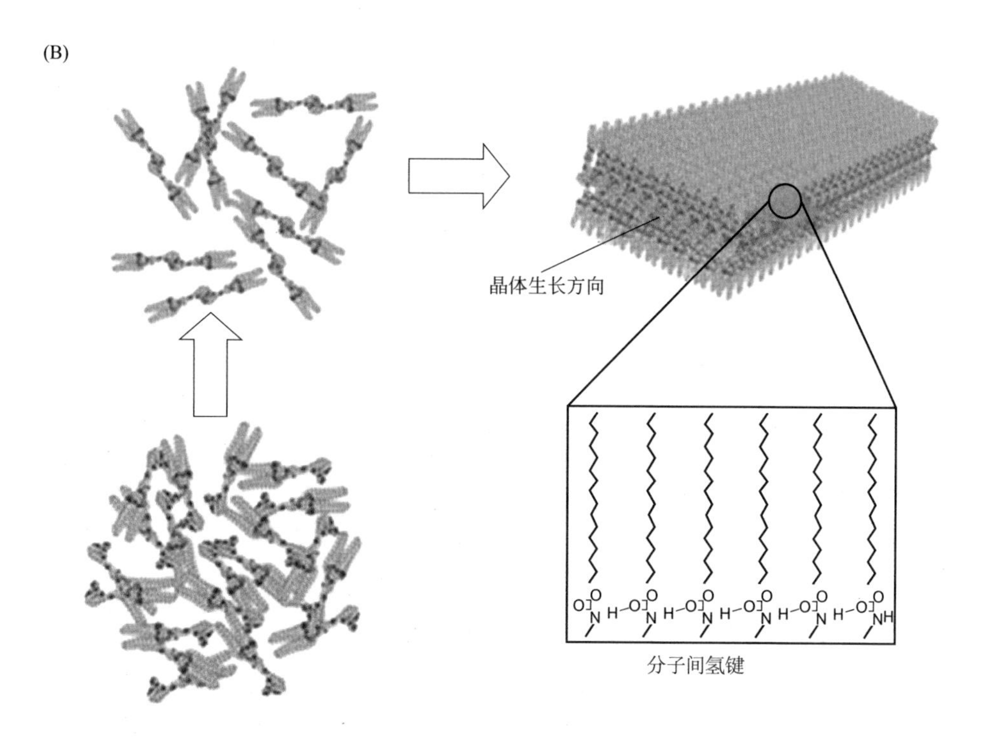

图 1-32　两亲性双嵌段树状分子凝胶因子（A）及组装过程（B）示意图[147]

而另外一个关于不对称双嵌段树状分子凝胶的报道则是由 Kim 小组[148]报道的（图 1-33）。他们合成了一端为修饰有长烷基链的聚酰胺型树状分子片段而另一端为含有偶氮苯官能团树状分子片段的树状分子凝胶因子 **1-47**；其能够在很多有机溶剂中以很低成胶浓度形成凝胶，在环己烷中的临界凝胶因子浓度可达 20mg/mL。值得一提的是该凝胶体系在紫外光和可见光的交替照射下，能够快速实现凝胶和溶液的相态变化，进一步研究表明紫外光照射下，偶氮官能团的顺反异构化导致相邻酰胺之间的氢键被破坏是实现凝胶相态变化的原因。随后，该小组还报道了另外一类含有苯甲酰胺和长烷基链的两亲性树状分子凝胶因子[146]**1-48**。

随后，其他类型外围修饰有长烷基链的树状分子凝胶因子也被陆续报道了出来[98,130,131,149,150]，如 2007 年，Kato 等人[149]发展了一类核心修饰有芘官能团，外围修饰有长烷基链的功能化树状分子凝胶因子 **1-49** 和 **1-50**（图 1-34），其在很多种类的有机溶剂中都可以形成稳定的凝胶，树状分子凝胶因子在氢键和 π-π 堆积作用下组装形成具有螺手性的纤维，进一步组装形成三维的网络状结构。有意思的是，凝胶态下显示出芘单体的紫色荧光而溶液态时却观察到了芘激发态对应的绿色荧光，可能是在凝胶状态下由于邻近分子间的氢键作用抑制了芘激发态的生成，因而显示出了芘单体分子的荧光。

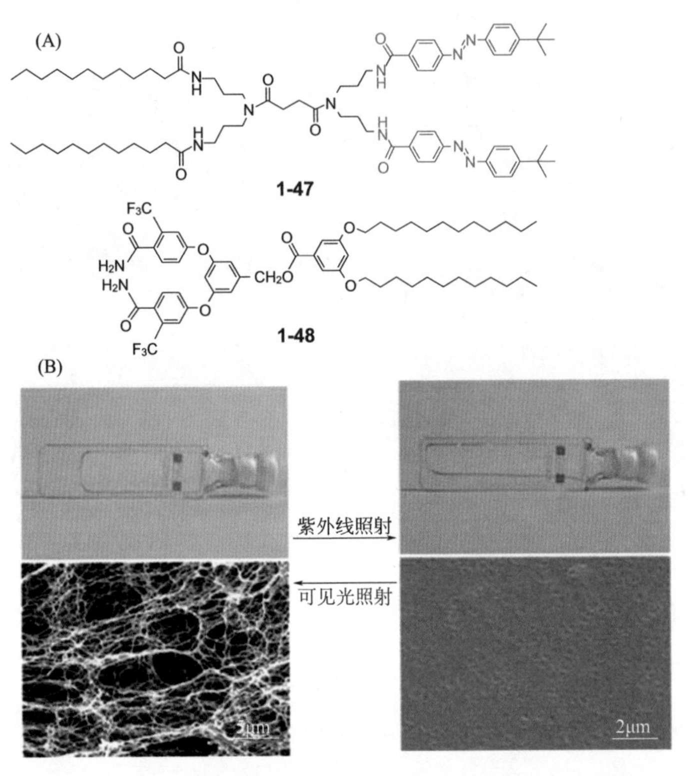

图1-33 不对称双嵌段树状分子凝胶因子（A）及光响应性（B）[148]

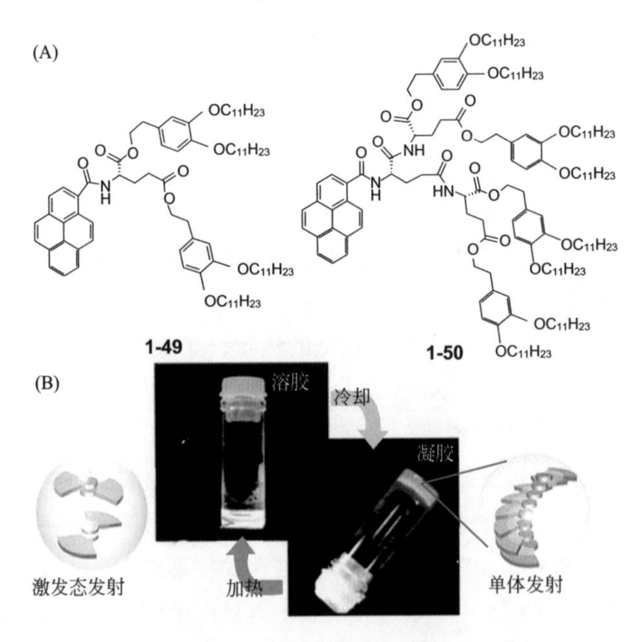

图1-34 芘功能化树状分子凝胶因子（A）及荧光性能（B）[149]

1.3.3.3 芳香环刚性树状分子有机凝胶

除含有传统成胶基元（如氨基酸、长烷基链等）的树状分子凝胶因子以外，含有多重芳环或者芳杂环，尤其是 π- 共轭体系的刚性聚芳基型树状分子同样也是一类重要的树状分子凝胶因子，由于其含有独特的光电活性官能团，有望被用于有机发光二极管、场效应晶体管、太阳能电池和光天线等领域。

2002 年，Simanek 等人[151] 报道了一类基于三嗪的树状分子凝胶因子 **1-51**（图 1-35），其中对氨基苄胺或者哌嗪作为内部连接基团而外围修饰有正丁胺或者哌啶官能团，研究表明这类树状分子能够在酸化的氯仿、二氯甲烷和苯中形成凝胶，当把能够形成氢键的对氨基苄胺或者正丁胺变成哌嗪或者哌啶时，则不能成胶；表明氢键在成胶过程中起了重要的作用。

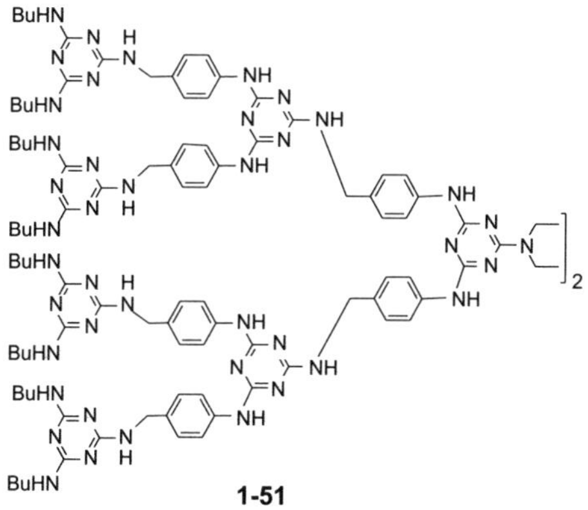

图 1-35 基于三嗪的树状分子凝胶因子

吉林大学的卢然等人[152] 报道了首例基于咔唑的刚性树状分子凝胶体系（图 1-36），树状分子代数对其成胶性能起着重要的作用，在超声刺激下，二代树状分子 **1-53** 能够在氯仿 / 正己烷混合溶剂中形成凝胶，而一代树状分子 **1-52** 需要在加入另一组分（己二胺）的条件下才能形成双组分凝胶，三代树状分子 **1-54** 不能形成凝胶；进一步研究表明氢键和 π-π 相互作用是其成胶的主要驱动力。值得一提的是形成的纤维具有很强的荧光，表明这类树状分子有望应用于光学和光电材料领域。

随后，该小组[153] 又报道了一类跟上面结构相类似的，通过酰胺键连接三嗪片段的树状分子凝胶因子 **1-55**，研究发现其能够在 DMSO 中以很低的成胶浓度形成稳定凝胶，表明这类树状分子是一类成胶性能优异的“超凝胶因子”，其中氢键和 π-π 相互作用在成胶过程中起了很重要的作用；同时也观察到了聚集诱导荧光增强现象，可能是由于在成胶过程中形成了 *J*- 聚集体，同时限制了分子振动。有意思的是，这类树状分子有机凝胶能够对氟离子选择性响应。

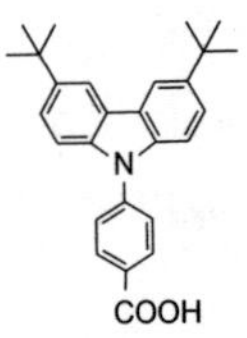

1-52 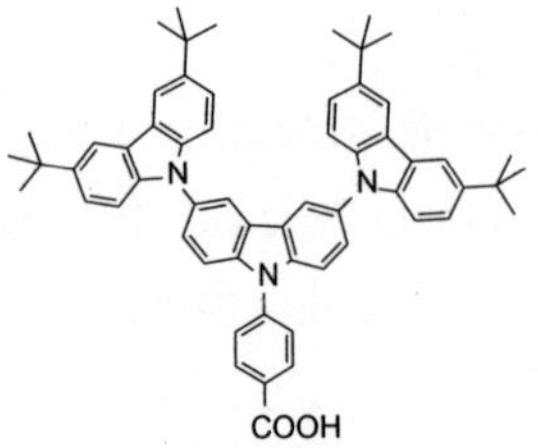 1-53 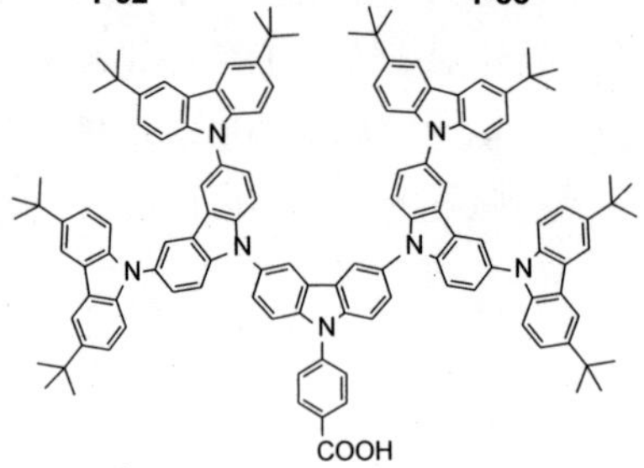 1-54 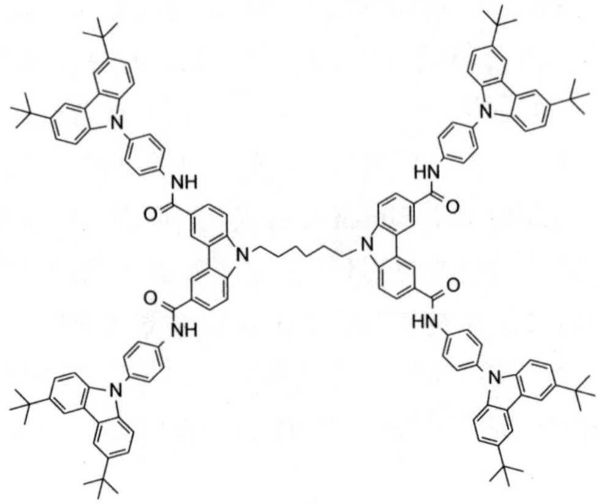 1-55

图1-36　基于咔唑的树状分子凝胶因子（一）

最近，中科院长春应化所的韩艳春等人[154,155]报道了另外一类基于咔唑的树状分子凝胶因子**1-56**（图1-37），其能够在某些混合溶剂中形成稳定的凝胶，其中咔唑之间π-π相互作用是其成胶的主要驱动力，其组装形成的细长一维纤维进一步相互交联形成三维的网络状结构，多孔干胶薄膜可以作为荧光猝灭化学传感器，可以有效地检测具有爆炸性的芳香硝基类化合物。随后他们通过对上述凝胶因子核心修饰有三苯基氧膦、三苯基胺以及*fac*-Ir$(PBI)_3$等，发现只有核心为三苯基氧膦（**1-57**）的时候才能在某些混合溶剂中形成凝胶[155]。

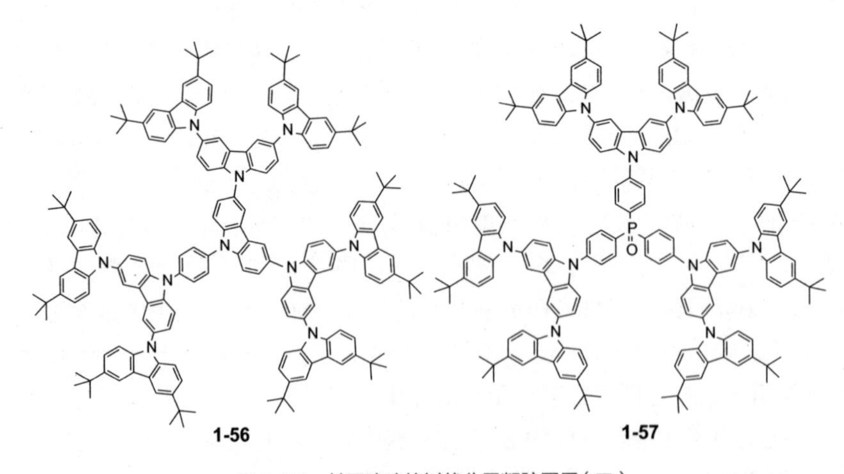

图1-37　基于咔唑的树状分子凝胶因子（二）

参考文献

[1] Flory P J. Introductory lecture. *Faraday Discussions of the Chemical Society* **1974**, *57*(0) : 7-18.

[2] Sangeetha N M, Maitra U. Supramolecular gels: Functions and uses. *Chem Soc Rev* **2005**, *34*(10) : 821-836.

[3]李贤真，李彦锋，朱晓夏，李柏年，刘刚 . 高分子水凝胶材料研究进展 . *功能材料* **2003**(04) : 382-385.

[4] Han J, Feng Y, Liu Z, Chen Q, Shen Y, Feng F, Liu L, Zhong M, Zhai Y, Bockstaller M, Zhao Z. Degradable GO-Nanocomposite hydrogels with synergistic photothermal and antibacterial response. *Polymer* **2021**, *230*, 124018.

[5] Jiang D, Zhang Y, Zhang F, Liu Z, Han J, Wu X. Antimicrobial and antifouling nanocomposite hydrogels containing polythioether dendron: high-loading silver nanoparticles and controlled particle release. *Colloid Polym Sci* **2016**, *294*(12) : 2021-2028.

[6] Tian S, Jiang D, Pu J, Sun X, Li Z, Wu B, Zheng W, Liu W, Liu Z. A new hybrid silicone-based antifouling coating with nanocomposite hydrogel for durable antifouling properties. *Chem Eng J* **2019**, *370*, 1-9.

[7] Liu Z, Hao X, Li Y, Zhang X. Novel Ce@N-CDs as green corrosion inhibitor for metal in acidic environment. *J Mol Liq* **2021**, 118155.

[8] Liu Z, Ye Y W, Chen H. Corrosion inhibition behavior and mechanism of N-doped carbon dots for metal in acid environment. *J Clean Prod* **2020**, 122458.

[9]刘志雄，田澍，蒲吉斌，乌学东，王立平 . 抗菌防霉防腐阻燃一体化纳米涂层应用研究 . *表面技术* **2017**, *46*(11) : 77-82.

[10] Liu Z, Tian S, Li Q, Wang J, Pu J, Wang G, Zhao W, Feng F, Qin J, Ren L. Integrated Dual-Functional ORMOSIL Coatings with AgNPs @ rGO Nanocomposite for Corrosin Resistance and Antifouling Applications. *ACS Sustain Chem Eng* **2020**, *8* (17) : 6786-6797.

[11] Tian S, Liu Z, Shen L, Pu J, Liu W, Sun X, Li Z. Performance evaluation of mercapto functional hybrid silica sol-gel coating and its synergistic effect with f-GNs for corrosion protection of copper surface. *Rsc Adv* **2018**, *8*(14): 7438-7449.

[12]陈香李，刘凯强，房喻 . 分子凝胶：从结构调控到功能应用 . *化学进展* **2020**, *32*(07) : 861-872.

[13] Gortner R A, Hoffman, W F.An Interesting Colloidal Gel. *J Am Chem Soc* **1921**, *43*(10) : 2199-2202.

[14] Menger F M, Caran K L. Anatomy of a Gel. Amino Acid Derivatives That Rigidify Water at Submillimolar Concentrations. *J Am Chem Soc* **2000**, *122*(47) : 11679-11691.

[15] Lin Y C, Weiss R G. Liquid-Crystalline Solvents as Mechanistic Probes. A novel Gelator of Organic Liquids and the Properties of its Gels. *Macromolecules* **1987**, *20*(2) : 414-417.

[16] Terech P, Weiss R G. Low molecular mass gelators of organic liquids and the properties of their gels. *Chem Rev* **1997**, *97*(8) : 3133-3159.

[17] Abdallah, D J, Weiss R G. Organogels and low molecular mass organic gelators. *Adv Mater* **2000**, *12*(17) : 1237.

[18] van Esch J H, Feringa B L. New Functional Materials Based on Self-Assembling Organogels: From Serendipity towards Design. *Angew Chem, Int Ed* **2000**, *39*(13) : 2263-2266.

[19] Estroff L A, Hamilton A D. Water Gelation by Small Organic Molecules. *Chem Rev* **2004**, *104*(3) : 1201-1218.

[20] George M, Weiss R G. Molecular organogels. Soft matter comprised of low-molecular-mass organic gelators and organic liquids. *Accounts Chem Res* **2006**, *39*(8) : 489-497.

[21] Fages F. Metal Coordination to Assist Molecular Gelation. *Angew Chem Int Chem* **2006**, *45*(11) : 1680-1682.

[22] Dastidar P. Supramolecular Gelling Agents: Can They Be Designed ?*Chem Soc Rev* **2008**, *37*(12) : 2699-2715.

[23] Hirst A R, Escuder B, Miravet J F, Smith D K. High-Tech Applications of Self-Assembling Supramolecular Nanostructured Gel-Phase Materials: From Regenerative Medicine to Electronic Devices. *Angew Chem Int Ed* **2008**, *47*(42) : 8002-8018.

[24] Banerjee S, Das R K, Maitra U. Supramolecular Gels “in Action” . *J Mater Chem* **2009**, *19*(37) : 6649-6687.

[25] Suzuki M. Hanabusa, K, l-Lysine-Based Low-Molecular-Weight Gelators. *Chem Soc Rev* **2009**, *38*(4): 967-975.
[26] Piepenbrock M-O M, Lloyd G O, Clarke N, Steed J W. Metal- and Anion-Binding Supramolecular Gels. *Chem Rev* **2010**, *110*(4): 1960-2004.
[27] Dawn A, Shiraki T, Haraguchi S, Tamaru S-i, Shinkai S. What Kind of "Soft Materials" Can We Design from Molecular Gels? *Chem-Asian J* **2011**, *6*(2): 266-282.
[28] Tam A Y Y, Yam V W W. Recent Advances in Metallogels. *Chem Soc Rev* **2013**, *42*(4): 1540-1567.
[29] Tomasini C, Castellucci N. Peptides and Peptidomimetics That Behave as Low Molecular Weight Gelators. *Chem Soc Rev* **2013**, *42*(1): 156-172.
[30] Yu G C, Yan X Z, Han C Y, Huang F H, Characterization of Supramolecular Gels. *Chem Soc Rev* **2013**, *42*(16): 6697-6722.
[31] Babu S S, Praveen V K, Ajayaghosh A. Functional π-Gelators and Their Applications. *Chem Rev* **2014**, *114*(4): 1973-2129.
[32] 刘志雄 . 功能化聚苄醚型树状分子凝胶因子的设计合成及性能研究 . 北京 : 中国科学院大学，2014.
[33] van Esch J, DeFeyter S, Kellogg R M, DeSchryver F, Feringa B L. Self-Assembly of Bisurea Compounds in Organic Solvents and on Solid Substrates. *Chem Eur J* **1997**, *3*(8): 1238-1243.
[34] van Esch J, Schoonbeek F, de Loos M, Kooijman H, Spek A L, Kellogg R M, Feringa B L. Cyclic Bis-Urea Compounds as Gelators for Organic Solvents. *Chem Eur J* **1999**, *5*(3): 937-950.
[35] Yoza K, Amanokura N, Ono Y, Akao T, Shinmori H, Takeuchi M, Shinkai S, Reinhoudt D N. Sugar-Integrated Gelators of Organic Solvents Their Remarkable Diversity in Gelation Ability and Aggregate Structure. *Chem Eur J* **1999**, *5*(9): 2722-2729.
[36] Mukkamala R, Weiss R G. Physical Gelation of Organic Fluids by Anthraquinone-Steroid-Based Molecules. Structural Features Influencing the Properties of Gels. *Langmuir* **1996**, *12*(6): 1474-1482.
[37] George S J, Ajayaghosh A, Jonkheijm P, Schenning A, Meijer E W. Coiled-Coil Gel Nanostructures of Oligo-(*p*-phenylenevinylene)s: Gelation-Induced Helix Transition in a Higher-Order Supramolecular Self- Assembly of a Rigid p-Conjugated System. *Angew Chem Int Ed* **2004**, *43*(26): 3422-3425.
[38] Hirst A R, Smith D K. Dendritic gelators.Heidelberg:Springer Berlin Heidelberg.2005:237-273.
[39] Smith D K. Dendritic gels - Many arms make light work. *Adv Mater* **2006**, *18*(20): 2773-2778.
[40] Grinstaff M W. Dendritic macromers for hydrogel formation: Tailored materials for ophthalmic, orthopedic, and biotech applications. *J Polym Sci, Part A: Polym Chem* **2008**, *46*(2): 383-400.
[41] Feng Y, He Y-M, Fan Q-H. Supramolecular Organogels Based on Dendrons and Dendrimers. *Chem-Asian J* **2014**: 1724-1750
[42] de Loos M, Feringa B L, van Esch J H. Design and Application of Self-Assembled Low Molecular Weight Hydrogels. *Eur J Org Chem* **2005**, *2005*(17): 3615-3631.
[43] Ishi-i T, Shinkai S. Dye-based organogels: Stimuli-responsive soft materials based on one-dimensional self-assembling aromatic dyes//Wurthner R Supermolecular Dye Chemistry. Berlin Springer Heidelberg, 2005:119-160.
[44] Kawano S, Fujita N, Shinkai S. A coordination gelator that shows a reversible chromatic change and sol-gel phase-transition behavior upon oxidative/reductive stimuli. *J Am Chem Soc* **2004**, *126*(28): 8592-8593.
[45] Kawano S, Fujita N, Shinkai S. Quater-, Quinque-, and Sexithiophene Organogelators: Unique Thermochromism and Heating-Free Sol-Gel Phase Transition. *Chem Eur J* **2005**, *11*(16): 4735-4742.
[46] Peng F, Li G, Liu X, Wu S, Tong Z. Redox-Responsive Gel-Sol/Sol-Gel Transition in Poly (acrylic acid) Aqueous Solution Containing Fe (Ⅲ) Ions Switched by Light. *J Am Chem Soc* **2008**, *130*(48): 16166-16167.
[47] Murata K, Aoki M, Suzuki T, Harada T, Kawabata H, Komori T, Ohseto F, Ueda K, Shinkai S. Thermal and Light Control of the Sol-Gel Phase Transition in Cholesterol-Based Organic Gels. Novel Helical Aggregation Modes As Detected by Circular Dichroism and Electron Microscopic Observation. *J Am Chem Soc* **1994**, *116*(15): 6664-6676.

[48] Wang R, Geiger C, Chen L H, Swanson B, Whitten D G. Direct Observation of Sol-Gel Conversion: The Role of the Solvent in Organogel Formation. *J Am Chem Soc* **2000**, *122* (10) : 2399-2400.
[49] Eastoe J, Sanchez-Dominguez M, Wyatt P, Heenan R K. A Photo-Responsive Organogel. *Chem Commun* **2004** (22) : 2608-2609.
[50] Yagai S, Nakajima T, Kishikawa K, Kohmoto S, Karatsu T, Kitamura A. Hierarchical Organization of Photoresponsive Hydrogen-Bonded Rosettes. *J Am Chem Soc* **2005**, *127*(31) : 11134-11139.
[51] Suzuki T, Shinkai S, Sada K. Supramolecular Crosslinked Linear Poly (Trimethylene Iminium Trifluorosulfonimide) Polymer Gels Sensitive to Light and Thermal Stimuli. *Adv Mater* **2006**, *18*(8) : 1043-1046.
[52] Zhou Y F, Yi T, Li T C, Zhou Z G, Li F Y, Huang W, Huang C H. Morphology and Wettability Tunable Two-Dimensional Superstructure Assembled by Hydrogen Bonds and Hydrophobic Interactions. *Chem Mater* **2006**, *18* (13) : 2974-2981.
[53] Wang C, Zhang D Q, Zhu D B. A Low-Molecular-Mass Gelator with an Electroactive Tetrathiafulvalene Group: Tuning the Gel Formation by Charge-Transfer Interaction and Oxidation. *J Am Chem Soc* **2005**, *127*(47) : 16372-16373.
[54] Naota T, Koori H. Molecules That Assemble by Sound: An Application to the Instant Gelation of Stable Organic Fluids. *J Am Chem Soc* **2005**, *127*(26) : 9324-9325.
[55] Cravotto G, Cintas P. Molecular self-assembly and patterning induced by sound waves. The case of gelation. *Chem Soc Rev* **2009**, *38*(9) : 2684-2697.
[56] Bardelang D. Ultrasound induced gelation: a paradigm shift. *Soft Matter* **2009**, *5*(10) : 1969-1971.
[57] Yu X, Chen L, Zhang M, Yi T. Low-Molecular-Mass Gels Responding to Ultrasound and Mechanical Stress: Towards Self-Healing Materials. *Chem Soc Rev* **2014**, 43:5346-5371.
[58] Ahmed S A, Sallenave X, Fages F, Mieden-Gundert G, Muller W M, Muller U, Vogtle F, Pozzo J L. Multiaddressable Self-Assembling Organogelators Based on 2H-Chromene and *N*-Acyl-1-amino Acid Units. *Langmuir* **2002**, *18*(19) : 7096-7101.
[59] Beck J B, Rowan S J. MultistimuLi Multiresponsive Metallo-Supramolecular Polymers. *J Am Chem Soc* **2003**, *125*(46) : 13922-13923.
[60] Liu Q, Wang Y, Li W, Wu L. Structural Characterization and Chemical Response of a Ag-Coordinated Supramolecular Gel. *Langmuir* **2007**, *23*(15) : 8217-8223.
[61] Liu J, He P, Yan J, Fang X, Peng J, Liu K, Fang Y. An Organometallic Super-Gelator with Multiple-Stimulus Responsive Properties. *Adv Mater* **2008**, *20*(13) : 2508-2511.
[62] Krieg E, Shirman E, Weissman H, Shimoni E, Wolf S G, Pinkas I, Rybtchinski B. Supramolecular Gel Based on a Perylene Diimide Dye: Multiple Stimuli Responsiveness, Robustness, and Photofunction. *J Am Chem Soc* **2009**, *131*(40) : 14365-14373.
[63] Gasnier A, Royal G, Terech P. Metallo-Supramolecular Gels Based on a Multitopic Cyclam Bis-Terpyridine Platform. *Langmuir* **2009**, *25*(15) : 8751-8762.
[64] Wang C, Chen Q, Sun F, Zhang D, Zhang G, Huang Y, Zhao R, Zhu D. Multistimuli Responsive Organogels Based on a New Gelator Featuring Tetrathiafulvalene and Azobenzene Groups: Reversible Tuning of the Gel-Sol Transition by Redox Reactions and Light Irradiation. *J Am Chem Soc* **2010**, *132*(9) : 3092-3096.
[65] Dong S, Zheng B, Xu D, Yan X, Zhang M, Huang F. A Crown Ether Appended Super Gelator with Multiple Stimulus Responsiveness. *Adv Mater* **2012**, *24*(24) : 3191-3195.
[66] Yan X, Xu D, Chi X, Chen J, Dong S, Ding X, Yu Y, Huang F. A Multiresponsive, Shape-Persistent, and Elastic Supramolecular Polymer Network Gel Constructed by Orthogonal Self-Assembly. *Ad. Mater* **2012**, *24*(3) : 362-369.
[67] Qi Z, de Molina P M, Jiang W, Wang Q, Nowosinski K, Schulz A, Gradzielski M, Schalley C A. Systems Chemistry: Logic Gates Based on the Stimuli-Responsive Gel-Sol Transition of a Crown Ether-Functionalized Bis (urea) Gelator. *Chem Sci* **2012**, *3*(6) : 2073-2082.

[68] Newkome G R, Yao Z, Baker G R, Gupta V K. Micelles. Part 1. Cascade Molecules: a New Approach to Micelles. A[27]-Arborol. *J Org Chem* **1985**, *50*(11): 2003-2004.
[69] Tomalia D A, Baker H, Dewald J, Hall M, Kallos G, Martin S, Roeck J, Ryder J, Smith P. A New Class of Polymers: Starburst-Dendritic Macromolecules. *Polym J*(*Tokyo, Jpn.*) **1985**, *17*(1): 117-132.
[70] Tomalia D A, Baker H, Dewald J, Hall M, Kallos G, Martin S, Roeck J, Ryder J, Smith P. Dendritic Macromolecules: Synthesis of Starburst Dendrimers. *Macromolecules* **1986**, *19*(9): 2466-2468.
[71] Hawker C J, Fréchet J M J. Preparation of Polymers with Controlled Molecular Architecture. A New Convergent Approach to Dendritic Macromolecules. *J Am Chem Soc* **1990**, *112*(21): 7638-7647.
[72] de Brabander-van den Berg, E M M, Meijer, E W.Poly (propylene imine) Dendrimers: Large-Scale Synthesis by Hetereogeneously Catalyzed Hydrogenations. *Angew Chem Int Ed Engl* **1993**, *32*(9): 1308-1311.
[73] Launay N, Caminade A-M, Lahana R, Majoral J-P. A General Synthetic Strategy for Neutral Phosphorus-Containing Dendrimers. *Angew Chem Int Ed Engl* **1994**, *33*(15-16): 1589-1592.
[74] Lambert J B, Pflug J L, Stern C L. Synthesis and Structure of a Dendritic Polysilane. *Angew Chem Int Ed Eng* **1995**, *34*(1): 98-99.
[75] Vögtle F, Gestermann S, Hesse R, Schwierz H, Windisch B. Functional Dendrimers. *Prog Polym Sci* **2000**, *25*(7): 987-1041.
[76] Dykes G M. Dendrimers: a Review of Their Appeal and Applications. *J Chem Technol Biotechnol* **2001**, *76*(9): 903-918.
[77] Narayanan V, Newkome G. Supramolecular Chemistry within Dendritic Structures //de Meijere A. Heidelberg : Springer Berlin Heidelberg. 1998 19-77.
[78] Baars M P L, Meijer E W. Host-Guest Chemistry of Dendritic Molecules// Vögtle F. Dendrimers Ⅱ :Arch itecture, Nanostructure and Supramolecular Chemistry. Berlin Heidelberg: Springer, 2000: 131-182.
[79] Zimmerman S, Lawless L. Supramolecular Chemistry of Dendrimers//Vögtle F, Schalley C A.Dendrimers Ⅳ :Metal Coordination, Self Assembly, Catalysis. Berlin Heidelberg : Springer,2001:95-120.
[80] Boas U, Heegaard P M H. Dendrimers in Drug Research. *Chem Soc Rev* **2004**, *33*(1): 43-63.
[81] Stiriba S-E, Frey H, Haag R. Dendritic Polymers in Biomedical Applications: From Potential to Clinical Use in Diagnostics and Therapy. *Angew Chem Int Chem* **2002**, *41*(8): 1329-1334.
[82] Kreiter R, Kleij A, Gebbink R M K, Koten G. Dendritic Catalysts//Vögtle F, Schalley CA. Dendrimers Ⅳ :Metal Coordination, Self Assembly, Catalysis. Berlin Heidelberg:Springer, 2001: 163-199.
[83] Méry D, Astruc D. Dendritic catalysis: Major concepts and recent progress. *Coord Chem Rev* **2006**, *250*(15–16): 1965-1979.
[84] Astruc D, Chardac F. Dendritic Catalysts and Dendrimers in Catalysis. *Chem Rev* **2001**, *101*(9): 2991-3023.
[85] Fréchet J M J. Dendrimers and Other Dendritic Macromolecules: From Building Blocks to Functional Assemblies in Nanoscience and Nanotechnology. *J Polym Sci, Part A: Polym Chem* **2003**, *41*(23): 3713-3725.
[86] Sui G, Micic M, Huo Q, Leblanc R M. Synthesis and Surface Chemistry Study of a New Amphiphilic PAMAM Dendrimer. *Langmuir* **2000**, *16*(20): 7847-7851.
[87] Newkome G R, Baker G R, Saunders M J, Russo P S, Gupta V K, Yao Z Q, Miller J E, Bouillion K. Two-directional Cascade Molecules: Synthesis and Characterization of [9]-n-[9] Arborols. *J Chem Soc, Chem Commun* **1986**(10): 752-753.
[88] Jang W D, Jiang D L, Aida T. Dendritic physical gel: Hierarchical self-organization of a peptide-core dendrimer to form a micrometer-scale fibrous assembly. *J Am Chem Soc* **2000**, *122*(13): 3232-3233.
[89] Stendahl J C, Li L, Claussen R C, Stupp S I. Modification of Fibrous Poly (L-lactic acid) Scaffolds with Self-Assembling Triblock Molecules. *Biomaterials* **2004**, *25*(27): 5847-5856.
[90] Crespo L, Sanclimens G, Pons M, Giralt E, Royo M, Albericio F. Peptide and Amide Bond-Containing Dendrimers. *Chem Rev* **2005**, *105*(5): 1663-1681.

[91] Scholl M, Kadlecova Z, Klok H-A. Dendritic and Hyperbranched Polyamides. *Prog Polym Sci* **2009**, *34*(1): 24-61.
[92] Adams D J, Topham P D. Peptide Conjugate Hydrogelators. *Soft Matter* **2010**, *6*(16): 3707-3721.
[93] Matson J B, Stupp S I. Self-Assembling Peptide Scaffolds for Regenerative Medicine. *Chem Commun* **2012**, *48*(1): 26-33.
[94] Chen C, Wu D, Fu W, Li Z. Peptide Hydrogels Assembled from Nonionic Alkyl-polypeptide Amphiphiles Prepared by Ring-Opening Polymerization. *Biomacromolecules* **2013**, *14*(8): 2494-2498.
[95] Love C S, Hirst A R, Chechik V, Smith D K, Ashworth, I, Brennan, C. One-component gels based on peptidic dendrimers: Dendritic effects on materials properties. *Langmuir* **2004**, *20*(16): 6580-6585.
[96] Huang B Q, Hirst A R, Smith D K, Castelletto, V, Hamley I W. A direct comparison of one- and two-component dendritic self-assembled materials: Elucidating molecular recognition pathways. *J Am Chem Soc* **2005**, *127*(19): 7130-7139.
[97] Love C S, Chechik V, Smith D K, Wilson K, Ashworth I, Brennan C. Synthesis of gold nanoparticles within a supramolecular gel-phase network. *Chem Commun* **2005**(15): 1971-1973.
[98] Love C S, Chechik V, Smith D K, Ashworth I, Brennan C. Robust gels created using a self-assembly and covalent capture strategy. *Chem Commun* **2005**(45): 5647-5649.
[99] Hirst A R, Huang B, Castelletto V, Hamley I W, Smith D K. Self-Organisation in the Assembly of Gels from Mixtures of Different Dendritic Peptide Building Blocks. *Chem Eur J* **2007**, *13*(8): 2180-2188.
[100] Moffat J R, Smith D K. Controlled Self-Sorting in the Assembly of 'Multi-Gelator' Gels. *Chem Commun* **2009**(3): 316-318.
[101] Ji Y, Luo, Y F, Jia X R, Chen E Q, Huang, Y, Ye, C, Wang B B, Zhou Q F, Wei Y. A dendron based on natural amino acids: Synthesis and behavior as an organogelator and lyotropic liquid crystal. *Angew Chem Int Ed* **2005**, *44*(37): 6025-6029.
[102] Li W-S, Jia X-R, Wang B-B, Ji Y, Wei Y. Glycine and L-glutamic Acid-Based Dendritic Gelators. *Tetrahedron* **2007**, *63*(36): 8794-8800.
[103] Gao M, Kuang G-C, Jia X-R, Li W-S, Li Y, Wei Y. Butylamide-Terminated Poly (amidoamine) Dendritic Gelators. *Tetrahedron Lett* **2008**, *49*(43): 6182-6187.
[104] Kuang G-C, Ji Y, Jia X-R, Li Y, Chen E-Q, Wei Y. Self-Assembly of Amino-Acid-Based Dendrons: Organogels and Lyotropic and Thermotropic Liquid Crystals. *Chem Mater* **2008**, *20*(13): 4173-4175.
[105] Kuang G, Ji Y, Jia X, Chen E, Gao M, Yeh, J, Wei Y. Supramolecular Self-Assembly of Dimeric Dendrons with Different Aliphatic Spacers. *Chem Mater* **2009**, *21*(3): 456-462.
[106] Kuang G-C, Teng M-J, Jia X-R, Chen E-Q, Wei Y. Polymorphism of Amino Acid-Based Dendrons: From Organogels to Microcrystals. *Chem-Asian J* **2011**, *6*(5): 1163-1170.
[107] Kuang G-C, Jia X-R, Teng M-J, Chen E-Q, Li W-S, Ji Y. Organogels and Liquid Crystalline Properties of Amino Acid-Based Dendrons: A Systematic Study on Structure-Property Relationship. *Chem Mater* **2012**, *24*(1): 71-80.
[108] Ji Y, Kuang G-C, Jia X-R, Chen E-Q, Wang B-B, Li W-S, Wei Y, Lei J.Photoreversible Dendritic Organogel. *Chem Commun* **2007**(41): 4233-4235.
[109] Kuang G-C, Ji Y, Jia X-R, Li Y, Chen E-Q, Zhang Z-X, Wei Y. Photoresponsive organogels: an amino acid-based dendron functionalized with p-nitrocinnamate. *Tetrahedron* **2009**, *65*(17): 3496-3501.
[110] Li W-S, Teng M-J, Jia X-R, Wei Y. Continuous Intra- and Intermolecular Energy Transfer in Light-Harvesting Gels from Natural Amino Acids-Based Dendrons. *Tetrahedron Lett* **2010**, *51*(40): 5336-5340.
[111] Chow H F, Zhang J. Synthesis and Gelation Properties of a New Class of Alpha-Amino Acid-Based Sector Block Dendrons. *Tetrahedron* **2005**, *61*(47): 11279-11290.
[112] Chow H F, Zhang J. Structural Diversity of a-Amino AcidBasedLaye r-Block Dendrons and Their Layer-Block Sequence-Dependent Gelation Properties. *Chem Eur J* **2005**, *11*(20): 5817-5831.

[113] Chow H-F, Wang G-X. Enhanced Gelation Property Due to Intra-Molecular Hydrogen Bonding in a New Series of Bis(Amino Acid)-Functionalized Pyridine-2, 6-Dicarboxamide Organogelators. *Tetrahedron* **2007**, *63*(31): 7407-7418.

[114] Li Y, Wang T, Liu M. Ultrasound Induced Formation of Organogel from a Glutamic Dendron. *Tetrahedron* **2007**, *63*(31) : 7468-7473.

[115] Palui G, Simon F-X, Schmutz M, Mesini P J, Banerjee A. Organogelators from Self-Assembling Peptide Based Dendrimers: Structural and Morphological Features. *Tetrahedron* **2008**, *64*(1) : 175-185.

[116] Duan P, Liu M. Design and Self-Assembly of l-Glutamate-Based Aromatic Dendrons as Ambidextrous Gelators of Water and Organic Solvents. *Langmuir* **2009**, *25*(15) : 8706-8713.

[117] Palui G, Garai A, Nanda J, Nandi A K, Banerjee A. Organogels from Different Self-Assembling New Dendritic Peptides: Morphology, Reheology, and Structural Investigations. *J Phys Chem B* **2009**, *114*(3) : 1249-1256.

[118] Willcock H, Cooper A I, Adams D J, Rannard S P. Synthesis and Characterisation of Polyamidedendrimers with Systematically Varying Surface Functionality. *Chem Commun* **2009**(21) : 3095-3097.

[119] Haridas V, Sharma Y K, Creasey R, Sahu S, Gibson C T, Voelcker N H. Gelation and Topochemical Polymerization of Peptide Dendrimers. *New J Chem* **2011**, *35*(2) : 303-309.

[120] Hirst A R, Smith D K. Two-Component Gel-Phase Materials—Highly Tunable Self-Assembling Systems. *Chem Eur J* **2005**, *11*(19) : 5496-5508.

[121] Suzaki Y, Taira T, Osakada K. Physical Gels Based on Supramolecular Gelators, Including Host-Guest Complexes and Pseudorotaxanes. *J Mater Chem* **2011**, *21*(4) : 930-938.

[122] Buerkle L E, Rowan S J. Supramolecular Gels Formed from Multi-Component Low Molecular Weight Species. *Chem Soc Rev* **2012**, *41*(18) : 6089-6102.

[123] Partridge K S, Smith D K, Dykes G M, McGrail P T. Supramolecular dendritic two-component gel. *Chem Commun* **2001**(4) : 319-320.

[124] Hirst A R, Smith D K. Solvent effects on supramolecular gel-phase materials: Two-component dendritic gel. *Langmuir* **2004**, *20*(25) : 10851-10857.

[125] Hirst A R, Smith D K. Self-assembly of two-component peptidic dendrimers: dendritic effects on gel-phase materials. *Org Biomol Chem* **2004**, *2*(20) : 2965-2971.

[126] Hirst A R, Smith D K, Feiters, M C, Geurts, H P M. Two-component dendritic gel: Effect of stereochemistry on the supramolecular chiral assembly. *Chemistry-a European Journal* **2004**, *10*(23) : 5901-5910.

[127] Hirst A R, Smith D K, Feiters M C, Geurts H P M, Wright A C. Two-component dendritic gels: Easily tunable materials. *J Am Chem Soc* **2003**, *125*(30) : 9010-9011.

[128] Hirst A R, Smith D K, Harrington J P. Unique Nanoscale Morphologies Underpinning Organic Gel-Phase Materials. *Chem Eur J* **2005**, *11*(22) : 6552-6559.

[129] Hirst A R, Smith D K, Feiters M C, Geurts H P M. Two-component dendritic gel: Effect of spacer chain length on the supramolecular chiral assembly. *Langmuir* **2004**, *20*(17) : 7070-7077.

[130] Hardy J G, Hirst A R, Smith D K, Brennan C, Ashworth I. Controlling the materials properties and nanostructure of a single-component dendritic gel by adding a second component. *Chem Commun* **2005**(3) : 385-387.

[131] Hardy J G, Hirst A R, Smith D K. Exploring Molecular Recognition Pathways in One-And Two-Component Gels Formed by Dendritic Lysine-Based Gelators. *Soft Matter* **2012**, *8*(12) : 3399-3406.

[132] Hirst A R, Miravet J E, Escuder B, Noirez L, Castelletto V, Hamley I W, Smith D K. Self-Assembly of Two-Component Gels: Stoichiometric Control and Component Selection. *Chem Eur J* **2009**, *15*(2) : 372-379.

[133] Edwards W, Smith D K. Dynamic Evolving Two-Component Supramolecular Gels-Hierarchical Control over Component Selection in Complex Mixtures. *J Am Chem Soc* **2013**, *135*(15) : 5911-5920.

[134] Dykes G M, Smith D K. Supramolecular dendrimer chemistry: using dendritic crown ethers to reversibly generate functional assemblies. *Tetrahedron* **2003**, *59*(22) : 3999-4009.

[135] Brignell S V, Smith D K. Crown Ether Functionalised Dendrons - Controlled Binding and Release of Dopamine in Both Solution And Gel-Phases. *New J Chem* **2007**, *31* (7) : 1243-1249.

[136] Hudson S D, Jung H T, Percec V, Cho W D, Johansson G, Ungar G, Balagurusamy V S K. Direct visualization of individual cylindrical and spherical supramolecular dendrimers. *Science* **1997**, *278* (5337) : 449-452.

[137] Percec V, Dulcey A E, Balagurusamy V S K, Miura Y, Smidrkal J, Peterca M, Nummelin S, Edlund U, Hudson S D, Heiney P A, Hu D A, Magonov S N, Vinogradov S A. Self-assembly of amphiphilic dendritic dipeptides into helical pores. *Nature* **2004**, *430* (7001) : 764-768.

[138] Rosen B M, Wilson C J, Wilson D A, Peterca M, Imam M R, Percec V. Dendron-Mediated Self-Assembly, Disassembly, and Self-Organization of Complex Systems. *Chem Rev* **2009**, *109* (11) : 6275-6540.

[139] Rosen B M, Peterca M, Huang C, Zeng X, Ungar G, Percec V. Deconstruction as a Strategy for the Design of Libraries of Self-Assembling Dendrons. *Angew Chem Int Ed* **2010**, *49* (39) : 7002-7005.

[140] Sato K, Itoh Y, Aida T. Columnarly Assembled Liquid-Crystalline Peptidic Macrocycles Unidirectionally Orientable over a Large Area by an Electric Field. *J Am Chem Soc* **2011**, *133* (35) : 13767-13769.

[141] Kim C, Kim K T, Chang Y, Song H H, Cho T Y, Jeon H J. Supramolecular assembly of amide dendrons. *J Am Chem Soc* **2001**, *123* (23) : 5586-5587.

[142] Kim C, Lee S J, Lee I H, Kim K T. Stabilization of supramolecular nanostructures induced by self-assembly of dendritic building blocks. *Chem Mater* **2003**, *15* (19) : 3638-3642.

[143] Lee J, Kim J M, Yun M, Park C, Park J, Lee K H, Kim C. Self-Organization of Amide Dendrons with Focal Dipeptide Units. *Soft Matter* **2011**, *7* (19) : 9021-9026.

[144] Ko H S, Park C, Lee S M, Song H H, Kim C. Supramolecular Self-assembly of Dimeric Dendrons with Aromatic Bridge Units. *Chem Mater***2004**, *16* (20) : 3872-3876.

[145] Liu B, Yang J, Yang M, Wang Y, Xia N, Zhang Z, Zheng P, Wang W, Lieberwirth I, Kubel C. Polyoxometalate Cluster-Contained Hybrid Gelator and Hybrid Organogel: A New Concept of Softenization of Polyoxometalate Clusters. *Soft Matter* **2011**, *7* (6) : 2317-2320.

[146] Seo M, Kim J H, Kim J, Park N, Park J, Kim S Y. Self-Association of Bis-Dendritic Organogelators: The Effect of Dendritic Architecture on Multivalent Cooperative Interactions. *Chem-Eur J* **2010**, *16* (8) : 2427-2441.

[147] Yang M, Zhang Z, Yuan F, Wang W, Hess S, Lienkamp K, Lieberwirth I, Wegner G. Self-Assembled Structures in Organogels of Amphiphilic Diblock Codendrimers. *Chem Eur J* **2008**, *14* (11) : 3330-3337.

[148] Kim J H, Seo M, Kim Y J, Kim S Y. Rapid and Reversible Gel-Sol Transition of Self-Assembled Gels Induced by Photoisomerization of Dendritic Azobenzenes. *Langmuir* **2009**, *25* (3) : 1761-1766.

[149] Kamikawa Y, Kato T. Color-Tunable Fluorescent Organogels: Columnar Self-Assembly of Pyrene-Containing Oligo (glutamic acid) s. *Langmuir* **2007**, *23* (1) : 274-278.

[150] Gao B, Li H, Xia D, Sun S, Ba X. Amphiphilic Dendritic Peptides: Synthesis and Behavior as an Organogelator and Lquid Crystal. *Beilstein J Org Chem* **2011**, *7*, 198-203.

[151] Zhang W, Gonzalez S O, Simanek E E. Structure-Activity Relationships in Dendrimers Based on Triazines: Gelation Depends on Choice of Linking and Surface Groups. *Macromolecules* **2002**, *35* (24) : 9015-9021.

[152] Yang X, Lu R, Gai F, Xue P, Zhan Y. Rigid Dendritic Gelators Based on Oligocarbazoles. *Chem Commun* **2010**, *46* (7) : 1088-1090.

[153] Xu D, Liu X, Lu R, Xue P, Zhang X, Zhou H, Jia J. New Dendritic Gelator Bearing Carbazole in Each Branching Unit: Selected Response to Fluoride Ion in Gel Phase. *Org Biomol Chem* **2011**, *9* (5) : 1523-1528.

[154] Ding Z, Zhao Q, Xing R, Wang X, Ding J, Wang L, Han Y. Detection of Explosives with Porous Xerogel Film from Conjugated Carbazole-Based Dendrimers. *J Mater Chem* **2013**, *1* (4) : 786-792.

[155] Ding Z, Xing R, Wang X, Ding J, Wang L, Han Y. Supramolecular Assemblies from Carbazole Dendrimers Modulated by Core Size and Molecular Configuration. *Soft Matter* **2013**, *9* (43) : 10404-10412.

聚芳醚型树状分子凝胶

树状大分子由于具有独特的三维立体结构、规整的分子构造与多样的化学组成，已经成为构筑超分子体最理想的基本构筑基元之一，在自组装领域的研究中备受关注[1-5]。对这类结构特殊大分子的自组装行为进行深入的研究也有助于人们对分子自组装理论的进一步理解，在指导与调控超分子结构上具有重要的现实意义与应用前景。目前，大量的研究表明，通过控制所合成树状分子的大小和形状、改变构筑单元以及选择合适的修饰方法，可以有效地调控自组装过程，从而可以得到各种形态与功能的组装体（图 2-1）。

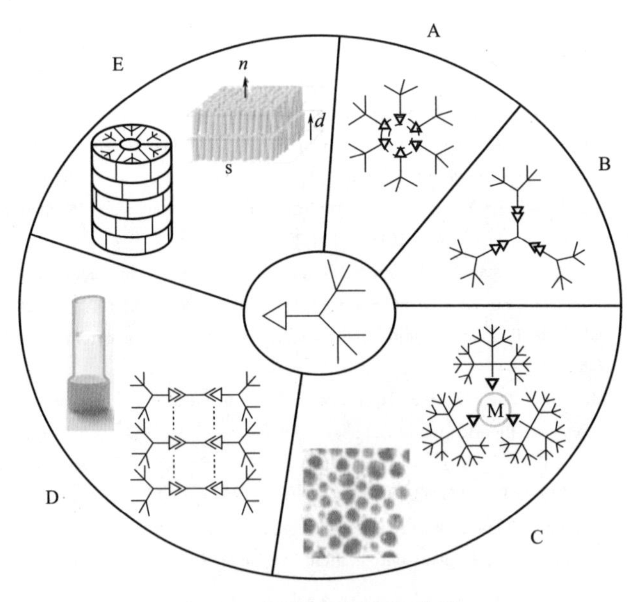

图 2-1　树状分子自组装示意图

聚芳醚型树状分子是1990年加州大学伯克利分校Fréchet等人[6-8]首次采用收敛法合成的。该类型树状大分子除了具有树状分子的典型优点外，其结构外围分布了2*n*个苯环（*n*代表树状分子代数），使其具有一定的柔性和刚性，并对大部分有机试剂和金属配合物呈惰性，是目前研究最广泛、最深入的树状分子类型之一，且已经成功实现了商业化，在液相有机合成、催化剂、功能材料和超分子自组装中表现出十分优异的性能。

聚芳醚型树状分子作为组成精确、具有三维可控结构的超支化大分子，是一类理想的制备纳米尺寸软物质材料的"明星"结构。聚芳醚型树状分子凝胶独特的分子结构和化学惰性引起了人们极大的兴趣和广泛的关注，一大批成凝胶性能优异的聚芳醚型树状分子凝胶因子被报道出来[9-13]。根据聚芳醚型树状分子凝胶因子成凝胶基元种类，可以将该类聚芳醚树状分子凝胶分为三大类：核心氢键型聚芳醚型树状分子凝胶，外围修饰有长烷基链型聚芳醚型树状分子凝胶和外围含功能化芳环的聚芳醚型树状分子凝胶。

2.1 核心氢键型聚芳醚树状分子凝胶

分子间氢键是一种特殊的分子间作用力，其能量约在2～15kcal/mol（1cal=4.1868J）。分子间氢键作用是超分子化学中最重要的非共价作用之一，也是驱动小分子凝胶组装的基本驱动力之一。在过去的几十年中，各种不同类型的氢键型官能团，如氨基酸、酰胺和肽以及其他常见的氢键型官能团，已经被引入聚芳醚树状分子结构中进而构筑出了一系列氢键型聚芳醚树状分子凝胶材料。

2.1.1 核心修饰有氨基酸的聚芳醚树状分子有机凝胶

2000年，Aida等人[14]报道了第一例树状分子有机凝胶体系（图2-2）。在Fréchet聚芳醚型树状分子核心修饰一个二肽，发现该类树状分子**2-1**～**2-3**能够在乙腈、丙酮、乙酸乙酯、苯等溶剂以及混合溶剂中形成稳定的凝胶；扫描电镜（SEM）研究表明该树状分子干胶呈现由直径约20nm，长约几十微米的细长纤维相互交联形成的三维网络状形貌；圆二色谱（CD）研究发现树状分子可能是以螺旋的方式堆积组装的。随后他们系统地研究了核心多肽的数目、种类，树状分子与二肽的连接方式，树状分子外围官能团等因素对其成胶性能的影响[15]，发现：①二肽比单肽效果好；②树状分子外围的甲酯官能团比甲氧基官能团成胶效果好；③二肽N-端或者侧链C-端连接树状分子片段可以有效形成凝胶，而二肽羧基C-端连接树状分子则形成沉淀；④高代数的树状分子有利于凝胶形成。并提出了三种可能的作用模式（图2-3）。

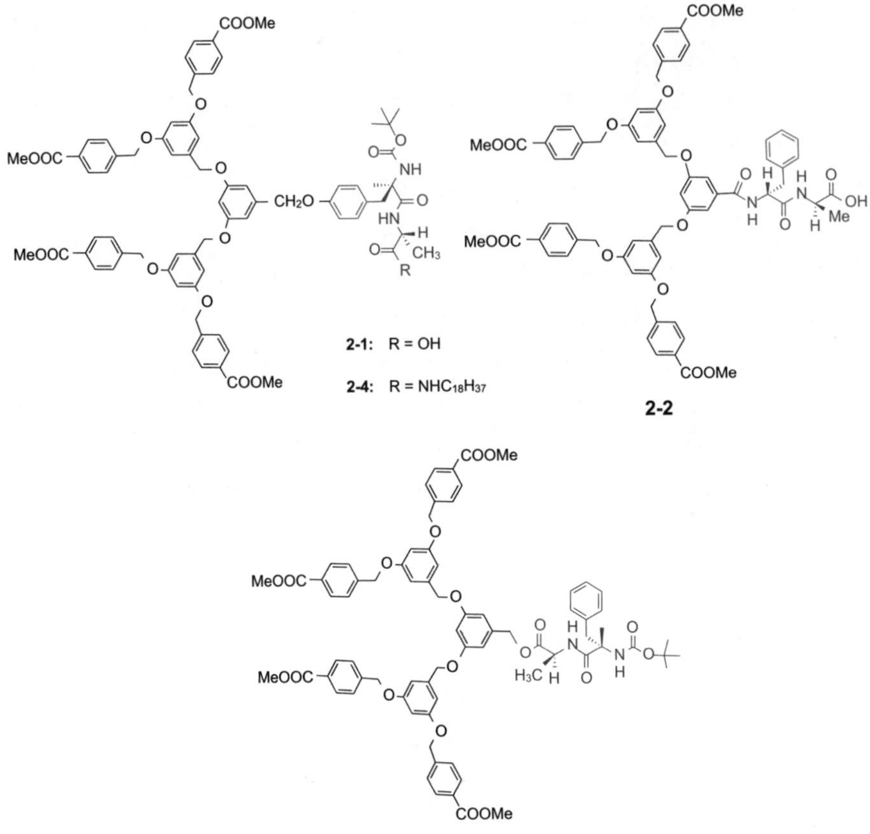

2-1: R = OH

2-4: R = $NHC_{18}H_{37}$

2-2

2-3

图 2-2　核心修饰有二肽的树状分子凝胶因子

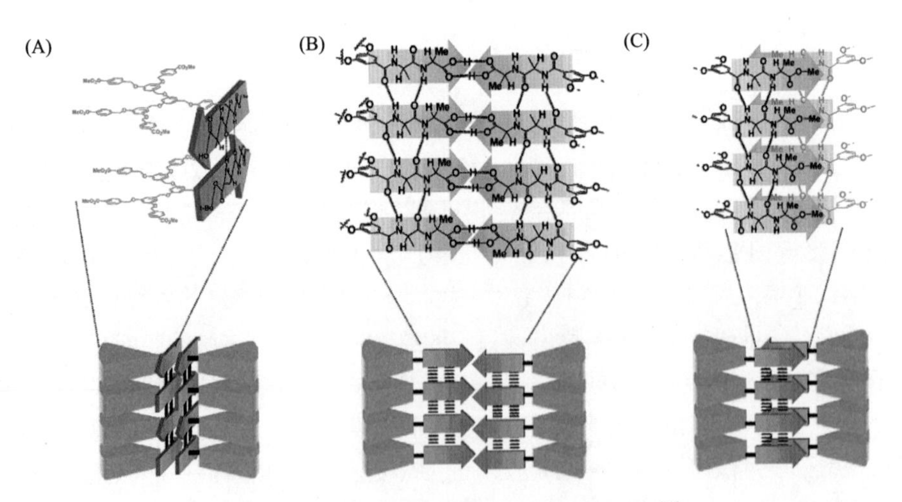

图 2-3　树状分子凝胶因子 **2-1** ~ **2-3** 堆积示意图[13]

随后，Jang 小组[16]将上述核心含有二肽的聚芳醚型树状分子羧基 C- 端修饰有长烷基链（**2-4**），随后研究发现其能够在 4- 戊基 -4′- 氰基联苯液晶分子中以很低的浓度形成液晶凝胶（liquid crystal gel），该液晶凝胶能够对电场产生智能响应，有望被应用于光电显示领域。

2.1.2 核心含氢键 AB_n 型聚芳醚型树状分子有机凝胶

2011 年，Prasad 等人[17]合成了一类不含有传统成胶基元的 AB_3 型聚芳醚型树状分子凝胶因子 **2-5** ～ **2-12**（图 2-4）；他们发现核心为羧基、酯基、羟基以及蒽基的树状分子能够形成稳定的凝胶，并且他们认为芳环之间的 **π-π** 堆积作用协同核心官能团间的氢键和偶极 - 偶极相互作用是其成凝胶的主要驱动力。另外，研究发现核心为蒽取代的树状分子凝胶在紫外光的激发下可以发出亮绿色的荧光，这可能是由于在凝胶态下蒽形成了激发态准分子。

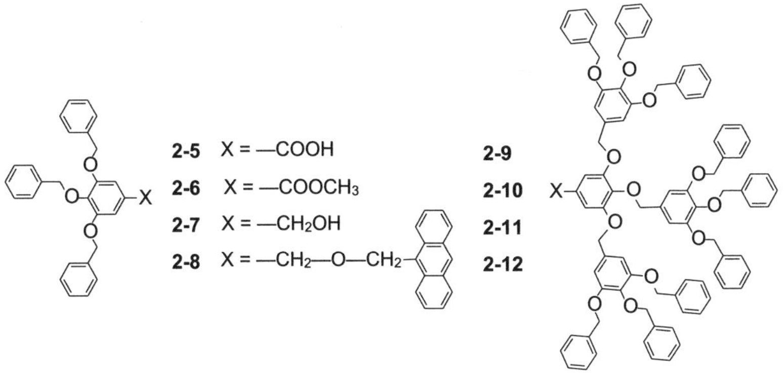

2-5 X = —COOH
2-6 X = —$COOCH_3$
2-7 X = —CH_2OH
2-8 X = —CH_2—O—CH_2—
2-9
2-10
2-11
2-12

图 2-4 AB_3 型聚芳醚树状分子凝胶因子

随后，该小组又发展了一类新型的两组分树状分子凝胶体系[18,19]，即通过在该类 AB_3 型聚芳醚型树状分子的核心修饰有吡啶官能团（**2-13a**）（图 2-5），利用吡啶官能团和酒石酸之间的氢键作用形成超分子复合物，进而在 **π-π** 堆积作用以及其他弱相互作用力的协同作用下组装形成了稳定超分子凝胶。

近期，该小组通过酰腙键合成了核心含有葡萄糖官能团的 AB_3 型聚芳醚型树状分子凝胶因子 **2-13b**（图 2-5）[20]，该树状分子凝胶因子能在二甲基亚砜 - 水混合物中自组装成凝胶，最低成凝胶浓度低至 100mg/mL，表现出优异的成凝胶性能，进一步研究发现葡萄糖官能团之间氢键和树状分子片段之间 **π-π** 堆积作用是其组装形成凝胶的主要驱动力，氧化石墨烯（GO）均匀分散到上述超分子凝胶体系中可以导致更低的临界成凝胶浓度，同时可提高超分子凝胶的力学强度。

随后发现核心仅含有酰腙官能团的 AB_2 和 AB_3 型聚苄基醚树枝状分子 **2-13c**

（图 2-5）在诸多有机溶剂中均能形成高效稳定的凝胶[21]，且临界成凝胶浓度更低，在非质子溶剂中该树状分子凝胶因子形成一维螺旋纤维组装体，在其他溶剂中则形成细长的纤维，其中分子间氢键和树状分子片段之间 π-π 堆积作用是其形成凝胶的主要驱动力，他们认为该类树状分子凝胶因子凝胶化过程包括如下几个步骤：氢键首先驱动单体单元自组装成二聚体结构，氢键二聚体在 π-π 堆积作用下组装成螺旋状超分子聚合物，最后，超分子聚合物相互交联形成三维网络状结构，最终导致溶剂凝胶化。

Fan 等人[22] 通过在 Fréchet 的 AB_2 型树状分子核心修饰有叔丁氧羰基（Boc-）保护的二苯基乙二胺官能团（图 2-5），从而成功构建了一类新型的树状分子有机凝胶因子 **2-14**（图 2-5）；其能够在多种芳香溶剂以及极性溶剂中形成稳定的凝胶，其中氢键以及 π-π 堆积作用是其成胶的主要驱动力；进一步研究发现该类凝胶能够对多种外界刺激（如热、离子以及应力）产生智能响应。

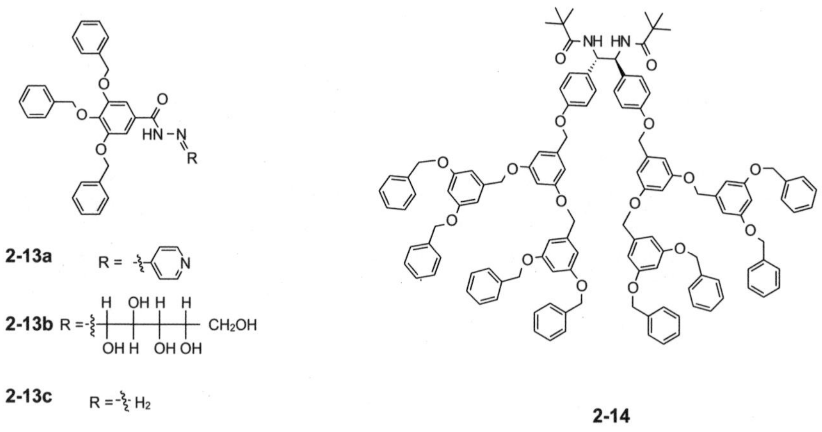

图 2-5　核心功能化的 AB_n 型聚芳醚树状分子凝胶因子

2.2　外围修饰有长烷基链型聚芳醚型树状分子凝胶

外围修饰有长烷基链的聚芳醚型树状分子凝胶因子是一类新型有机凝胶体系，利用长烷基链的分子间范德瓦耳斯力来使树状分子凝胶因子进行自组装已经成为凝胶研究的热点，长烷基链作为凝胶基元片段已经被广泛应用于超分子凝胶领域。

2008 年，Percec 等人[23] 报道了一类核心为酰胺键，两端为外围含有烷基链 Percec 型树状分子片段的“哑铃型”聚芳醚型树状凝胶因子 **2-15** ～ **2-20**（图 2-6），研究发现这类树状分子能够在多种非极性溶剂中形成凝胶，其中 3,4- 取代的树状分子凝胶因子表现出了最优异的成胶性能，其形成的凝胶具有触变响应性能。

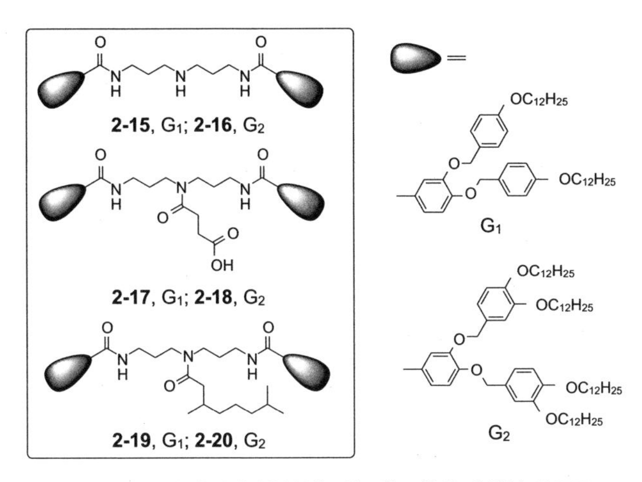

图 2-6　外围修饰有烷基链的“哑铃型”聚芳醚型树状凝胶因子

通过在外围含有长烷基链的树状分子凝胶因子的核心修饰功能基团，从而开发出了一系列功能化树状分子凝胶体系[24-29]。2009 年，薄志山课题组[24]报道了核心为三联苯荧光基团，两端为修饰有烷基链聚芳醚型树状分子片段的凝胶因子（图 2-7）；该“哑铃型”聚芳醚型树状凝胶因子 **2-21** 能够通过氢键、π-π 相互作用以及范德瓦耳斯力形成凝胶；凝胶性能测试发现，随着树状分子代数增加其成胶性能急剧下降，表现出了明显的树状分子负效应。值得一提的是这类树状分子凝胶表现出了很强的聚集诱导荧光增强现象，二代树状分子凝胶的荧光强度是其同浓度溶液的 800 多倍，究其原因，一方面是树状分子分子间氢键使得核心的三联苯荧光基团彼此靠近，有利于其平面化；另一方面是三联苯荧光基团旁边的氢键限制了其自由旋转，某种程度上减弱了非辐射跃迁，因而荧光强度和寿命有明显的增强。

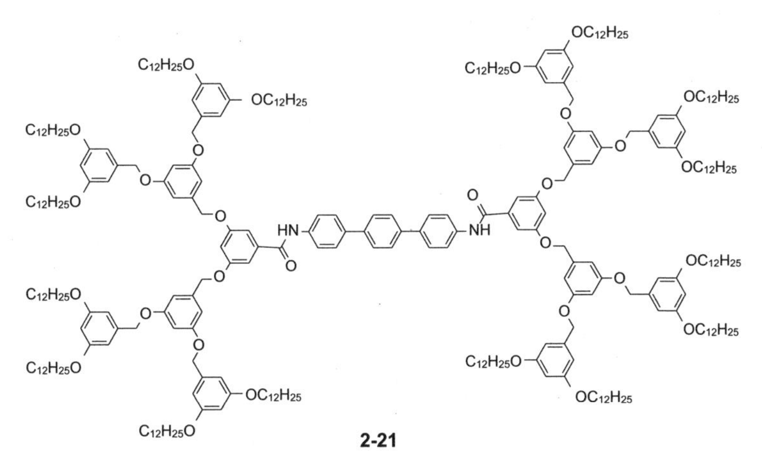

图 2-7　“哑铃型”聚芳醚型树状凝胶因子

Barluenga 等人 [25] 于 2011 年合成了一类核心修饰有 1,6- 二苯基 -3- 己烯基 -1,5- 二炔荧光基团，外围修饰有多条长烷基链的聚芳醚型树状分子凝胶因子（图 2-8）。研究发现该树状分子 **2-22** 兼具液晶性能和凝胶性能；能够在环己烷和十二烷等非极性溶剂中形成直径在十几纳米，长度在几微米的细长纤维，X 射线衍射（XRD）研究表明树状分子凝胶因子通过柱状介晶相的方式堆积形成凝胶；在凝胶态时，其荧光的强度是其溶液态的 3 倍，这可能是由于凝胶态有利于聚集增强发光效应导致的。

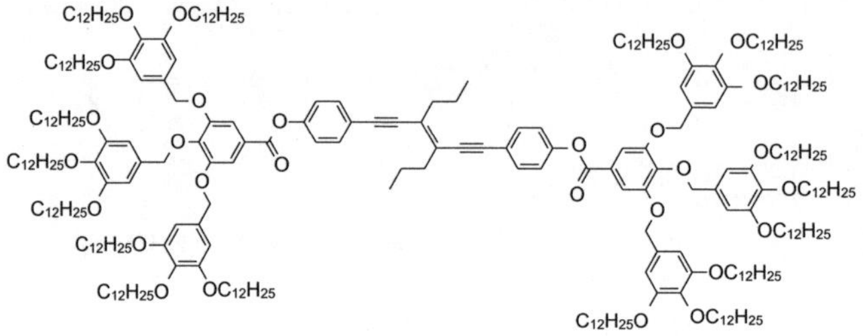

2-22

图 2-8 “哑铃型”聚芳醚型树状凝胶因子

同年，Baumgartner 等人 [26] 合成一类基于 **π-** 共轭体的二噻吩磷杂戊二烯官能团树状分子 **2-23** ～ **2-25**（图 2-9），这类树状分子同样表现出了液晶行为和凝胶性能；研究发现其能够在多种有机溶剂中形成稳定的凝胶，该凝胶的荧光性能可以通过溶剂极性和温度等进行有效调节。值得一提的是在无溶剂状态下，除了二聚体 **2-25** 外，其他的所有树状分子都可以作为荧光液晶材料。

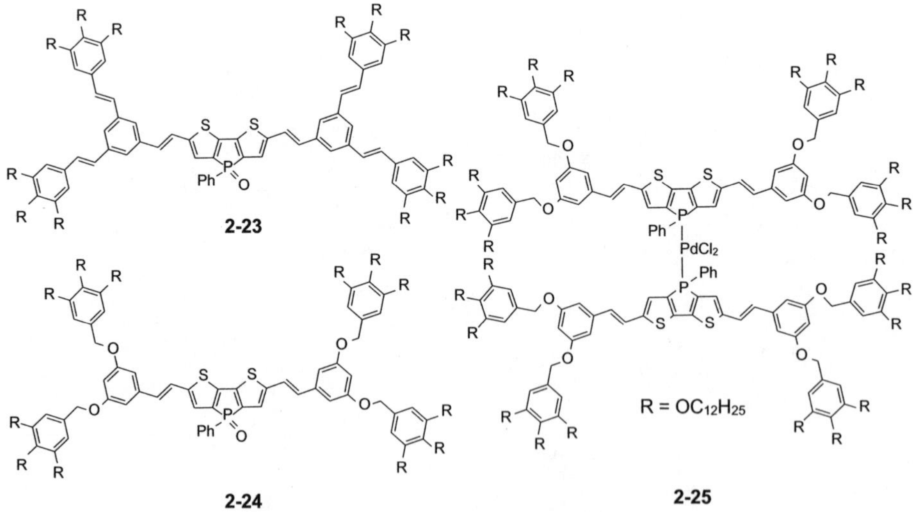

2-23

2-24

R = $OC_{12}H_{25}$

2-25

图 2-9 π- 共轭体聚芳醚型树状凝胶因子

北京大学的陈尔强等人[27]通过在 Percec- 型树状分子的核心修饰有冠醚，从而发展了一类“碟”状树状分子凝胶因子（图 2-10）；研究发现这类树状分子 **2-26** 能够在某些非极性溶剂中形成稳定的凝胶；树状分子溶液在冷却过程中首先组装形成蠕虫状胶束（也称为活性聚合物），随后进一步变长且相互交联形成网络状组装体，导致溶液凝胶化。有意思的是这类树状分子在非极性溶剂十二烷中形成的凝胶具有一个由冠醚官能团组装形成的亲水性空腔，其可以有效地包裹染料罗丹明 B 分子，表明这类树状分子凝胶具有在离子传递和药物输送系统等领域的应用前景。

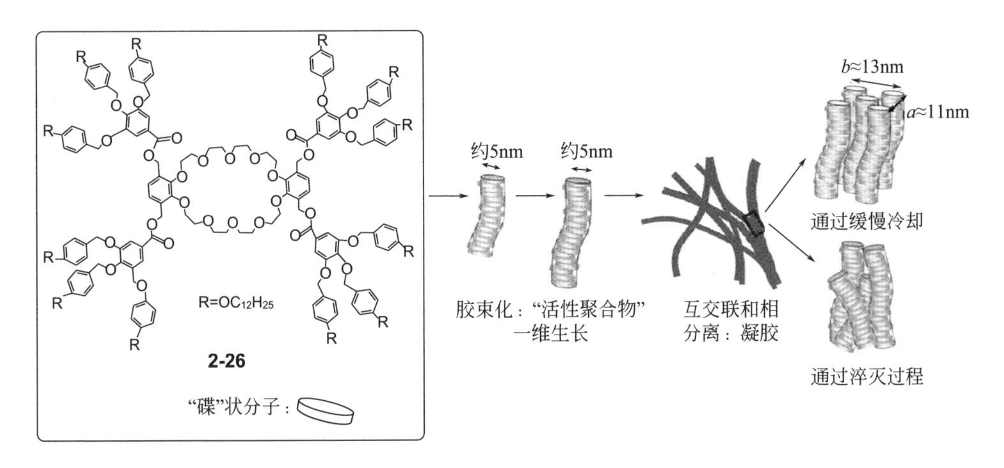

图 2-10 “碟”状树状分子凝胶因子及其组装示意图

2.3 外围含功能化芳环的聚芳醚型树状分子凝胶

Feng 等人[30-32]在通过液相法合成外围间苯二甲酸二甲酯功能化的两嵌段聚芳醚型树状分子（图 2-11）过程中，意外发现树状分子 **2-29** 能够在丙酮中形成透明的类似于“果冻”的准固态软物质。后续研究发现这类树状分子尽管没有传统的成胶基元（如酰胺官能团、长烷基链以及胆固醇片段），但是却在很多极性、非极性以及混合溶剂中显示出了优异的成胶效果；其中二代和三代树状分子能够在所测试的全部有机溶剂中形成凝胶，即使具有球形结构更大代数的四代树状分子也能够在某些有机溶剂中成凝胶。

随后通过理性设计，他们将外围甲酯基团取代为同样吸电子基团的氰基（—CN）[33]、卤素（—F、—Cl、—Br、—I）[34,35]、硝基（$—NO_2$）和醛基（—CHO）以及甲基（$—CH_3$）[36]，详细研究了其凝胶性能、结构与功能的关系以及成胶机理，这大大地拓展了聚芳醚型树状分子凝胶的体系，也为以后该类树状分子凝胶的功能化提供了坚实的基础。

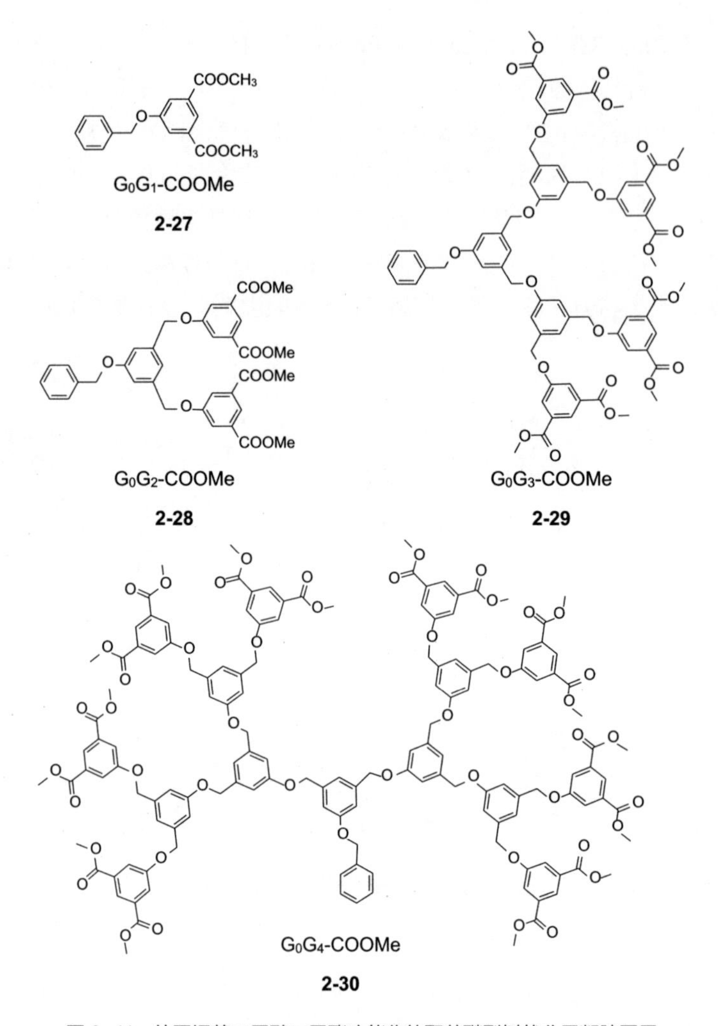

图 2-11 外围间苯二甲酸二甲酯功能化的聚芳醚型树状分子凝胶因子

2.3.1 外围间苯二甲酸二甲酯功能化的聚芳醚型树状分子凝胶

（1）成凝胶性能

通过“倒置法”研究了该类树状分子凝胶因子 **2-27** ～ **2-30** 的成胶性能，发现该类树状分子凝胶体系具有非常优异的成凝胶性能，主要表现在如下五个方面：

① 成胶溶剂非常广，不仅能够在多种芳香性溶剂中形成凝胶，而且在多种极性溶剂，甚至含水体系中也能形成稳定的凝胶（图 2-12），是目前所报道的树状分子凝胶体系中成胶溶剂最广的凝胶因子。

② 成胶能力非常强，以树状分子凝胶因子 G_0G_3-COOMe 为例，在 25℃下，它们在吡啶 / 水（4 ： 1，体积比）混合溶剂中的最低临界成胶浓度为 2.0mg/mL，相

当于每个树状分子可以分别固定住约 1.75×10^4 个溶剂分子，达到了小分子凝胶的最好水平。

③ 结构可调，便于修饰和功能化，为将来的应用奠定了坚实的基础。

④ 合成简单，凝胶性能优异、结构兼容性好，有望发展成为像胆甾醇类的"明星"凝胶因子，广泛应用于功能凝胶材料中。

⑤ 高代数树状分子也能有效成胶，第五代聚芳醚树状分子分子量高达5000多，拓扑结构接近于球形，但仍能在多种溶剂体系中形成凝胶。

随后进一步研究了该类树状分子结构对成胶性能的影响，发现树状结构、树状分子核心和外围官能团对其成胶过程起着重要的作用：①树状分子的树状结构有利于其形成凝胶，而组成相类似的线性分子则不能形成凝胶；②二代和三代树状分子的成胶效果最好；③核心基团为芳基的树状分子比长烷基链表现出了更好的成胶效果；④外围官能团为间苯二甲酸二甲酯基团的时候其成胶效果最好。

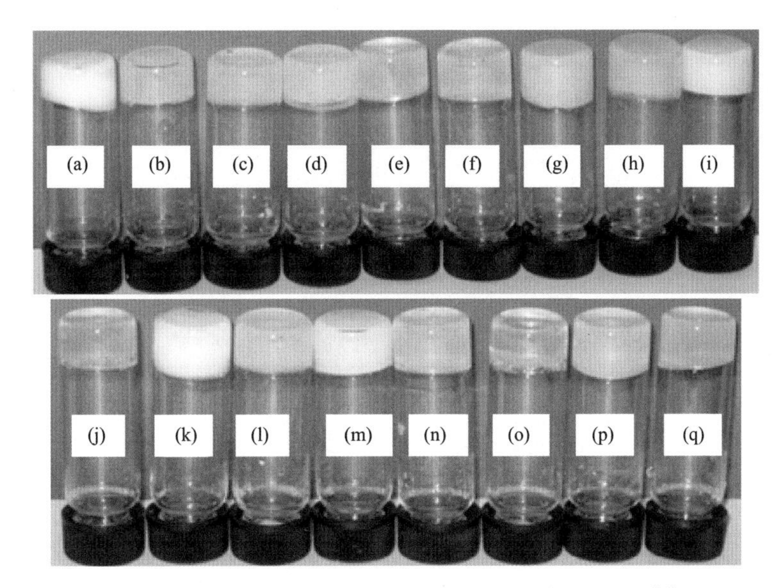

图 2-12　G_0G_3-COOMe 在不同有机溶剂中形成的凝胶照片[30]

溶剂：(a)丙酮；(b)乙二醇单甲醚；(c)甲苯；(d)吡啶；(e)苯；(f)苯甲醚；(g)苄腈；(h)苯甲醛；(i)乙腈；(j)环己酮；(k)乙酸乙酯；(l)苄醇，(m)氯仿/四氢呋喃=1 ∶ 9(体积比)；(n)四氢呋喃/水=3 ∶ 1(体积比)；(o)吡啶/水=4 ∶ 1(体积比)；(p)苯甲醚/四氯化碳=3 ∶ 2(体积比)；(q)苯甲醚/正己烷=1 ∶ 1(体积比)

(2)凝胶微观形貌

这类树状分子凝胶因子在低代数时(G_0G_2-COOMe)，组装成很直很宽的一维纤维结构，直径为 200 ～ 600nm 之间，纤维的刚性较强，互相之间只是偶然发生融合或交叠；当树状分子代数居中时(G_0G_3-COOMe)，组装后的纤维比低代数的直径小，且大小均一，长度达到了几微米甚至几十微米，然后由两条或者更多条细小的纤维结构缠结而形成非常完美的网络状结构；随着代数的增大（G_0G_4-COOMe），自组装后的微观形态逐渐由一维向二维转变，它组装后的纤维直径变得更细，有一定的弯曲度，直径在 30 ～ 300nm 之间，这些具有一定弯曲度的纤维相互缠绕形成接近一个球形的三维网络结构；而在高代数时（G_0G_5-COOMe）则呈三维生长模式，微观形态为三围的球形结构，尺寸大小达到了微米级别，但是它仍然具有纳米级别的精细微观结构。上面观察到的这些现象从纳米尺度上验证了凝胶性能与树状分子代数的关系，当树状分子代数增大时，可以形成更完美的交联网络，从而提高了材料的成胶性能；但当代数增大到一定程度时，由于空间位阻作用，其成胶性能下降。同时，通过调控树状分子代数的大小，可以改变树状分子自组装方式和组装后的微观形态，从而实现了对凝胶材料微观形貌的方便调控。

不同代数外围间苯二甲酸二甲酯功能化聚芳醚型树状分子在苯溶液中干凝胶的 SEM 电镜照片如图 2-13 所示。

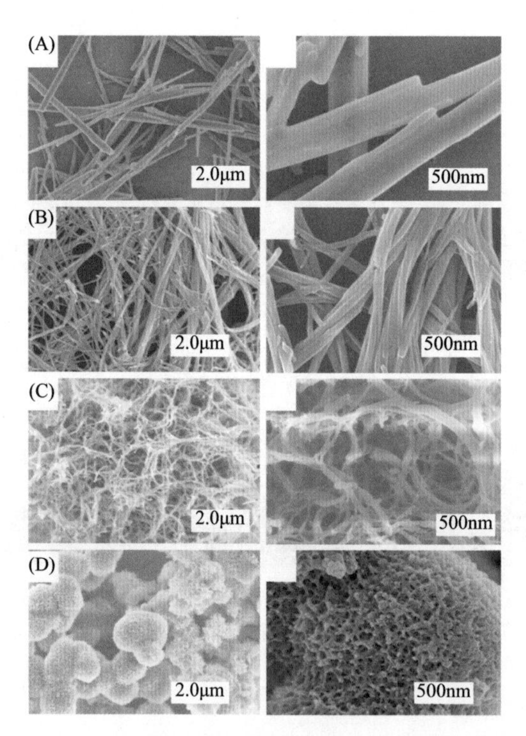

图 2-13　不同代数外围间苯二甲酸二甲酯功能化聚芳醚型树状分子在苯溶液中干凝胶的 SEM 电镜照片[32]

（A）G_0G_2-COOMe；（B）G_0G_3-COOMe；（C）G_0G_4-COOMe；（D）G_0G_5-COOMe（其中右侧为左侧对应图片的放大图）

作为一类新颖的树状分子凝胶因子，它在很宽的溶剂范围内（从极性的乙二醇单甲醚到非极性的甲苯溶剂）都能有效地成胶，这说明它具有很好的溶剂广谱性，是一类非常优秀的凝胶因子。为了研究溶剂效应对微观形态的影响，他们研究了

G_0G_3-COOMe 在不同溶剂中干胶的微观形貌，如图 2-14 所示。从下面的电镜照片中可知，在不同的溶剂中，它具有不同的微观形貌，可以通过调节溶剂极性的大小来调控树状分子自组装方式和微观形貌。

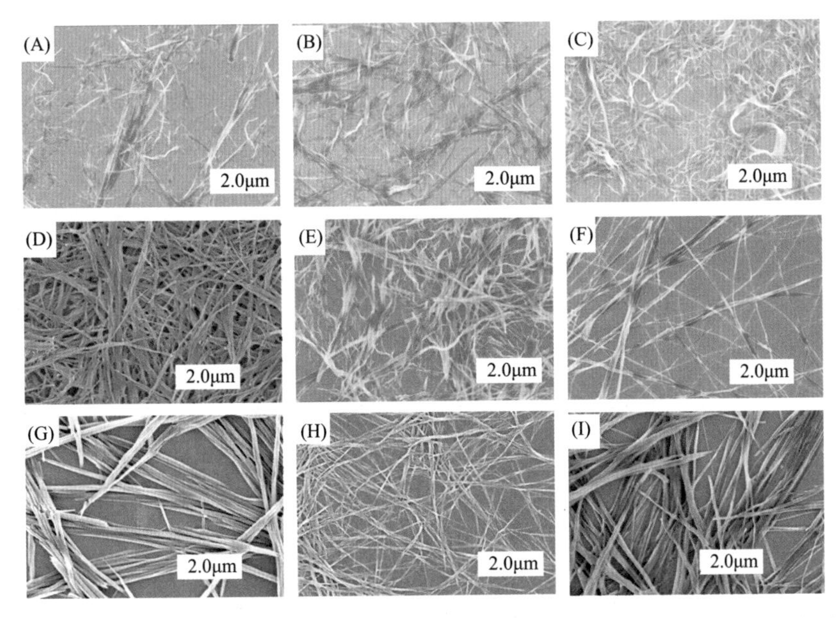

图 2-14 外围间苯二甲酸二甲酯功能化聚芳醚型树状分子 G_0G_3-COOMe 在不同有机溶剂中形成干凝胶的 SEM 电镜照片[30, 32]

（A）乙二醇单甲醚（9.0mmol/L）；（B）乙腈（9.0mmol/L）；（C）丙酮（9.0mmol/L）；（D）吡啶（9.0mmol/L）；（E）乙酸乙酯（9.0mmol/L）；（F）环己酮（9.0mmol/L）；（G）苯甲醚（9.0mmol/L）；（H）甲苯（9.0mmol/L）；（I）苄腈（25.0mmol/L）

（3）成凝胶驱动力

相对于前面所报道的树状分子凝胶因子，大部分都通过氢键、π-π 相互作用或长烷基链的范德瓦耳斯力来诱导凝胶的形成。而对这种简单的聚芳醚型树状分子凝胶因子，它没有形成典型氢键的酰胺基团、大的 π- 共轭体系以及长的烷基链，只是在它的外围修饰有多个间苯二甲酸二甲酯基团，为了详细地了解成胶机理，他们通过从树状分子结构、X 射线单晶衍射、基于浓度和温度变化的核磁共振氢谱、溶剂滴定实验和粉末 X 射线衍射等方面对成胶机理展开了研究。

由于高代数树状分子很难培养出单晶，在乙酸乙酯 / 甲醇（4 ：1）的混合溶剂中经缓慢挥发培养出了低代数树状分子 G_0G_2-COOMe 的单晶（图 2-15），从单晶结构可以看出：外围修饰有间苯二甲酸二甲酯的芳环形成了一个很特别的、缺电子的大 π- 共轭体系，与内层富电子芳环形成了一个共平面结构，它们之间存在着强的给体（donor）和受体（acceptor）的 π-π 相互作用，同时还存在着多重的 CH-π 作用，以及甲酯基团甲基上氢与羰基上氧的非典型氢键作用（图 2-16 和图 2-17）。

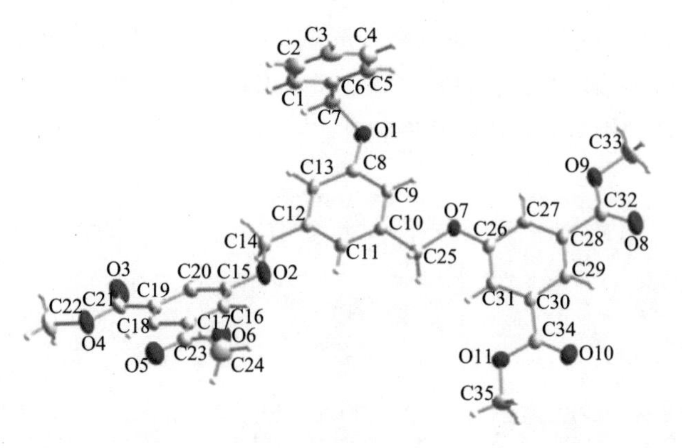

图 2-15 外围间苯二甲酸二甲酯功能化聚芳醚型树状分子 G_0G_2–COOMe 单晶的分子构象[32]

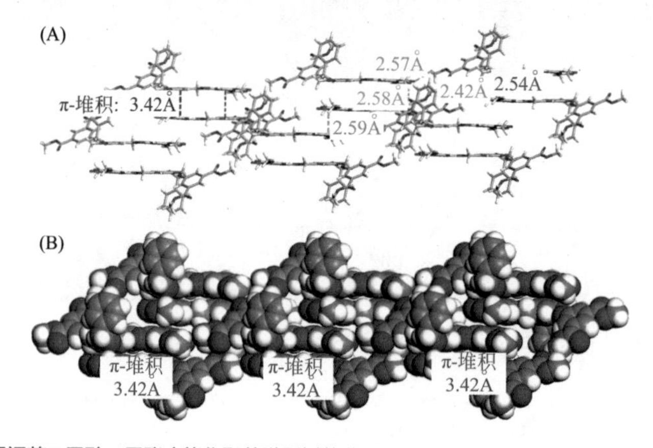

图 2-16 外围间苯二甲酸二甲酯功能化聚芳醚型树状分子 G_0G_2–COOMe 单晶中存在的弱相互作用力：π–π 堆积作用、CH–π 和非典型氢键作用（1Å = 10^{-10}m）

（A）球棍模型；（B）刚球模型[32]

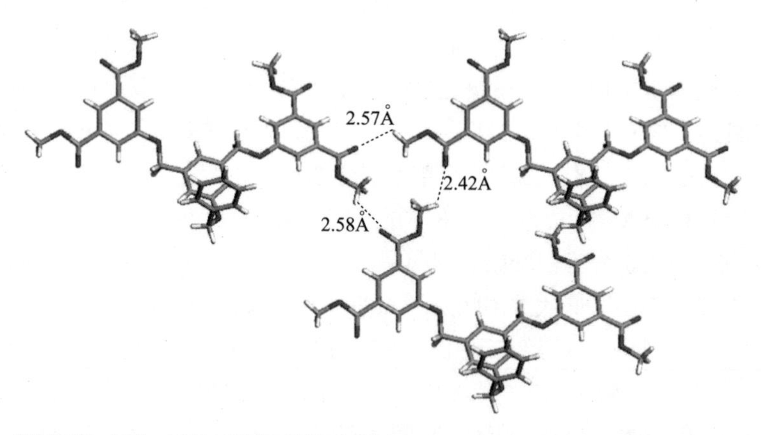

图 2-17 外围间苯二甲酸二甲酯功能化聚芳醚型树状分子 G_0G_2–COOMe 单晶中存在的非典型弱氢键相互作用[32]

由于单晶是固态结构，为了真实地反映溶液态中树状分子之间的 π-π 相互作用力，他们研究了该类聚芳醚型树状分子凝胶因子在溶液态下基于浓度和温度变化的核磁共振氢谱。

首先，他们研究了 G_0G_2-COOMe 在溶液态下基于浓度和温度变化的核磁共振氢谱，如图 2-18 所示。从氢谱中可以看出，随着浓度从 1.1mg/mL 升高到 36.6mg/mL 时，树状分子外围芳环和内层芳环的化学位移向高场移动[图 2-18（A）]；随着温度从 10℃升高到 50℃时，树状分子外围芳环和内层芳环的化学位移向低场移动[图 2-18（B）]，同时，核心苯环的化学位移没有发生任何变化。通过上面的实验，我们发现随着浓度和温度变化，各特征峰化学位移变化具有很好的协调性，这就很好地证明了树状分子之间存在着强的 π-π 相互作用力[37-39]。

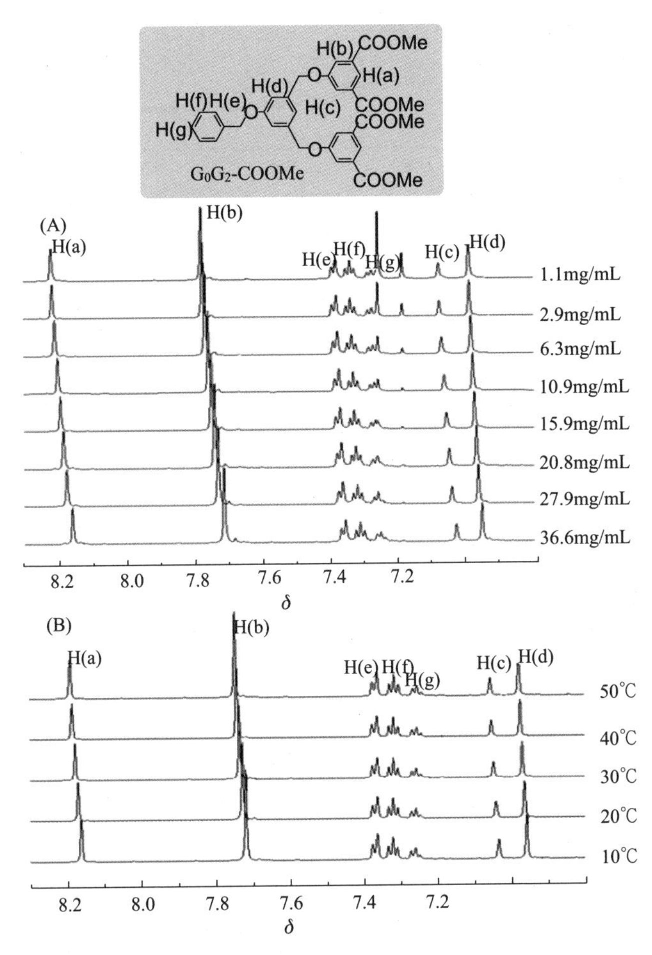

图 2-18 不同浓度梯度（A）和温度梯度（B）条件下，树状分子凝胶因子 G_0G_2-COOMe 在芳香区的 ^1H NMR [600MHz，$CDCl_3/CCl_4$（1/9，体积比）][32]

利用溶剂滴定实验验证了树状分子之间的 π-π 相互作用。以 G_0G_3-COOMe 为模型，利用荧光光谱研究了树状分子之间的 π-π 相互作用。在相同浓度下，发现随着成胶溶剂 CCl_4 比例的增大，G_0G_3-COOMe 的荧光急剧猝灭，这说明在疏溶剂作用下树状分子之间的 π-π 相互作用力增强，产生聚集而导致荧光猝灭（图 2-19）。

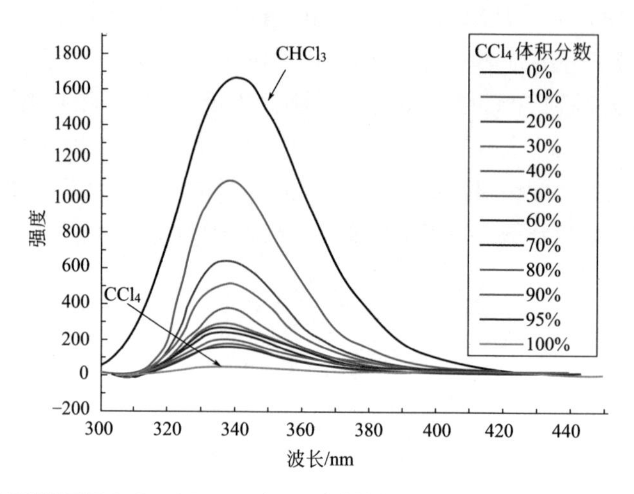

图 2-19 树状分子凝胶因子 G_0G_3-COOMe 在不同浓度梯度 $CCl_4/CHCl_3$ 混合溶剂中的荧光发射光谱（浓度：5×10^{-5}mol/L；发射波长：275nm[32]

随后，利用核磁共振氢谱研究了树状分子之间的 π-π 相互作用（图 2-20），发现随着成胶溶剂 CCl_4 比例的增大，树状分子 G_0G_3-COOMe 与 π-π 相关的各特征峰均向高场移动，裂分峰变宽，且变化幅度很大，这说明强的疏溶剂作用能够促进树状分子之间的 π-π 相互作用力。

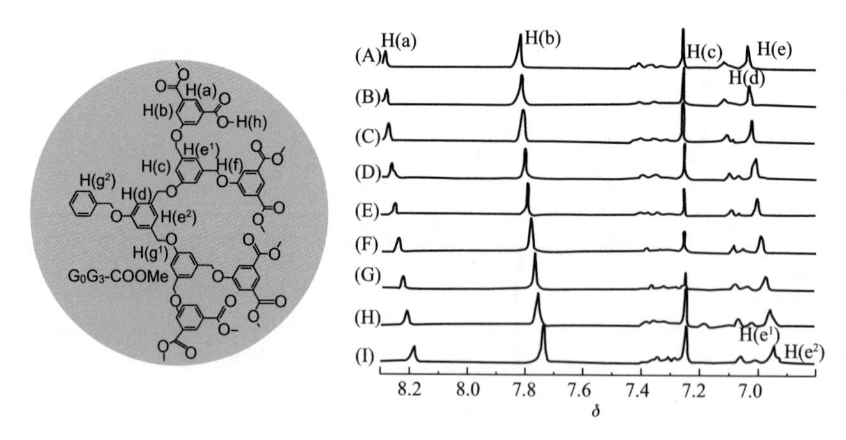

图 2-20 树状分子凝胶因子 G_0G_3-COOMe 在不同梯度 $CCl_4/CDCl_3$ 混合溶剂中芳香区的 ^{1}H NMR（300MHz，25℃）[32]

混合溶剂中 CCl_4 占比：（A）0%；（B）10%；（C）20%；（D）30%；（E）40%；（F）50%；（G）60%；（H）70%；（I）80%

最后，通过广角 X 射线粉末衍射研究了 G_0G_2-COOMe 在干胶状态下的 π-π 相互作用力，从图 2-21 中可以看出在 25.4° 左右出现一个很强的衍射峰，它所对应的距离为 3.5Å，与上面的单晶结构中的 π-π 作用力距离相当，这也间接地证明了树状分子的 π-π 相互作用力。

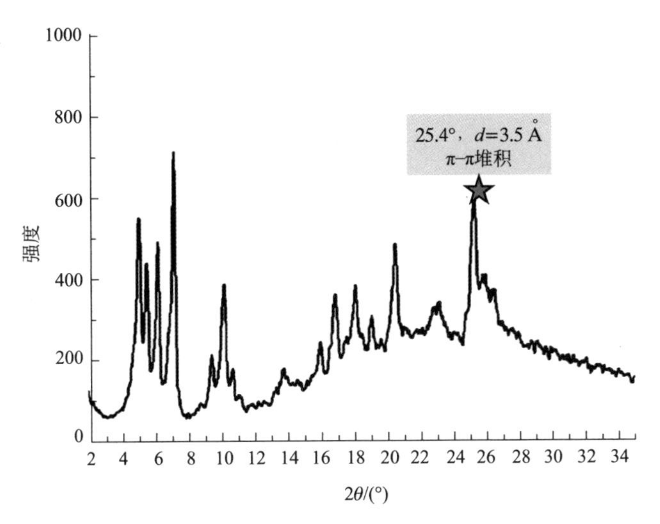

图 2-21 树状分子 G_0G_2-COOMe 在 $CHCl_3/CCl_4$（1/9，体积比）中干凝胶的 XRD 图 [30]

根据以上的实验证据，他们总结归纳出其成胶的基本结构要求为：

① 具有特殊的给体（donor）和受体（acceptor）共平面结构；

② 树枝状结构。

这两个因素在成胶过程中发挥着决定性的作用，两者缺一不可。

同时，树状分子外围芳香环之间多重的 π-π 相互作用力、非典型的弱氢键作用和疏溶剂作用是树状分子凝胶成胶的主要驱动力。

2.3.2 外围卤素功能化的聚芳醚型树状分子凝胶

随后他们将外围甲酯基团拓展到卤素（F、Cl、Br）、三氟甲基和醛基，设计合成了一系列不同的树状分子凝胶因子 [35，40]**2-31** ～ **2-39**（图 2-22），并利用 ^{1}H NMR、^{13}C NMR、MALDI-TOF 等手段对其结构进行了表征和确认。

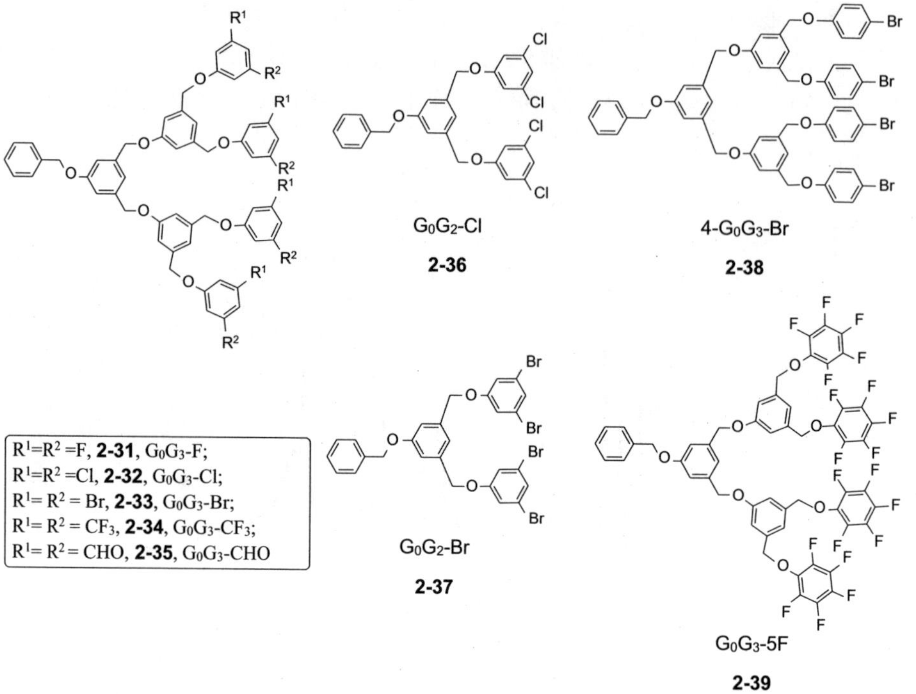

$R^1=R^2=F$, **2-31**, G_0G_3-F;
$R^1=R^2=Cl$, **2-32**, G_0G_3-Cl;
$R^1=R^2=Br$, **2-33**, G_0G_3-Br;
$R^1=R^2=CF_3$, **2-34**, G_0G_3-CF_3;
$R^1=R^2=CHO$, **2-35**, G_0G_3-CHO

G_0G_2-Cl
2-36

G_0G_2-Br
2-37

4-G_0G_3-Br
2-38

G_0G_3-5F
2-39

图 2-22　外围卤素功能化的聚芳醚型树状分子凝胶因子

通过加热 - 室温冷却和加热 - 超声冷却两种方法，研究了上面所合成的树状分子在 13 种有机溶剂和 7 种混合溶剂中的成胶性能及最低凝胶浓度，研究发现：①凝胶性能与外围修饰基团密切相关。外围修饰基团对成胶性能的影响大小为 Br ＞ Cl ＞ CHO ＞ F ＞ CF_3，其中外围溴原子修饰的树状分子自组装能力最强。②综合考虑，其中 G_0G_3-Cl 的凝胶性能最好，它能够在 13 种溶剂中成胶，且最低成胶浓度低，G_0G_3-CF_3 的凝胶性能最差，它只能在一种溶剂（苄醇）中形成凝胶。③树状分子的凝胶性能可以通过对它的溶解性能的调节来优化。以 G_0G_3-Br 为例，它在大部分有机溶剂中溶解性均不太好，成胶性能差，通过对树状分子结构改造，增加其溶解性能，大大提高了其成胶性能。

采用扫描电镜（SEM）研究了外围氯原子和溴原子功能化的树状分子在乙二醇单甲醚中的微观形貌（图 2-23），从图中可以观察到由一维纤维状聚集体形成的网络结构。对比这四种超分子结构，化合物 G_0G_2-Br 和 4-G_0G_3-Br 形成的纤维相对较宽，其中 G_0G_2-Br 形成的纤维刚性较强，互相之间只是偶然发生融合或交叠；但是化合物 G_0G_3-Cl 和 G_1G_3-Br 则完全不同，它们形成的一维聚集体组成了非常完整的交联网络，其中化合物 G_1G_3-Br 形成的交联网络更完美，纤维更细。这一现象从纳米级的尺度上验证了成胶能力与树状分子代数、结构和外围功能化基团的关系。

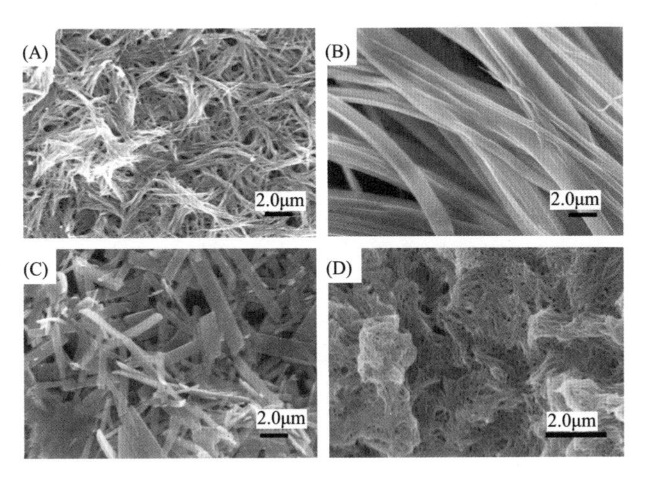

图 2-23　外围含不同卤素官能团聚芳醚型树状分子在乙二醇单甲醚溶液中干凝胶的 SEM 电镜照片[32]

（A）G_0G_3-Cl；（B）G_0G_2-Br；（C）4-G_0G_3-Br；（D）G_1G_3-Br

随后他们在乙酸乙酯 / 甲醇（2 ∶ 1，体积比）的混合溶剂中经缓慢挥发培养出了低代数树状分子 G_0G_2-Cl 的单晶（图 2-24 ～图 2-26），从单晶结构中我们可以看出：①树状分子内层的芳环之间形成了较强的 π-π 堆积作用力，距离为 3.4Å 左右；②卤素 Cl 原子与苯环上的氢原子形成了多重的 Cl-H 氢键相互作用；③卤素 Cl 原子之间存在着 Cl-Cl 相互作用，距离为 3.63Å；④外围芳环上的氢与核心苯环的 CH-π 作用，作用距离为 2.73Å。正是在这些多重作用力的协同下，树状分子在溶液中具有强的自组装能力，最终形成凝胶。

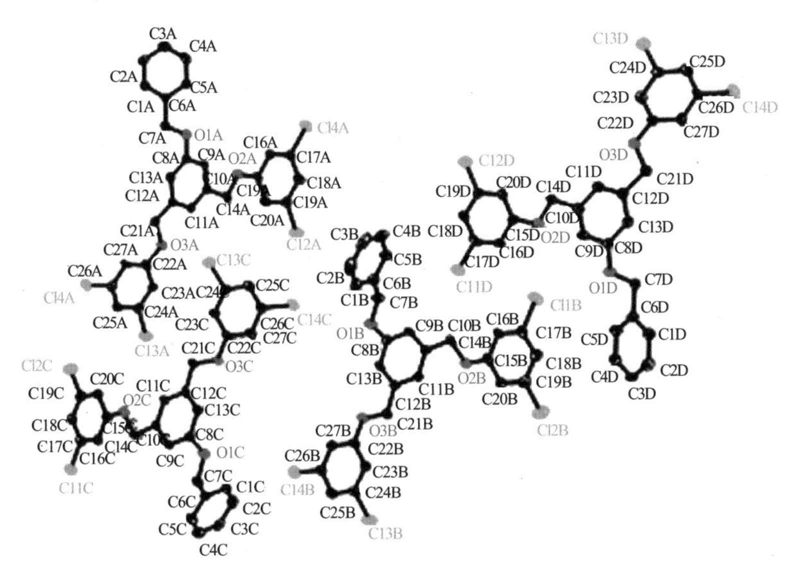

图 2-24　低代数外围含卤素的聚芳醚树状分子 G_0G_2-Cl 单晶中的分子构象[32]

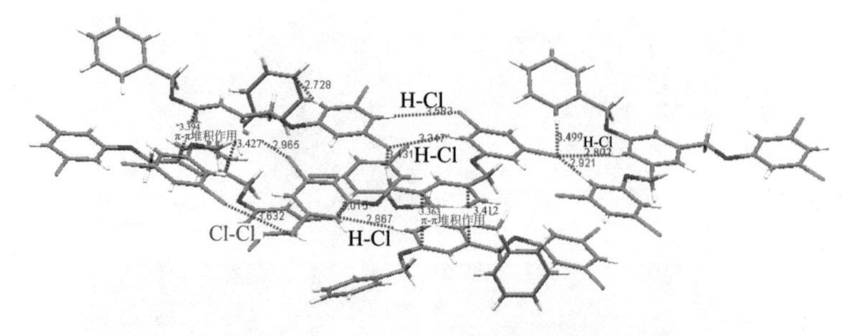

图 2-25 外围卤素功能化聚芳醚型树状分子 G_0G_2-Cl 单晶中存在的弱相互作用力：π－π 堆积作用，CH－π、H-Cl 氢键作用和 Cl-Cl 相互作用 [32]

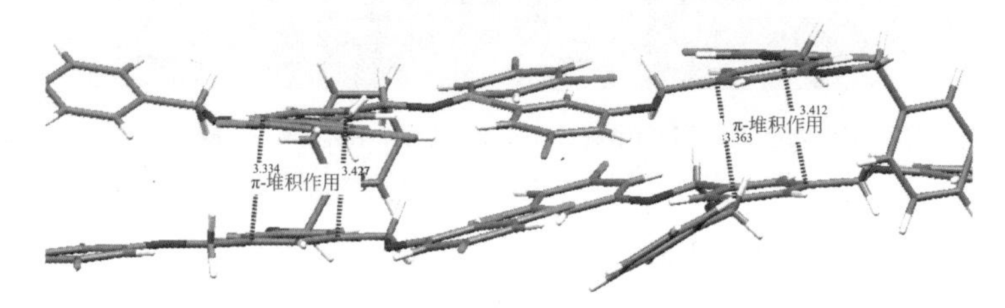

图 2-26 外围卤素功能化聚芳醚型树状分子 G_0G_2-Cl 单晶中存在的 π－π 堆积作用 [32]

2.3.3 外围甲酯官能团功能化的聚芳醚型树状分子凝胶

Peng 等人 [36，41] 在聚芳醚型树状分子外围引入多个给电子的甲基基团，利用树状分子的协同放大效应以及多键效应发展了一类新型的由弱 CH-π 相互作用驱动成胶的树状分子凝胶体系，并研究其凝胶性能和成胶驱动力。

该类凝胶因子无论在单一的溶剂中还是混合溶剂中都表现出良好的成胶性能，在乙腈、乙二醇单甲醚、乙二醇单乙醚、硝基甲烷以及苯甲醇中都能形成稳定的凝胶，而且大部分的临界成胶浓度都在 10g/L 左右，在乙二醇单甲醚中的临界成胶浓度最低能达到 3.6mg/mL。但是对于外围没有甲基的树状分子 C_{3v}-G_2-Ph 则在大部分溶剂中都不能形成凝胶，同时也可以观察到对于外围甲基数不同的树状分子凝胶，外围甲基为两个和三个的明显要比外围为一个的树状分子凝胶成胶效果更加优异，这说明外围的甲基基团在成胶过程中起到了至关重要的作用。

通过 SEM、TEM 对其进行了微观形貌的分析。发现其在乙腈和苯甲醇中形成了尺寸较大、刚性的带状结构。而在乙二醇单甲醚和乙二醇单乙醚中则形成尺寸更小、更具有柔性的细长纤维，相互缠绕交联形成致密的网状结构，进而增强其成胶性能。

通过低代数树状分子的单晶衍射、基于浓度以及温度变化的核磁共振氢谱和 Hirshfeld 表面分析等技术和手段研究了该类树状分子凝胶因子的成凝胶驱动力。通过二聚以及多聚树状分子凝胶因子的单晶衍射图可以发现，对于外围两个甲基的低代数树状分子 C_{3v}-G_1-2Me（图 2-27），其二聚体是以多个弱的 CH-π 相互作用结合的。

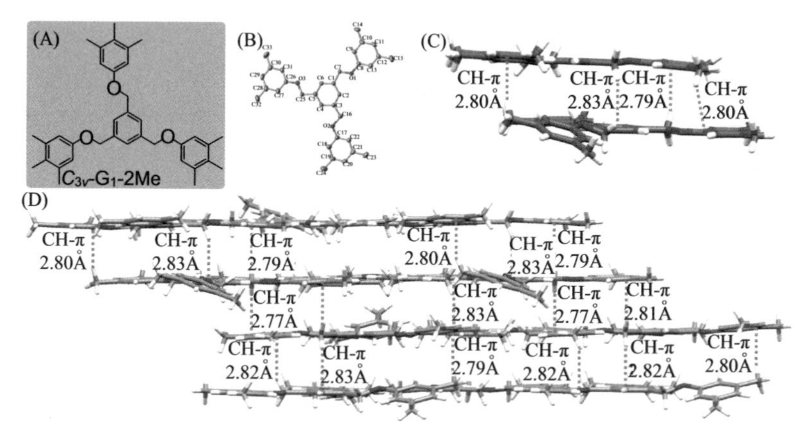

图 2-27 树状分子凝胶因子 C_{3v}-G_1-2Me 的单晶衍射分析 [41]

而对于外围为三个甲基的低代数树状分子凝胶因子（图 2-28），从其二聚体的单晶衍射图中可以发现，其二聚体的主要相互作用为与苯环相连的亚甲基上的 H 与核心芳环的 CH-π 相互作用力，其作用距离为 2.85Å。此外，还存在着亚甲基上的氢与氧之间的 CH-O 相互作用。在二聚体形成多聚体的过程中，每两个二聚体通过外围甲基上氢与另一个二聚体的外围苯环形成 CH-π 相互作用，其作用距离为 2.80Å。通过该实验数据可以发现，虽然 CH-π 作用是比较微弱的，但是在多个 CH-π 作用的影响下，也能驱动树状分子凝胶因子进行组装成胶。

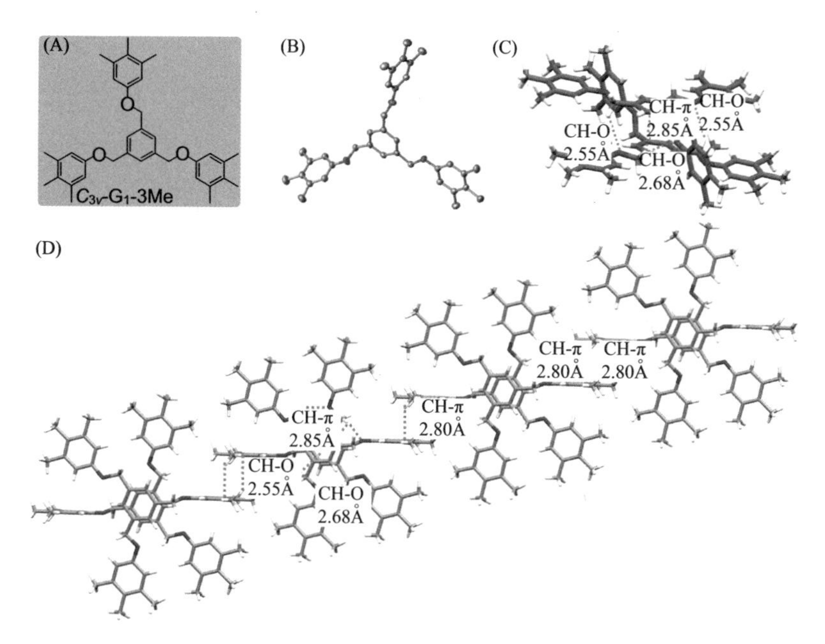

图 2-28 树状分子凝胶因子 C_{3v}-G_1-3Me 的化学结构及单晶衍射分析 [41]

为了进一步分析理解该凝胶因子晶体中存在的相互作用力，他们通过 Hirshfeld 表面分析对 C_{3v}-G_1-2Me 晶体结构进行了更加详细的研究（图 2-29）。通过计算数据可以看出，在 C_{3v}-G_1-2Me 的晶体结构中，其 CH-π 相互作用力所占比例为 30.8%，是构成晶体的一个主要的驱动力。此外，还存在着部分 CH-O 相互作用力（5.6%）以及微弱的 π-π 相互作用力。

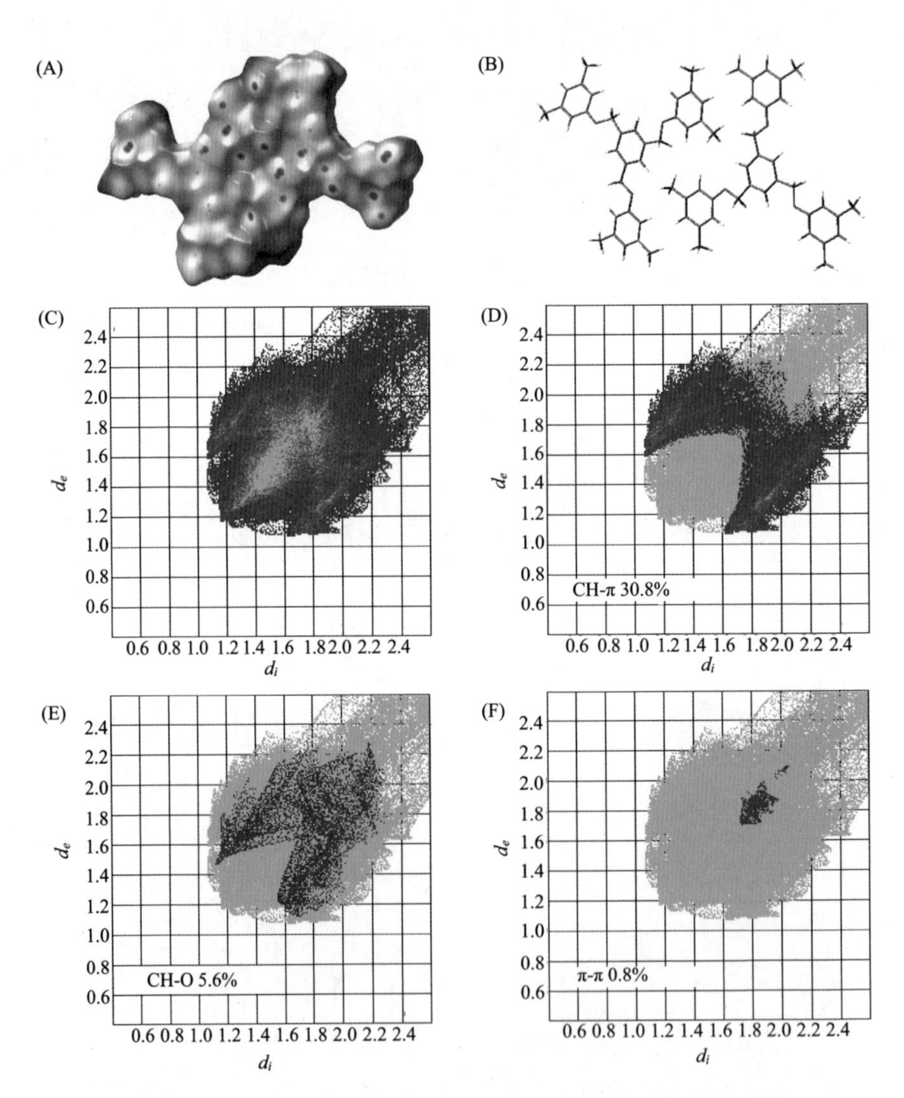

图 2-29　树状分子凝胶因子 C_{3v}-G_1-2Me 的 Hirshfeld 表面分析图[41]

同样的在外围为三个甲基的树状分子成胶因子的单晶结构中，CH-π 相互作用力所占比例为 21.8%，是最为主要的成胶驱动力。同时，在该晶体中也同样还存在着部分 CH-O 相互作用力（6.6%）以及 π-π 相互作用力（2.9%）（图 2-30）。通过这样的计算分析，更加直观地表现了 CH-π 相互作用力是该凝胶因子组装最主要的驱动力。

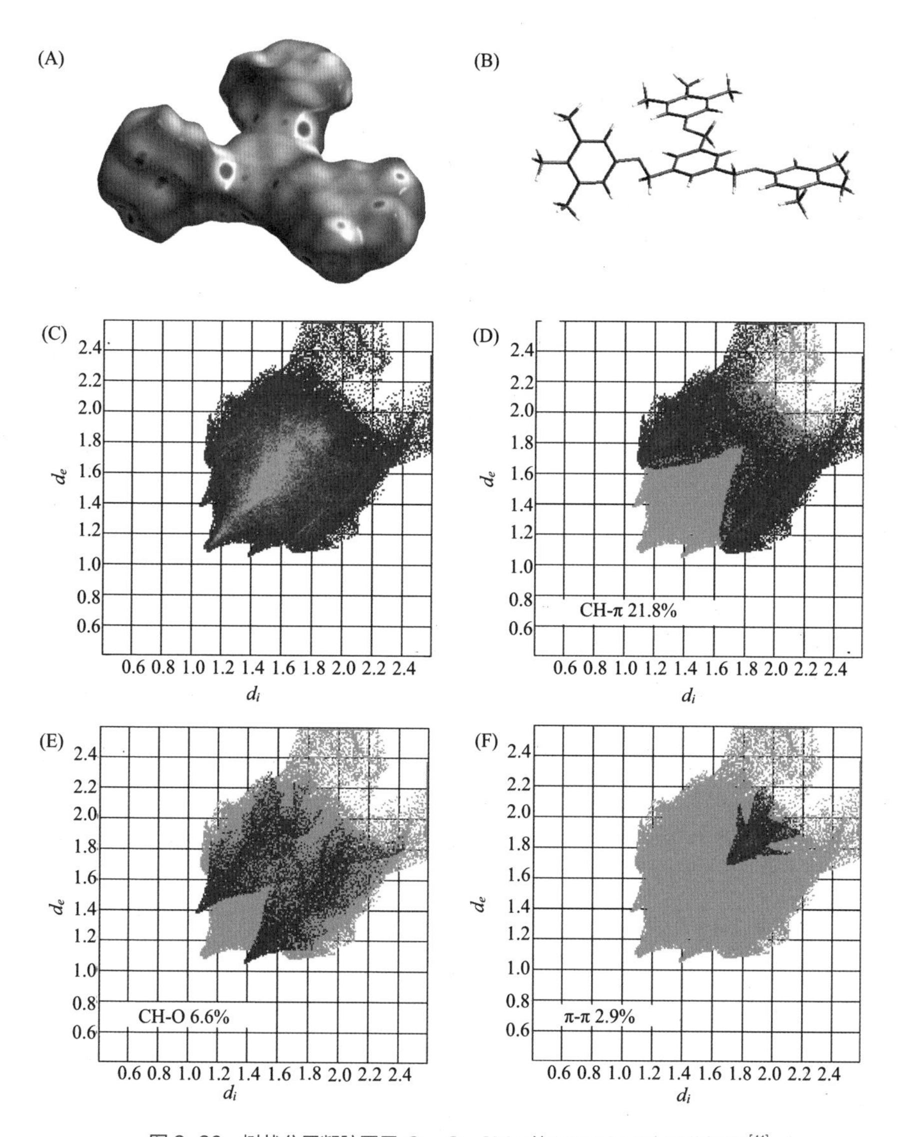

图 2-30　树状分子凝胶因子 C_{3v}-G_1-3Me 的 Hirshfeld 表面分析图[41]

综上所述，通过单晶衍射、基于浓度以及温度变化的核磁共振氢谱和 Hirshfeld 表面分析等技术和手段，证明了树状分子之间的多重 CH-π 相互作用力是该树状分子凝胶因子组装成胶的主要驱动力。

总之，相比于其他类型的树状分子凝胶因子，这类外围含功能化芳环的聚芳醚型树状分子凝胶因子具有如下几个特点：①不含有传统的成胶基元（如酰胺官能团、长烷基链以及胆固醇片段），却表现出了优异的成胶性能；②跟前面介绍的依靠核心或者骨架之间的弱相互作用力驱动成胶的机理不同，这类树状分子依靠外围几何级数增长的众多芳香环之间的多重 π-π 堆积作用驱动树状分子自组装形成稳定性很好的凝胶；③核心独特的微环境效应以及明确的构效关系有利于修饰某些具有特定功能的功能基团，为后面凝胶的功能化拓展奠定了基础。

参考文献

[1] Narayanan V V, Newkome G R. Supramolecular chemistry within dendritic structures//de Meijere A. Dendrimers. Heidelberg:Springer Berlin Heidelberg.**1998**, 19-77.

[2] Emrick T, Fréhet J M. Self-assembly of dendritic structures. *Curr Opin Colloid In* **1999**, *4*(1): 15-23.

[3] Smith D K, Hirst A R, Love C S, Hardy J G, Brignell S V, Huang B. Self-assembly using dendritic building blocks—towards controllable nanomaterials. *Prog Polym Sci* **2005**, *30*(3-4): 220-293.

[4] Percec V, Dulcey A E, Balagurusamy V S, Miura Y, Smidrkal J, Peterca M, Nummelin S, Edlund U, Hudson S D, Heiney P A. Self-assembly of amphiphilic dendritic dipeptides into helical pores. *Nature* **2004**, *430*(7001): 764-768.

[5] Xie F, Li R, Shu W, Zhao L, Wan J. Self-assembly of Peptide dendrimers and their bio-applications in theranostics. *Materials Today Bio* **2022**, *14*:100239.

[6] Hawker C J, Fréchet J M J. Preparation of polymers with controlled molecular architecture. A new convergent approach to dendritic macromolecules. *J Am Chem Soc* **1990**, *112*(21): 7638-7647.

[7] Hawker C, Fréchet J M J. A new convergent approach to monodisperse dendritic macromolecules. *J Chem Soc, Chem Commun* **1990**(15): 1010-1013.

[8] Hawker C J, Fréchet J M J. Control of surface functionality in the synthesis of dendritic macromolecules using the convergent-growth approach. *Macromolecules* **1990**, *23*(21): 4726-4729.

[9] Feng Y, He Y M, Fan Q H. Supramolecular organogels based on dendrons and dendrimers. *Chemistry–An Asian J* **2014**, *9*(7): 1724-1750.

[10] Feng Y, Chen H, Liu Z X, He Y M, Fan Q H. A pronounced halogen effect on the organogelation properties of peripherally halogen functionalized poly(benzyl ether) dendrons. *Chemistry–A European Journal* **2016**, *22*(14): 4980-4990.

[11] Satapathy S, Prasad E. Charge transfer modulated self-assembly in poly (aryl ether) dendron derivatives with improved stability and transport characteristics. *Acs Appl Mater Inter* **2016**, *8*(39): 26176-26189.

[12] Feng Y. Liu Z-X, Chen, H, Fan, Q-H. Functional supramolecular gels based on poly (benzyl ether) dendrons and dendrimers. *Chem Commun* **2022**, *58* (63), 8736-8753.

[13] 刘志雄，初庆凯，冯宇 . 刺激响应型树状分子凝胶的研究进展 . 化学学报 ,**2022**,80: 1424-1435.

[14] Jang W D, Jiang D L, Aida T. Dendritic Physical Gel : Hierarchical Self-Organization of a Peptide-Core Dendrimer to Form a Micrometer-Scale Fibrous Assembly. *J Am Chem Soc* **2000**, *122*(13): 3232-3233.

[15] Jang W D, Aida T, Dendritic physical gels : Structural parameters for gelation with peptide-core dendrimers. *Macromolecules* **2003**, *36*(22): 8461-8469.

[16] Heo J, Jang W-D, Kwon O, Ryu J, Tan J, Kim H, Jun Y. Dendritic physical gel : A liquid crystalline gel for application in light scattering displays. *Macromol Res* **2008**, *16*(7): 586-589.

[17] Rajamalli P, Prasad E. Luminescent Micro and Nanogel Formation from AB (3) Type Poly (Aryl Ether) Dendron Derivatives without Conventional Multi-interactive Gelation Motifs. *New J Chem* **2011**, *35*(7): 1541-1548.

[18] Rajamalli P, Atta S, Maity S, Prasad E.Supramolecular design for two-component hydrogels with intrinsic emission in the visible region. *Chem Commun* **2013**, *49*(17): 1744-1746.

[19] Rajamalli P, Sheet P S, Prasad E. Glucose-cored poly (aryl ether) dendron based low molecular weight gels : pH controlled morphology and hybrid hydrogel formation. *Chem Commun* **2013**, *49*(60): 6758-6760.

[20] Rajamalli P, Sheet P S, Prasad E. Glucose-cored poly (aryl ether) dendron based low molecular weight gels : pH controlled morphology and hybrid hydrogel formation. *Chem Commun* **2013**, *49*(60): 6758-6760.

[21] Malakar P, Prasad E, Self - Assembly and Gelation of Poly (aryl ether) Dendrons Containing Hydrazide Units : Factors Controlling the Formation of Helical Structures. *Chemistry–A European Journal* **2015**, *21* (13): 5093-5100.

[22] Liu J, Feng Y, Liu Z X, Yan Z C, He Y M, Liu C Y, Fan Q H. N - Boc - Protected 1, 2 - Diphenylethylenediamine - Based Dendritic Organogels with Multiple - Stimulus - Responsive Properties. *Chemistry–An Asian Journal* **2013**, *8* (3): 572-581.

[23] Percec V, Peterca M, Yurchenko M E, Rudick J G, Heiney P A. Thixotropic Twin-Dendritic Organogelators. *Chem Eur J* **2008**, *14*(3): 909-918.

[24] Chen Y, Lv Y, Han Y, Zhu B, Zhang F, Bo Z, Liu C-Y. Dendritic Effect on Supramolecular Self-Assembly : Organogels with Strong Fluorescence Emission Induced by Aggregation. *Langmuir* **2009**, *25*(15): 8548-8555.

[25] Pérez A, Serrano J L, Sierra T, Ballesteros A, de Saá D, Barluenga J. Control of Self-Assembly of a 3-Hexen-1, 5-diyne Derivative : Toward Soft Materials with an Aggregation-Induced Enhancement in Emission. *J Am Chem Soc* **2011**, *133*(21): 8110-8113.

[26] Romero-Nieto C, Marcos M, Merino S, Barberá J, Baumgartner T, Rodríguez-López J. Room Temperature Multifunctional Organophosphorus Gels and Liquid Crystals. *Adv Funct Mater* **2011**, *21*(21): 4088-4099.

[27] Yan J-J, Tang R-P, Zhang B, Zhu X-Q, Xi F, Li Z-C, Chen E-Q. Gelation Originated from Growth of Wormlike "Living Polymer" of Symmetrically Dendronized Large-Ring Crown Ether in Dilute Solutions. *Macromolecules* **2009**, *42*(21): 8451-8459.

[28] Chen L-J, Zhang J, He J, Xu X-D, Wu N-W, Wang D-X, Abliz Z, Yang H-B. Synthesis of Platinum Acetylide Derivatives with Different Shapes and Their Gel Formation Behavior. *Organometallics* **2011**, *30* (21): 5590-5594.

[29] Xu X-D, Zhang J, Yu X, Chen L-J, Wang D-X, Yi T, Li F, Yang H-B. Design and Preparation of Platinum–Acetylide Organogelators Containing Ethynyl–Pyrene Moieties as the Main Skeleton. *Chem Eur J* **2012**, *18*(50): 16000-16013.

[30] Feng Y, Liu Z-T, Liu J, He Y-M, Zheng Q-Y, Fan Q-H. Peripherally Dimethyl Isophthalate-Functionalized Poly (benzyl ether) Dendrons: A New Kind of Unprecedented Highly Efficient Organogelators. *J Am Chem Soc* **2009**, *131*(23): 7950-+.

[31] Feng Y, Liu Z-X, Chen H, Yan Z-C, He Y-M, Liu C-Y, Fan Q-H. A Systematic Study of Peripherally Multiple Aromatic Ester-Functionalized Poly (benzyl ether) Dendrons for the Fabrication of Organogels : Structure–Property Relationships and Thixotropic Property. *Chem-Eur J* **2014**, *20*(23): 7069-7082.

[32]冯宇．功能化的聚苄醚型树状分子的设计合成、组装及应用研究．北京：中国科学院化学研究所，2010.

[33] Feng Y, Liu Z, Wang L, Chen H, He Y, Fan Q. Poly (benzyl ether) dendrons without conventional gelation motifs as a new kind of effective organogelators. *Chinese Sci Bull* **2012**, *57*(33): 4289-4295.

[34] Feng Y, Liu Z-X, Chen H, Yan Z-C, He Y-M, Liu C-Y, Fan, Q-H. A Systematic Study of Peripherally Multiple

Aromatic Ester-Functionalized Poly（benzyl ether）Dendrons for the Fabrication of Organogels：Structure–Property Relationships and Thixotropic Property. *ChemEur J* **2014**, *20*:7069-7082.
[35] Feng Y, Chen H, Liu Z-X, He Y-M, Fan Q-H. A Pronounced Halogen Effect on the Organogelation Properties of Peripherally Halogen Functionalized Poly(benzyl ether) Dendrons. *Chem-Eur J* **2016**, *22*(14): 4980-4990.
[36] Peng Y, Feng Y, Deng G-J, He Y-M, Fan Q-H. From Weakness to Strength：C–H/π-Interaction-Guided Self-Assembly and Gelation of Poly（benzyl ether）Dendrimers. *Langmuir* **2016**, *32*(36): 9313-9320.
[37] Tu T, Assenmacher W, Peterlik H, Weisbarth R, Nieger M, Dötz K H.An Air-Stable Organometallic Low-Molecular-Mass Gelator：Synthesis, Aggregation, and Catalytic Application of a Palladium Pincer Complex. *Angewandte Chemie International Edition* **2007**, *46*(33): 6368-6371.
[38] Fernández G, Sánchez L, Pérez E M, Martín N. Large exTTF-Based Dendrimers. Self-Assembly and Peripheral Cooperative Multiencapsulation of C60. *J Am Chem Soc* **2008**, *130*(32): 10674-10683.
[39] Lu W, Law Y-C, Han J, Chui S S-Y, Ma D-L, Zhu N, Che C-M. A Dicationic Organoplatinum（Ⅱ）Complex Containing a Bridging 2, 5-Bis-（4-ethynylphenyl）-［1, 3, 4］oxadiazole Ligand Behaves as a Phosphorescent Gelator for Organic Solvents. *Chem-Asian J* **2008**, *3*(1): 59-69.
[40] Feng Y, Chen H, Liu Z-X, He Y-M, Fan Q-H. A Pronounced Halogen Effect on the Organogelation Properties of Peripherally Halogen Functionalized Poly（benzyl ether）Dendrons. *Chem-Eur J* **2016**, *22*(14): 4980-4990.
[41] 彭艺. 基于 C-H/π 弱相互作用的功能树状分子有机凝胶的构建及其性能研究. 湘潭：湘潭大学，2017.

第3章 基于偶氮苯官能团的环境敏感型聚芳醚树状分子凝胶

偶氮苯类化合物是一种常见的光致变色化合物[1-5]。其一般以两种形式存在，顺式（*Z*- 构型）和反式（*E*- 构型）；一般情况下，反式比顺式稳定，它们之间可以通过光异构化和热异构化进行相互转化[1]（图 3-1）。光异构化的结果是形成偶氮苯的光稳定态，其光异构化反应决定于照射光的波长。在紫外光的照射下，反式吸收大于顺式，偶氮苯由反式转变为顺式，直到达到光饱和态；在可见光的照射下，偶氮苯又由顺式转变为反式。其中分子的结构以及溶剂的极性都会影响偶氮苯光异构化的量子产率。偶氮苯发生异构化前后，其分子结构（如分子构型、偶极矩等）以及性质（如极性等）均会发生变化。

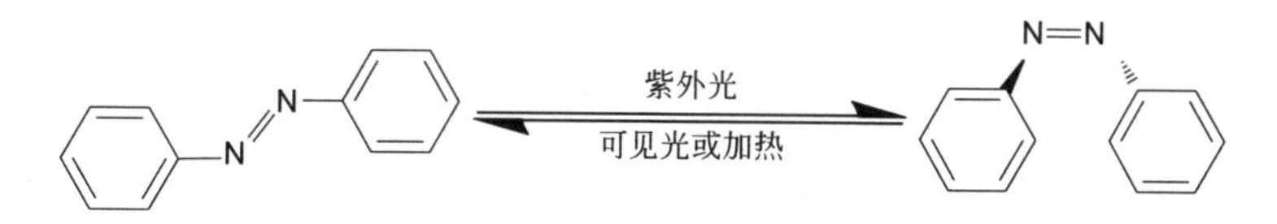

图 3-1　偶氮苯异构化示意图

尽管偶氮苯的光致异构化已经得到了广泛的研究，但是对于光异构化的机理，人们一直有着不同的解释，到目前为止大致分为两种[6]（图 3-2）。第一种是旋转机理，氮 - 氮双键受激发后具有单键的性质，然后发生旋转进而异构化成顺式结构；第二种是反转机制，认为苯环上的一个氮原子发生反转，通过氮 - 氮键的反转实现异构化。

偶氮苯官能团由于其干净、快速的顺反异构化以及良好的化学稳定性和抗疲劳性已经被广泛应用于信息存储、非线性光学材料和光开关等领域[1, 2, 7-11]，含有偶氮苯官能团的树状分子已有大量文献报道[3, 4, 8, 12-15]，但是修饰有偶氮苯官

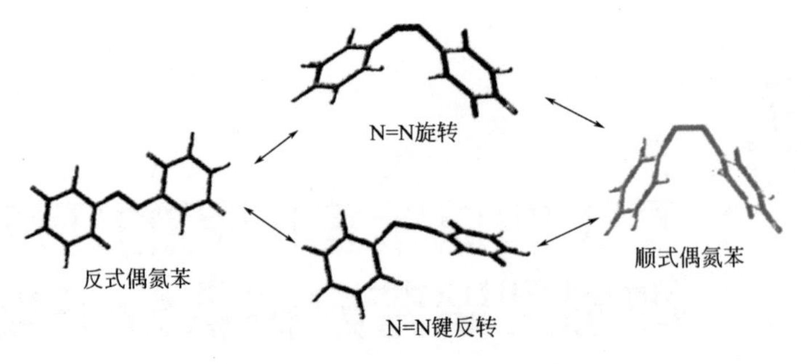

图 3-2　偶氮苯异构化的旋转和反转途径

能团的树状分子凝胶材料还鲜有报道[16]，尤其是含有偶氮苯官能团的环境刺激敏感型树状分子凝胶。Jia 等人[16]通过在氨基酸型树状分子核心修饰偶氮苯官能团构建了首例具有光响应行为的树状分子凝胶材料，其形成的凝胶在紫外光（>365nm）光照下，逐渐被破坏变成澄清溶液；而在可见光的照射下，凝胶体系自行恢复。通过紫外可见吸收光谱和圆二色谱（CD）证实了在紫外和可见光的交替照射下，偶氮苯官能团发生的顺反异构是导致凝胶相态变化的主要原因。作者将光响应的偶氮苯官能团引入聚芳醚型树状分子的外围、枝上和核心等不同位置，设计合成了外围偶氮苯功能化聚芳醚型树状分子凝胶因子（PA 型）[17]、枝上偶氮苯功能化聚芳醚型树状分子凝胶因子（BA 型）[18]和核心偶氮苯功能化聚芳醚型树状分子凝胶因子（CA 型）[19]三类含有偶氮苯官能团的聚芳醚型树状分子，并详细研究了该类功能化树状分子的成凝胶性能、微观形貌、成凝胶驱动力和刺激响应性能，发展了一类能够对光、热和力等多重外界刺激产生智能响应的树状分子凝胶新体系。

3.1　外围修饰偶氮苯官能团的聚芳醚型树状分子凝胶

3.1.1　PA 型凝胶因子的合成及表征

采用液相合成策略[20]，通过发散法合成了不同代数树状分子片段 $G_0G_nCH_2Br$[21]，然后再和偶氮苯官能团通过简单的取代反应得到一系列外围修饰有偶氮苯官能团的树状分子凝胶因子。详细合成步骤见图 3-3。首先，以 5- 氨基间苯二甲酸为原料，通过酯化反应得到了 5- 氨基间苯二甲酸二甲酯（或乙酯）化合物的盐酸盐 **3-1**（或 **3-5**），然后再和苯酚反应得到偶氮类化合物 **3-2**（或 **3-6**），再和树状分子片段 $G_0G_nCH_2Br$ 通过简单的取代反应得到外围修饰有偶氮苯官能团的树状分子凝胶因子 PA-G_0G_nMe/Et。

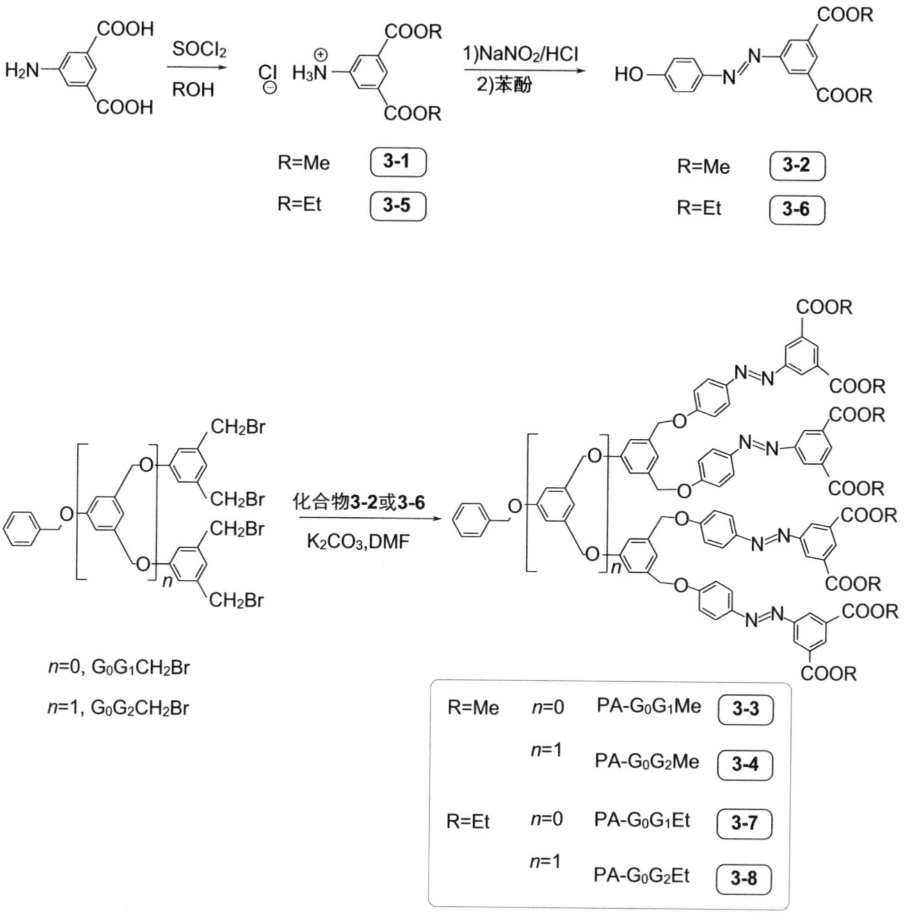

图 3-3　外围修饰有偶氮苯官能团树状分子凝胶因子的合成路线

5- 氨基间苯二甲酸酯化反应的通用步骤：于装有搅拌磁子的 100mL 圆底烧瓶中加入 60mL 甲醇或者乙醇，在 −10℃的条件下，缓慢滴入二氯亚砜（$SOCl_2$）（3.0equiv），并继续搅拌半个小时。反应体系恢复至室温后，加入 5- 氨基间苯二甲酸（1.0equiv），加热回流 45min。TLC 检测反应完全后，减压除去多余的溶剂。粗产物用甲醇（或者乙醇）和乙醚重结晶，得白色针状晶体。

化合物 3-1：产率 80%。^{1}H NMR（300MHz，氘水）δ：3.93（s, COOCH_3, 6H），8.18（d, J=1.2Hz, ArH, 2H），8.56（s, ArH, 1H）。^{13}CNMR（75MHz, 氘水）δ：169.2, 134.8, 133.7, 133.2, 130.9, 55.8。HRMS-ESI（m/z）：$[M-Cl]^+$，$C_{10}H_{12}O_4N$，理论值 210.07608，实测值 210.07587。

化合物 3-5：产率 69%。^{1}H NMR（300MHz，氘代丙酮）δ：1.31 ～ 1.40（m, COOCH$_2$CH_3, 6H），4.31 ～ 4.38（m, COOCH_2CH$_3$, 4H），5.20（br, ArNH_3, 3H），

7.52 ~ 7.54(m, ArH, 2H)，7.58 ~ 7.88(m, ArH, 1H)。^{13}CNMR(75MHz，氘代丙酮) δ：166.5，150.0，132.6，119.5，119.0，61.5，14.6。

偶联反应的通用步骤：于装有搅拌磁子的 250mL 圆底烧瓶中依次加入 6mL 盐酸(6mol/L)和 5- 氨基间苯二甲酸二甲酯(或乙酯)盐酸盐(1.0equiv)，在搅拌条件下，把溶于 5mL 水的亚硝酸钠($NaNO_2$)(1.5equiv)溶液缓慢滴加到上述悬浮液中，保持反应体系温度不超过 5℃；滴毕，继续搅拌 30min，重氮盐生成，溶液变淡黄。加入苯酚(PhOH)(1.5equiv)，继续搅拌 1h。TLC 检测反应完全后，慢慢加入 100mL 饱和碳酸氢钠($NaHCO_3$)溶液，调节溶液至碱性，有红棕色的沉淀产生，过滤并用水洗涤数次。粗产物经柱色谱分离纯化得红棕色固体。

化合物 3-2：产率 89%。^{1}H NMR（300MHz，氘代氯仿）δ：4.00（s, COOCH_3, 6H），5.29（br, ArOH, 1H），6.98（d, J=9.0Hz, ArH, 2H），7.94（d, J=8.7Hz, ArH, 2H），8.70（s, ArH, 2H），8.75（s, ArH, 1H）。^{13}CNMR（5MHz，氘代丙酮）δ：166.1，162.4，153.8，147.0，132.9，131.7，127.6，126.4，116.9，52.9。HRMS-ESI（m/z）: $[M+H]^+$,$C_{16}H_{15}O_5N_2$, 理论值 315.09755，实测值 315.09694。

化合物 3-6：产率 90%。^{1}HNMR（300MHz，氘代氯仿）δ：1.45（t, J=7.1Hz, COOCH$_2$CH_3, 6H），4.47（q, J=7.1Hz, COOCH_2CH$_3$, 4H），6.48（br, ArOH, 1H），7.02（d, J=8.7Hz, ArH, 2H），7.92（d, J=8.7Hz, ArH, 2H），8.68（s, ArH, 2H），8.74（s, ArH, 1H）。^{13}CNMR（75MHz，氘代氯仿）δ：165.7，159.5，152.9，146.8，131.9，131.6，127.5，125.5，116.0，61.8，14.3。HRMS-ESI（m/z）: $[M+H]^+$，$C_{18}H_{19}O_5N_2$，理论值 343.12885，实测值 343.12844。

取代反应的通用步骤：于装有搅拌磁子的 50mL 圆底烧瓶中，依次加入碳酸钾(K_2CO_3)(1.1n equiv)、相应的羟基类化合物(1.1n equiv，n 为溴甲基数目)，苄溴类化合物(1.0equiv)以及 20mL 无水 DMF。反应体系在 40℃油浴中搅拌过夜。TLC 检测，反应完全后，加入 50mL 水和 50mL 二氯甲烷(CH_2Cl_2)，水相再用二氯甲烷(3 × 50mL)萃取三次，合并的有机相用饱和氯化钠(NaCl)溶液洗涤一次，加入无水硫酸钠(Na_2SO_4)干燥 0.5h，过滤，旋干，得到黄色固体粗产物。粗产物溶于 6mL 四氢呋喃(THF)中，在搅拌条件下缓慢滴到 120mL 甲醇(CH_3OH)中，过滤，柱色谱分离纯化得橘黄色产物。

化合物 3-3：产率 92%。^{1}H NMR（300MHz，氘代氯仿）δ：3.99（s, COOCH_3, 12H），5.11（s, PhCH_2O, 2H），5.16（s, ArCH_2O, 4H），7.06 ~ 7.13（m, ArH, 7H），7.33 ~ 7.45（m, PhH, 5H），7.96（d, J=8.7Hz, ArH, 4H），8.68（d, J=1.5Hz, ArH, 4H），8.73（t, J=1.5Hz, ArH, 2H）。^{13}CNMR（75MHz，氘代氯仿）δ：165.8，161.7，159.5，152.9，147.0，138.5，136.6，131.7，128.6，128.1，127.5，125.3，118.5，115.3，113.5，70.2，70.0，52.5。HRMS-ESI（m/z）: $[M+H]^+$，$C_{47}H_{41}O_{11}N_4$，理论值 837.27663，实测值 837.27512。元素分析(%): $C_{47}H_{40}N_4O_{11}$，C 67.46，N 6.67，H 4.82（理论值）; C 67.53，N 6.66，H 4.85（实测值）。

化合物 3-4：产率 59%。^{1}H NMR（300MHz，氘代氯仿）δ：3.98（s, COOCH_3, 24H），5.07 ～ 5.14（m, PhCH_2O+ArCH_2O, 14H），7.04 ～ 7.12（m, ArH, 17H），7.31 ～ 7.43（m, PhH, 5H），7.93（d, J=8.9Hz, ArH, 8H），8.65（d, J=1.8Hz, ArH, 8H），8.72（t, J=1.4Hz, ArH, 4H）。^{13}CNMR（75MHz，氘代氯仿）δ：165.8，165.4，161.7，159.4，152.9，147.0，138.8，138.6，131.7，128.6，128.1，127.5，125.3，124.6，124.2，118.6，115.3，114.9，113.5，70.1，69.9，52.5。HRMS-ESI（m/z）：$[M+H]^+$，$C_{95}H_{81}O_{23}N_8$，理论值 1701.54091，实测值 1701.54227。元素分析（%）：$C_{95}H_{80}N_8O_{23}$,C 67.05，N 6.58，H 4.74（理论值）；C 67.42，N 6.22，H 5.10（实测值）。

化合物 3-7：产率 81%。^{1}H NMR（300MHz，氘代氯仿）δ：1.45（t, J=7.2Hz, COOCH$_2$CH_3, 12H），4.46（q, J=7.1Hz, COOCH_2CH$_3$, 8H），5.11（s, PhCH_2O, 2H），5.17（s, ArCH_2O, 4H），7.07 ～ 7.14（m, ArH, 7H），7.33 ～ 7.45（m, PhH, 5H），7.97（d, J=9.0Hz, ArH, 4H），8.68（d, J=1.2Hz, ArH, 4H），8.75（s, ArH, 2H）。^{13}C NMR（75MHz，氘代氯仿）δ：165.4，161.7，159.5，152.8，147.0，138.5，136.6，132.0，131.7，128.7，128.1，127.5，127.4，125.3，118.6，115.2，113.5，70.2，70.0，61.6，14.4。HRMS-ESI（m/z）：$[M+H]^+$，$C_{51}H_{49}O_{11}N_4$，理论值 893.33923，实测值 893.33767。元素分析（%）：$C_{51}H_{48}N_4O_{11}$，C 68.60,N 6.27，H 5.42（理论值）；C 67.91，N 6.29，H 5.53（实测值）。

化合物 3-8：产率 96%。^{1}H NMR（300MHz，氘代氯仿）δ：1.44（t, J=7.1Hz, COOCH$_2$CH_3, 24H），4.45（m, J=7.2Hz, COOCH_2CH$_3$, 16H），5.07 ～ 5.14（m, PhCH_2O+ArCH_2O, 14H），7.05 ～ 7.13（m, ArH, 17H），7.30 ～ 7.43（m, PhH, 5H），7.95（d, J=9.0Hz, ArH, 8H），8.66（d, J=1.8Hz, ArH, 8H），8.73（t, J=1.5Hz, ArH, 4H）。^{13}C NMR（75MHz，氘代氯仿）δ：164.4，160.6，158.4，158.3，151.8，146.0，137.7，137.5，135.7，131.0，130.6，127.6，127.0，126.5，126.4，124.2，123.6，123.0，117.6，114.2，112.5，69.1，68.9，60.5，13.3。HRMS-ESI（m/z）：$[M+Na]^+$，$C_{103}H_{96}O_{23}N_8Na$，理论值 1835.64805，实测值 1835.64414。元素分析（%）：$C_{103}H_{96}N_8O_{23}$，C 68.20，N 6.18，H 5.33（理论值）；C 68.21，N 5.87，H 5.30（实测值）。

3.1.2 PA 型凝胶因子凝胶性能测试

于 5mL 样品瓶中称取 12mg 树状分子，加入 0.2mL 溶剂，加热至树状分子完全溶解，然后让热溶液缓慢冷却至室温，并静置 24h 后观察其状态：①将样品瓶倒置过来，如果体系不流动，则稳定的凝胶形成了，以“G”表示；②如果只形成了部分胶状体，以“PG”表示；③如果析出沉淀，以“P”表示；④如果体系仍为澄清溶液（＞ 60mg/mL），以“S”表示；⑤如果开始加热时树状分子在该溶剂中不溶，则以“I”表示。对于某些溶剂体系，如乙二醇单甲醚、丙酮等，在开始冷却过程中，需要超声数分钟来促进成胶。最低凝胶浓度是在室温下形成稳定凝胶所需要树状分子的最少量。

从表 3-1 可以看出，树状分子 PA-G_0G_1Me 尽管能在测试的大部分有机溶剂中形成凝胶，但是其临界凝胶因子浓度都在 20mg/mL 以上，随后我们考察了树状分子代数对其成胶性能的影响，研究发现随着代数的增大，其成胶性能变差，PA-G_0G_2Me 只能在吡啶和苯甲醚中形成凝胶，且临界凝胶因子浓度同样在 20mg/mL 左右，在大部分溶剂中以沉淀的形式析出，可能原因是随着树状分子代数增加，其在有机溶剂中的溶解性变差，导致其成胶性能显著下降。随后，把外围的间苯二甲酸二甲酯官能团改变为溶解性稍好的间苯二甲酸二乙酯官能团，发现树状分子 PA-G_0G_1Et 显现出了很好的溶解性，相比于树状分子 PA-G_0G_1Me，其形成凝胶的溶剂范围明显缩小，且其临界凝胶因子浓度更大，均在 40mg/mL 以上，随后，同样考察了乙酯基型树状分子的代数效应，发现随着代数增加，PA-G_0G_2Et 成胶的溶剂范围没有明显的变化，但是临界凝胶因子浓度略微下降。

◆ 表 3-1 PA 型树状分子凝胶因子凝胶性能测试

溶剂	3-3 PA-G_0G_1Me	3-4 PA-G_0G_2Me	3-7 PA-G_0G_1Et	3-8 PA-G_0G_2Et
甲苯	G（26.0）	P	G（46.0）	S
苯	G（24.4）	P	S	S
苯甲醚	G（44.0）	G（29.4）	S	S
吡啶	G（43.3）	G（17.0）	S	G（39.3）
苯甲醇	G（26.4）	PG	G（42.0）	G（39.7）
环己酮	G（44.0）	PG	S	S
丙酮	G（28.0）	P	G（51.7）	G（46.0）
乙酸乙酯	S	PG	G（40.7）	G（26.8）
乙二醇单甲醚	G（50.3）	P	G（48.3）	G（18.1）
1,2- 二氯乙烷	S	S	S	S
四氯甲烷	G（21.4）	I	PG	S

注：括号中的数值为临界凝胶因子浓度（CGC），单位为 mg/mL。表中状态符号 G、PG、P、S、I 见文中所述。

3.1.3 PA 型凝胶微观形貌研究

超分子凝胶的微观形貌是超分子凝胶研究的重点之一。我们利用 SEM 研究了树状分子凝胶 PA-G_0G_1Me 在不同有机溶剂中的微观形貌，发现凝胶的形貌依赖于溶剂的性质，随着溶剂极性的不同，凝胶的微观形貌也表现出明显差异（图 3-4）。在甲苯溶剂中，干凝胶呈现出由细长纤维堆积成的很致密的“簇”状结构，直径在 100nm 左右［图 3-4（A）、图 3-4（B）］；在乙二醇单甲醚中，组装形成了较短的“玉米叶”形状，长 10nm 左右，宽 2 ～ 3nm 左右［图 3-4（E）、图 3-4（F）］，可能正是由于其相对较短的尺寸，不能形成长的纤维，以至于成凝胶浓度较大；在乙酸乙酯中虽然不能形成凝胶，但是同样具有组装形貌，其呈现的微观形貌与其在乙二醇单甲醚中的形貌相似，但是，形成的叶状结构更长，相互交联得较紧密，宽大概 2 ～ 3nm，相互交联，形成三维的网络状结构[图 3-4（C）、图 3-4（D）]。

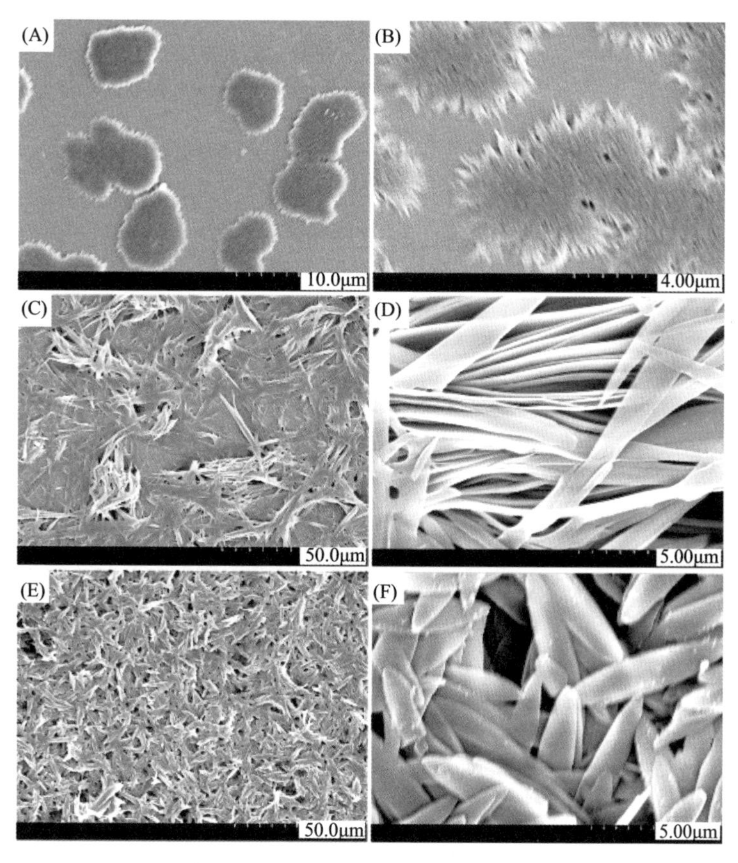

图 3-4　PA-G_0G_1Me 凝胶因子在甲苯（A，B）、乙酸乙酯（C、D）、乙二醇单甲醚（E、F）溶剂中的 SEM 照片

3.1.4　PA 型树状分子成凝胶机理研究

Feng 等人[21] 在前期研究中发现树状分子外围的间苯二甲酸二甲酯缺电子芳香环和内层相对富电子芳香环之间的 π-π 相互作用力和非典型氢键等是这类聚芳醚型树状分子成胶的主要驱动力，基于此，我们推测 π-π 相互作用力以及非典型氢键作用可能也是该类树状分子成胶的主要驱动力。为了验证这一猜想，随后通过变浓度核磁（CD-^{1}HNMR）和变温度核磁（TD-^{1}HNMR）等手段对其成胶驱动力进行了详细研究。

从图 3-5 可以看出，PA-G_0G_1Me 树状分子凝胶因子随着浓度从 1.5×10^{-4}mol/L

增大到 2.0×10^{-2}mol/L 过程中，树状分子外围的间苯二甲酸二甲酯芳香环上的质子 H_k 和 H_l，以及内层芳环上的质子 H_d、H_e、H_f 和 H_j 的化学位移明显向高场移动，而核心苯环上质子的化学位移几乎没有发生变化。随着浓度梯度变化，其各特征峰化学位移的变化具有很好的协调性，这就很好地证明了树状分子之间缺电子芳香环和富电子芳香环之间存在较强的 π-π 相互作用力。表明随着浓度增大，游离的树状分子在 π-π 堆积作用力的驱动下发生组装 [22-24]，最后形成稳定淡黄色凝胶。

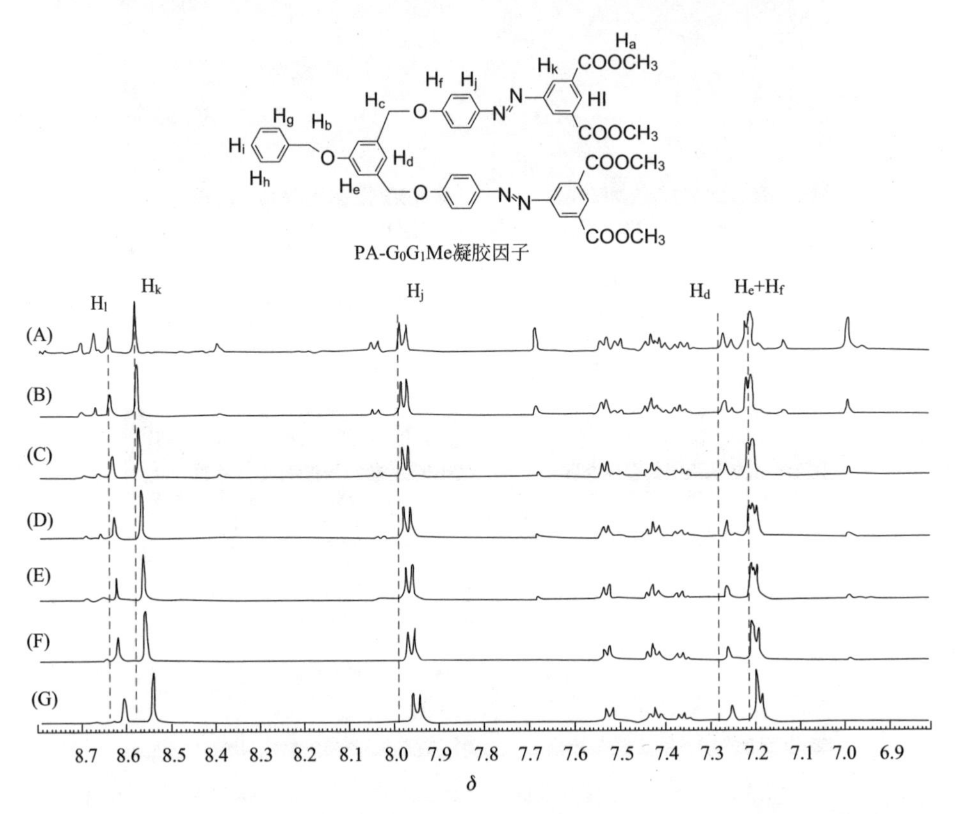

图 3-5　PA-G_0G_1Me 凝胶因子在不同浓度条件下芳香区变温 ^{1}H NMR（400MHz，氘代丙酮）

（A）1.5×10^{-4}mol/L；（B）2.0×10^{-3}mol/L；（C）2.6×10^{-3}mol/L；（D）6.8×10^{-3}mol/L；（E）9.8×10^{-3}mol/L；（F）1.2×10^{-2}mol/L；（G）2.0×10^{-2}mol/L

通过变温度核磁（TD-^{1}H NMR）进一步研究了该类树状分子凝胶因子之间的相互作用力，从图 3-6 可以看出随着温度从 278K 升高至 323K，树状分子外围的间苯二甲酸二甲酯芳香环上质子 H_k 和 H_l，以及内层芳环上质子 H_d 和 H_e 的化学位移明显向低场移动，而核心苯环上质子的化学位移几乎没有发生变化。表明随着温度的升高组装体逐渐被破坏，变成游离的自由分子，芳香环上的特征吸收峰都明显向低场位移。这也充分说明芳环之间的 π-π 堆积作用是其成胶的主要驱动力之一。

通过变浓度（CD-^{1}H NMR）和变温度核磁（TD-^{1}H NMR）实验证实了芳香环之间的 **π-π** 堆积作用是其成稳定凝胶的主要驱动力。

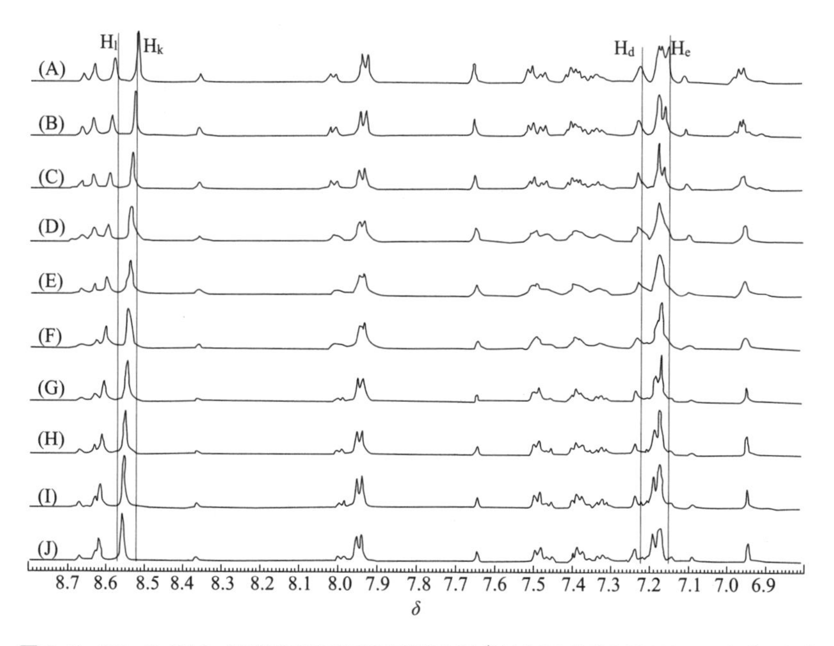

图 3-6 PA-G_0G_1Me 凝胶因子在不同温度条件下的 ^{1}H NMR 位移（400MHz，氘代丙酮）
（A）278K；（B）283K；（C）288K；（D）293K；（E）298K；（F）303K；（G）308K；（H）313K；（I）318K；（J）323K

3.2 核心修饰偶氮苯官能团的聚芳醚型树状分子凝胶

3.2.1 CA 型凝胶因子合成及表征

首先通过 4- 氨基甲苯合成了偶氮化合物 **3-9**，然后经 NBS 溴化得到化合物 **3-10**，再和树状分子片段 HO-G_2COOMe 发生简单的取代反应得到核心修饰偶氮官能团的树状分子凝胶因子 CA-G_2COOMe，详细合成步骤见图 3-7。

化合物 3-9：于装有搅拌磁子的 50mL 圆底烧瓶中加入 0.739g（7.466mmol）氯化亚铜和 10mL 无水吡啶，室温搅拌 10min 后，再往滤液中加入 1.003g（9.333mmol）4- 氨基甲苯，氧气氛围下室温搅拌 2h。TLC 监测至反应完全后，加入 200mL 水和 150mL 乙醚萃取，有机相用 1.0mol/L 盐酸洗涤，无水硫酸钠干燥，过滤，减压旋除溶剂，红外线干燥得 0.601g 橙黄色固体，产率 56%。

^{1}H NMR（300 MHz，氘代氯仿）δ：2.44（s, ArCH_3, 6H），7.31（d, *J*=8.1 Hz, Ar*H*, 4H），7.82（d, *J*=8.1 Hz, Ar*H*, 4H）。^{13}C NMR（75MHz，氘代氯仿）δ：150.9，141.2，129.7，122.7，21.5。HRMS-ESI（*m/z*）：$[M+H]^+$，$C_{14}H_{15}N_2$，理论值

211.1230，实测值211.1227。

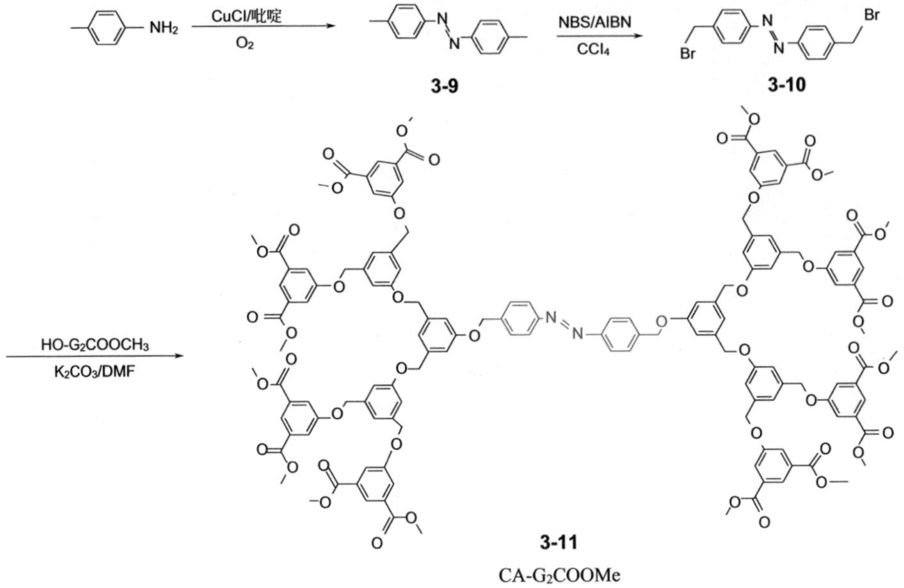

CuCl/吡啶 O_2 3-9 NBS/AIBN CCl_4 3-10

$HO-G_2COOCH_3$ K_2CO_3/DMF

3-11

CA-G_2COOMe

图3-7 核心修饰偶氮苯官能团树状分子凝胶因子的合成路线

化合物3-10：于装有搅拌磁子的100mL圆底烧瓶中依次加入1.091g（5.188mmol）化合物**3-9**、2.678g（15.046mmol）NBS、0.060g（0.248mmol）AIBN和60mLCCl_4，在氮气氛围下加热回流30min。反应结束后，趁热过滤，滤饼用热CCl_4（40mL×3）洗涤，合并有机相，用热水（50mL×2）洗涤，无水硫酸钠干燥，过滤，减压旋除溶剂，柱色谱分离纯化后得1.135g橘黄色固体，产率59%。^{1}HNMR（300 MHz，氘代氯仿）δ：4.55（s, ArCH_2Br, 4H），7.54（d, J=8.4Hz, ArH, 4H），7.89（d, J=8.4Hz, ArH, 4H）。^{13}C NMR（75MHz，氘代氯仿）δ：152.3，140.8，129.9，123.4，32.6。HRMS-ESI（m/z）：$[M+H]^+$，$C_{14}H_{13}N_2Br_2$，理论值366.9440，实测值366.9433。

化合物3-11（CA-G_2COOMe）：于装有搅拌磁子的50mL圆底烧瓶中，依次加入0.290g（2.1mmol）碳酸钾、2.51g（2.1mmol）$HO-G_2COOCH_3$、0.366g（1.0mmol）化合物**3-10**和20mL无水DMF。反应体系在氮气保护下于40℃油浴中搅拌过夜。TLC监测至反应完全后，加入50mL水和50mL二氯甲烷，水相再用二氯甲烷（50mL×3）萃取，合并的有机相用饱和氯化钠溶液洗涤，加入无水硫酸钠干燥0.5h，过滤，旋干，得到黄色固体粗产物。将粗产物溶于6mL四氢呋喃中，在搅拌条件下缓慢滴到120mL甲醇中，过滤所得产物经柱色谱分离进一步纯化后得1.492g橘黄色固体，产率57%。

^{1}H NMR（300 MHz，氘代氯仿）δ：3.92（s, $COOCH_3$, 48H），5.10 ～ 5.16（m, $ArCH_2O$, 28H），7.00 ～ 7.12（m, ArH, 18H），7.55（d, J=8.4Hz, ArH, 4H），7.78 ～ 7.81（m, ArH, 16H），7.89（d, J=8.1Hz, ArH, 4H），8.27（d, J=5.1Hz, ArH, 8H）。^{13}C NMR（75MHz，氘代氯仿）δ：166.0，166.0，159.3，159.2，158.6，139.9，138.8，138.2，131.8，131.8，127.9，123.3，123.1，120.1，118.8，113.5，113.3，70.0，69.8，69.5，52.4。HRMS-ESI（m/z）：$[M+Na]^+$，$C_{142}H_{126}N_2O_{46}Na$，理论值 2617.7474，实测值 2617.7483。元素分析（%）：$C_{142}H_{126}N_2O_{46}$，C 65.69，N 1.08，H 4.89（理论值），C 65.34，N 1.22，H 5.07（实测值）。

3.2.2 CA 型凝胶因子凝胶性能测试及微观形貌研究

（1）凝胶性能测试

从表 3-2 可以看出，树状分子 CA-G_2COOMe 在所测试的绝大部分有机溶剂（包括非极性溶剂和极性溶剂等）和混合溶剂中均可以形成稳定的淡黄色凝胶。在芳香类溶剂中，其临界成胶浓度（CGC）几乎都在 20mg/mL 以下，其中在苯中表现出了最优成凝胶性能，CGC 可低至 2.0mg/mL（0.23%），相当于一个树状分子可以固定 1.5×10^4 个溶剂分子，表明该凝胶因子具有优异的成凝胶性能。值得一提的是，极性较大的芳香溶剂（如吡啶和苄醇）中同样可以形成稳定的凝胶，其 CGC 分别为 7.6mg/mL 和 3.0mg/mL（表 3-2）。在酮类溶剂中也表现出较优的成凝胶性能，在丙酮、3- 戊酮、2- 己酮和环己酮中的 CGC 分别为 44mg/mL、64mg/mL、5.4mg/mL 和 2.3mg/mL。

◆ 表 3-2 CA-G_2COOMe 凝胶因子的成凝胶性能测试

溶剂	T-Gel①	S-Gel②		
		1	2	3
甲苯	G（12.8）	G（7.2）	G（0.83）	G（2.8）
苯	G（2.0）	G（2.0）	G（0.23）	G（0.77）
苯甲醚	G（15.6）	G（10.4）	G（1.05）	G（4.0）
吡啶	G（7.6）	G（7.6）	G（0.77）	G（2.9）
苄醇	G（3.0）	G（3.0）	G（0.29）	G（1.2）
环己酮	G（2.3）	G（2.3）	G（0.24）	G（0.89）
2- 己酮	G（5.4）	G（5.0）	G（0.62）	G（1.9）
3- 戊酮	G（64.0）	G（11.6）	G（1.41）	G（4.5）
丙酮	G（44.0）	G（8.8）	G（1.12）	G（3.4）
乙酸乙酯	G（44.3）	G（7.8）	G（0.86）	G（3.0）
乙二醇单甲醚	P	G（9.7）	G（1.00）	G（3.7）
乙二醇单乙醚	P	G（10.2）	G（1.10）	G（3.9）

续表

溶剂	T-Gel①	S-Gel②		
		1	2	3
1，2- 二氯乙烷	S	G（13.4）	G（1.09）	G（52）
CCl_4	G（66）	G（66）	G（4.14）	G（25）
苄腈	S	PG	PG	PG
乙腈	I	G（17.6）	G（2.23）	G（6.8）
苯甲醛	S	G（26.0）	G（2.50）	G（10）
$CHCl_3/CCl_4$（1/9）	G（8.4）	G（8.4）	G（0.53）	G（3.2）
苯甲醚/CCl_4（1/9）	G（7.3）	G（6.6）	G（0.53）	G（2.5）
苯甲醚/正己烷（1/1）	P	G（46.3）	G（5.48）	G（18）
四氢呋喃/甲醇（3/1）	G（4.8）	G（4.8）	G（0.55）	G（1.8）
二氯甲烷/甲醇（3/1）	G（16.9）	G（11.9）	G（1.00）	G（4.6）
吡啶/水（4/1）	G（1.9）	G（1.9）	G（0.19）	G（0.73）

① 成胶性能测试是通过加热溶解 - 冷却，倒置法判断是否形成凝胶；括号中数值为临界凝胶因子浓度，单位为 mg/mL。

② 在起始冷却过程中施加了一定时间的超声刺激（0.40W/cm^2，40kHz，1 ～ 5min），倒置法判断是否形成凝胶；括号中的数值为临界凝胶因子浓度，单位从左至右分别为 mg/mL、%（质量分数）、mmol/L。

注：G—凝胶；PG—部分胶状体；P—析出沉淀；S—澄清溶液；I—开始加热时不溶。详见 3.1.2 节。

除了考察 CA-G_2COOMe 在单一有机溶剂中的成凝胶性能外，还考察了其在 6 种不同混合溶剂中的成凝胶性能，发现除了在苯甲醚/正己烷（1/1，体积比）混合溶剂中不能成凝胶外，在其他 5 种混合溶剂中均能形成稳定的凝胶体系，其在吡啶/水（4/1）混合溶剂中的 CGC 可低至 1.9mg/mL，表现出了优异的成凝胶性能。此外，以上凝胶在室温情况下放置 1 个月以上无任何变化，表现出较强的稳定性。

（2）微观形貌研究

随后，作者通过 SEM 研究了该类 CA-G_2COOMe 在不同有机溶剂中形成的干凝胶微观形貌，该类树状分子凝胶因子在绝大部分有机溶剂中都呈现出由直径 50 ～ 500nm，长度在十几微米的细长纤维相互交联、缠绕形成的三维网络状微观形貌（图 3-8）。其在芳香溶剂（苯甲醚、甲苯等）中倾向于形成更加致密的三维网络状结构[图 3-8（D）～图 3-8（F）]，表现出更优的成凝胶性能。在苯甲醚/正己烷（1/1，体积比）混合溶剂中，形成了直径 100 ～ 1000nm 的细长刚性纤维结构，纤维之间的交联密度较小，这也进一步解释了其在苯甲醚/正己烷（1/1，体积比）混合溶剂中成凝胶性能较差的原因。有趣的是，这类树枝状凝胶因子在二氯甲烷/甲醇（3/1，体积比）混合溶剂中除了观察到细长纤维组成的三维网络状结构外，还观察到了直径 100 ～ 500nm 的光滑小球状结构[图 3-8（I）]。

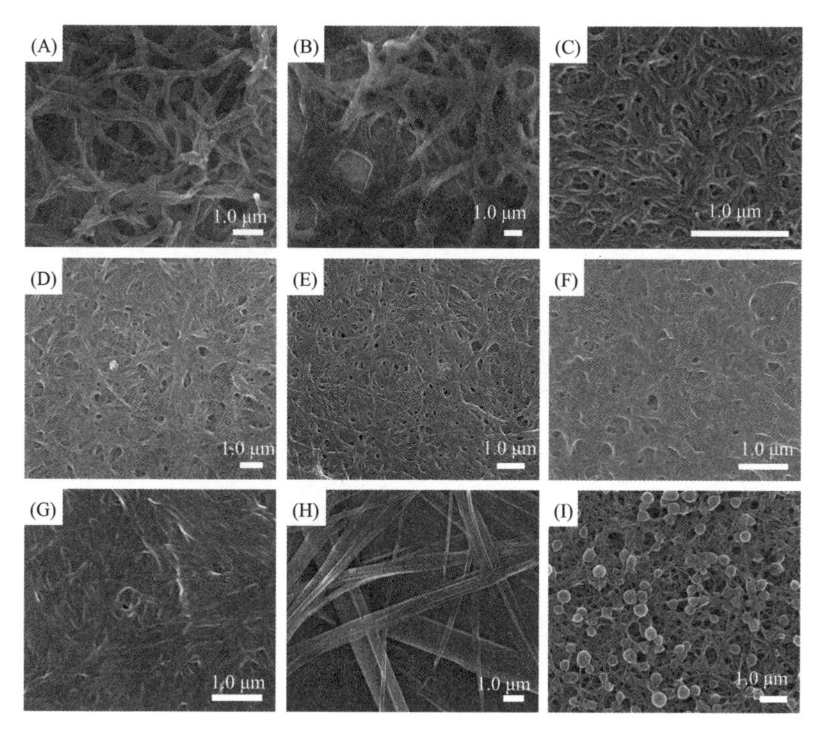

图 3-8　CA-G_2COOMe 在不同有机溶剂中形成的干凝胶扫描电镜图片

（A）1,2- 二氯乙烷；（B）2- 己酮；（C）3- 戊酮；（D）苯甲醚；（E）苄腈；（F）甲苯；（G）苯甲醚 / 四氯化碳（3/2，体积比）；（H）苯甲醚 / 正己烷（1/1，体积比）；（I）二氯甲烷 / 甲醇（3/1，体积比）

3.2.3　CA 型凝胶刺激响应性能研究

（1）超声刺激响应性能研究

在凝胶的制备过程中发现，树状分子 CA-G_2COOMe 在某些特定有机溶剂（如乙二醇单甲醚、乙二醇单乙醚和苯甲醚 / 正己烷混合溶剂等）中加热至完全溶解，直接冷却至室温后，并没有得到相应的凝胶，反而以沉淀的形式析出，呈现浑浊溶液。当在冷却过程中经过短暂的超声刺激后，则可以形成稳定的黄色凝胶（图 3-9）。同时发现在某些溶剂体系如 3- 戊酮、丙酮和乙酸乙酯等中经超声刺激后其 CGC 均可以明显降低。以 3- 戊酮为例，通过直接加热冷却形成淡黄色凝胶的 CGC 为 64.0mg/mL，而经过数分钟超声刺激后，其 CGC 降低至 11.6mg/mL（表 3-2）。对于冷却后析出沉淀的溶剂体系如乙二醇单甲醚、乙二醇单乙醚和苯甲醚 / 正己烷（1/1，体积比）等，经过超声刺激后，也可以形成稳定的淡黄色凝胶。以乙二醇单甲醚为例，其经过超声刺激形成稳定凝胶体系的 CGC 可达 9.7mg/mL（表 3-2）。除此之外，对于加热不溶解的体系（如乙腈），经过超声刺激，同样可以形成稳定的凝胶体系。意外的是，CA-G_2COOMe 在 1,2- 二氯乙烷和苯甲醛溶剂中加热后为澄清溶液，但是经过超声刺激后，其同样可以形成稳定的透明凝胶体系。超声刺激时间的长短取决于溶剂种类和树状分子浓度等因素。

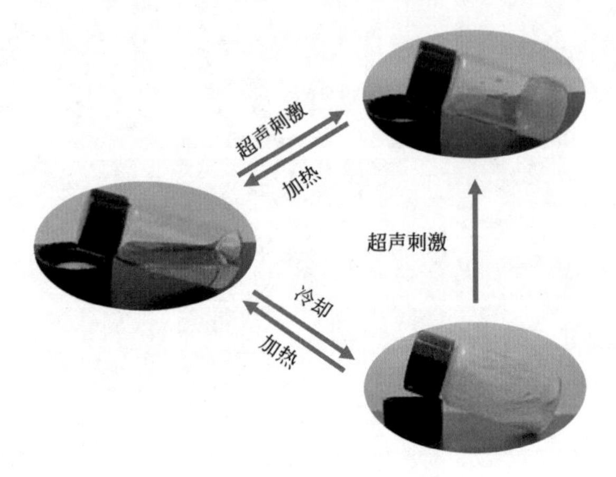

图 3-9　超声刺激促进凝胶形成示意图

随后，通过 SEM 研究了超声时间长短对成胶过程及其微观形貌的影响。从图 3-10 可以看出，树状分子 CA-G_2COOMe 在 1,2- 二氯乙烷中加热完全溶解后，直接冷却至室温（0s），形成了直径在 100 ～ 500nm“块状”聚集体［图 3-10（A）］；超声 10s 后，块状聚集体尺寸逐渐变小，形成大量细小“晶核”，边缘处出现了由细纤维组成的“褶皱”状聚集体［图 3-10（B）］；随着超声时间进一步延长至 30s，转变成由短而粗的纤维高度交联形成的致密网状结构，空隙很少［图 3-10（C）］；进一步延长超声时间至 60s 后，短而粗的纤维逐渐分裂为直径为 20 ～ 100nm，长度为十几微米的细长纤维，该纤维之间相互缠绕形成松散的网络状形貌，宏观上对应着不稳定凝胶形成［图 3-10（D）］；超声 120s 后，细长纤维之间相互高度交联，形成致密的三维网络状微观形貌［图 3-10（E）］，同时伴随着宏观上凝胶的形成；进一步延长超声时间至 240s 后，凝胶的微观形貌没有明显变化［图 3-10（F）］。

（2）触变响应性能研究

超分子凝胶触变响应性指的是超分子凝胶在剪切应力的作用下被破坏变成溶胶，静置一段时间后，溶胶自发恢复成凝胶的过程[25，26]。具有触变响应特性的超分子凝胶，由于其快速的自修复特性，有望被应用于自修复材料领域。事实上，有关具有触变响应性能树状分子凝胶报道的例子还很少[27]。

在实验过程中发现，这类树状分子凝胶具有触变响应性能。将该类树状分子凝胶体系［1,2- 二氯乙烷，3.3%（质量分数）］用力振荡数次后，变成透明黏流体，静置数分钟后，凝胶自行恢复（图 3-11）。这种过程可以重复进行多次而没有明显变化。

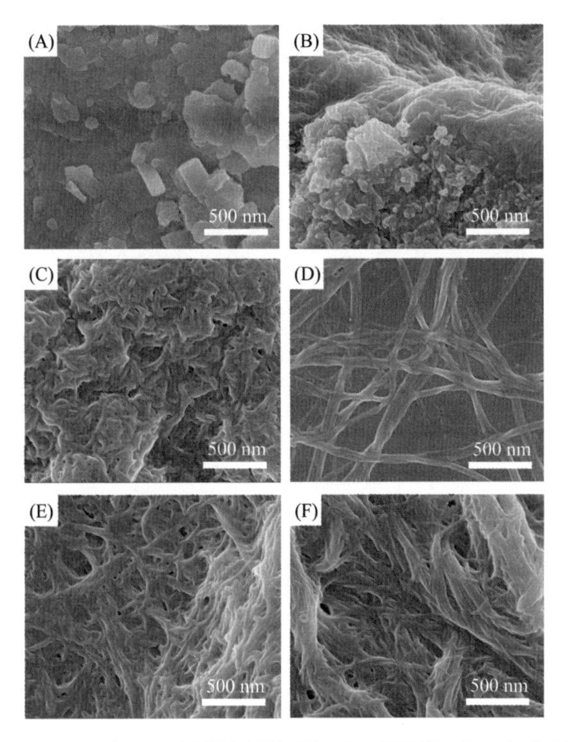

图 3-10 凝胶 CA-G_2COOMe 在不同时间超声刺激后的 SEM 图片[（A）~（F）依次为 0s、10s、30s、60s、120s 和 240s]

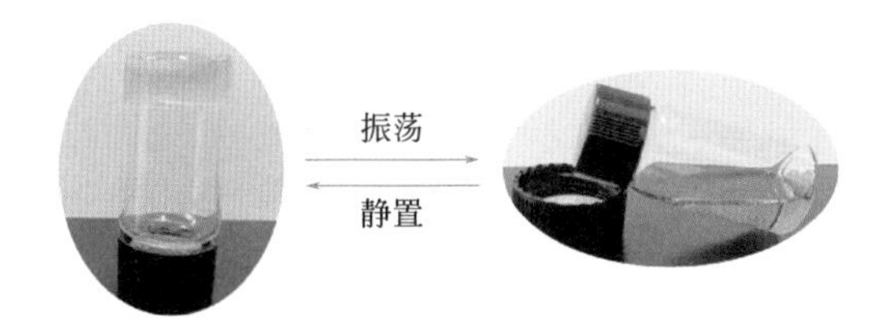

图 3-11 树状分子凝胶的触变响应照片

采用 AR-G2 流变仪测定树状分子凝胶的流变学性质。采用平行板转子（*d*=40mm），转子与平板间距为 750μm，控制平板温度为 25℃，并采用防挥发盖防止溶剂挥发。应变扫描：测试树状分子凝胶的弹性模量（*G′*）和黏性模量（*G″*）随剪切应变的变化曲线；在线性范围内，*G′* 和 *G″* 不受剪切应力变化的影响，并且反映未被扰动的网络结构的性质。测试条件：转子的摆动频率 6.28rad/s，以剪切应变为变量，变量范围 0.05% ～ 200%。频率扫描：测试树状分子凝胶的 *G′* 和 *G″* 随剪切频率的变化曲线。测试条件：固定应变，以频率为变量，变量范围 0.1 ～ 100rad/s，控制剪切应变为 0.1%（线性范围内）。

首先，为了确定这类树状分子凝胶体系的线性区域，对该凝胶体系进行应变扫描，从图 3-12（A）可以看出，当应变小于 0.5% 时，弹性模量 G'（约 2.3×10^4Pa）远远大于黏性模量 G''（约 5.0×10^3Pa），该凝胶体系表现出了显著的黏弹性；随着应变的增大，弹性模量 G' 和黏性模量 G'' 迅速减小，表明该凝胶体系已经被部分破坏，且当应变大于 3.0% 时，弹性模量 G' 小于黏性模量 G''，表明该凝胶体系被完全破坏，表现出了黏性特征。

为了进一步验证这类树状分子凝胶触变响应的重复性，进行了振荡扫描实验［图 3-12（B）］。从图中可以看出，在大应变剪切（100%）作用 10s 时，弹性模量 G'（约 600Pa）小于黏性模量 G''（约 1000Pa），表明该凝胶体系被破坏，凝胶变成了溶胶；而在小应变剪切（0.05%）作用 20s 时，弹性模量 G'（约 6×10^3Pa）大于黏性模量 G''（约 1×10^3Pa），表现出了很好的弹性特征，表明体系又从溶胶变成了凝胶。上述过程可以重复多次而没有明显的损耗。

随后，在线性范围内选取较小的剪切应变（0.1%）对恢复后凝胶体系进行频率扫描［图 3-12（C）］，在所测试的频率范围内，凝胶弹性模量 G' 远大于黏性模量 G''，表明体系仍具有显著的黏弹性。

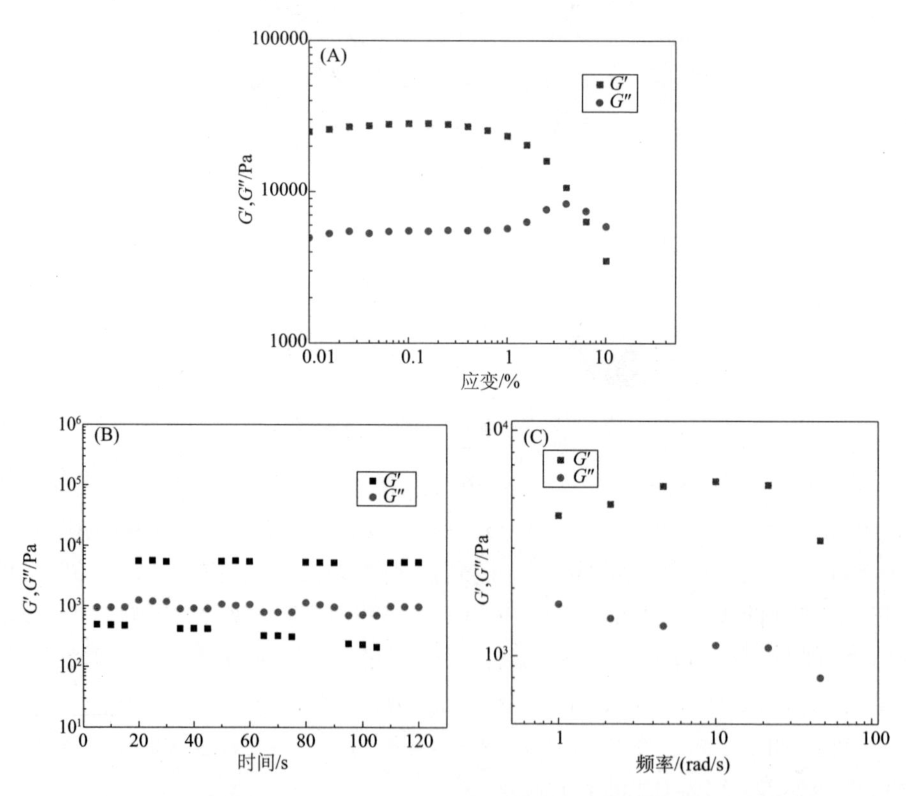

图 3-12　树状分子凝胶 CA-G_2COOMe（1，2- 二氯乙烷，质量分数 3.3%）流变力学实验

（A）应变扫描；（B）振荡扫描；（C）频率扫描

3.2.4 CA 型树状分子凝胶有机污染物吸附性能研究

以罗丹明 B 有机染料分子为模型染料，研究了 CA-G_2COOMe 凝胶材料对水溶液中罗丹明 B 的吸附去除效果。通过对比吸附前后水溶液的颜色[图 3-13(A)与图 3-13(B)]，可以看出 CA-G_2COOMe 凝胶材料对罗丹明 B 染料分子有较强的吸附能力。

为了进一步定量分析 CA-G_2COOMe 凝胶材料对罗丹明 B 水溶液的吸附效率，通过紫外可见吸收光谱测试了上层水溶液中罗丹明 B 的浓度随时间的变化曲线。①标准曲线绘制。称取 0.0605g 罗丹明 B，置于 10mL 容量瓶中，用超纯水溶解并定容至刻度线，配制浓度为 6.05g/L 的罗丹明 B 贮备液；通过超纯水稀释定容，得到浓度为 0.0006g/L、0.0012g/L、0.0018g/L、0.0030g/L、0.0060g/L、0.0090g/L、0.0120g/L 的罗丹明 B 系列标准溶液，测量其在 554nm 处的吸光度，以吸光度对罗丹明 B 浓度进行线性回归，绘制标准曲线。②吸附曲线测试。称取 100mgCA-G_2COOMe 有机凝胶因子放入 20mL 样品瓶中，加入 2mL 甲苯，置于 90℃水浴锅中，加热使凝胶因子完全溶解，待样品瓶自然冷却至室温，将样品瓶超声 1min，形成稳定有机凝胶。取 7mL0.0120g/L 的罗丹明 B 溶液小心加入上述制备的有机凝胶材料表面，静置。分别在吸附 2min、5min、10min、15min、20min、30min、60min、90min、180min、240min、300min、1020min、1080min 后测定罗丹明 B 溶液的吸光度，通过标准曲线测试得到溶液中罗丹明 B 的浓度。

研究发现随着吸附时间的延长，罗丹明 B 染料的浓度迅速降低，静置吸附 18h 后，罗丹明 B 的浓度下降至 0.0004g/L[图 3-13(C)]，吸附率高达 96.7%[图 3-13(D)]，表明 CA-G_2COOMe 凝胶材料对罗丹明 B 染料分子具有高效的吸附能力。

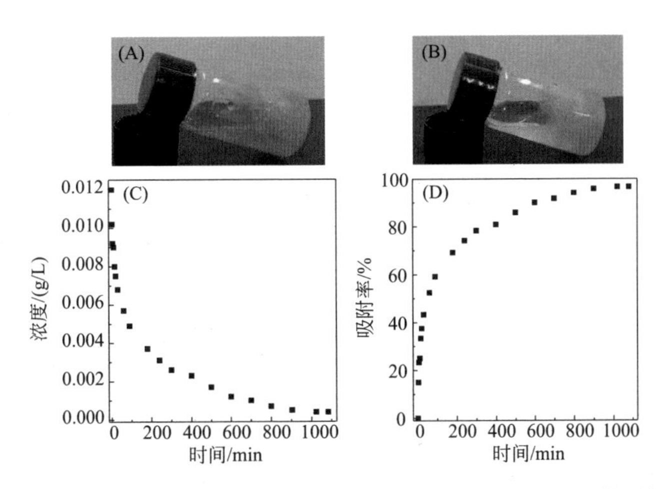

图 3-13 (A)、(B)树状分子凝胶 CA-G_2COOMe 吸附罗丹明 B 前和吸附 18h 后的照片；(C)凝胶上层清液中罗丹明 B 的浓度随吸附时间的变化曲线；(D)凝胶材料 CA-G_2COOMe 对罗丹明 B 染料分子的吸附率与时间关系曲线

3.3 枝上修饰偶氮苯官能团的聚芳醚型树状分子凝胶

3.3.1 BA 型凝胶因子合成及表征

首先通过 4- 氨基苄醇和苯酚反应，得到偶氮类化合物 **3-12**，然后再和树状分子 $G_0G_1CH_2Br$[21] 通过简单的取代反应得到枝上含有偶氮苯官能团的化合物 **3-13**，再通过溴化反应，得到化合物 **3-14**，最后再和外围间苯二甲酸二甲酯功能化的树状分子片段 HO-G_nCOOMe[21] 发生取代反应得到枝上修饰有偶氮苯官能团的树状分子凝胶因子 BA-G_0G_nCOOMe，详细合成路线见图 3-14。

化合物 3-12：于装有搅拌磁子的 500mL 圆底烧瓶中加入 135mL 水和对氨基苄醇（9.37g，76.1mmol），在搅拌条件下，把浓盐酸（15.8ml，190mmol）慢慢滴到上述悬浮液中，保持体系温度不超过 5℃。滴完后，再将溶于 35mL 水的亚硝酸钠（$NaNO_2$）（5.03g，79.8mmol）溶液缓慢滴加到反应体系中，并继续搅拌 1h。把溶于 120mL 水的苯酚（PhOH）（7.52g，79.9mmol）和碳酸钾（K_2CO_3）（15.0g，108.5mmol）溶液逐滴滴入上述反应体系。反应混合物室温搅拌 3h。TLC 检测，反应完全后，用稀醋酸（HOAc）调节溶液的 pH 值到 4。过滤，产物依次用水、甲醇洗涤数次，柱色谱分离纯化得黄色固体 15.43g，产率 89%。^{1}H NMR（300MHz，氘代丙酮）δ：4.36（br, CH_2OH, 1H），4.74（s, ArCH_2O, 2H），7.00 ～ 7.05（m, ArH, 2H），7.55（d, ArH, J=8.4Hz, 2H），7.84 ～ 7.89（m, ArH, 4H），9.06（br, ArOH, 1H）。^{13}C NMR（75MHz，氘代丙酮）δ：161.4，152.7，147.2，146.1，127.9，125.6，123.1，116.7，64.3。HRMS-ESI（m/z）: $[M+H]^+$，$C_{13}H_{13}O_2N_2$，理论值 229.09715，实测值 229.09695。

化合物 3-13：操作步骤同化合物 **3-3**，产率 74%。m.p.182 ～ 184℃。^{1}H NMR（300MHz，氘代二甲亚砜）δ：4.60（d, $ArCH_2OH$, J=5.7Hz, 4H），5.15（s, ArCH_2O, 2H），5.22（s, ArCH_2O, 4H），5.34（t, CH_2OH, J=5.7Hz, 2H），7.14 ～ 7.22（m, ArH, 7H），7.33 ～ 7.52（m, ArH, 9H），7.80 ～ 7.89（m, ArH, 8H）。^{13}C NMR（75MHz，氘代二甲亚砜）δ：160.8，158.6，150.9，146.3，145.6，138.5，136.9，128.4，127.8，127.7，127.1，124.4，122.1，119.2，115.5，113.6，69.4，62.5。HRMS-ESI（m/z）: $[M+H]^+$，$C_{41}H_{37}N_4O_5$，理论值 665.27585，实测值 665.27560。

化合物 3-14：于装有搅拌磁子的 50mL 圆底烧瓶中，依次加入化合物 **3-13**（0.527g，0.793mmol）、四溴化碳（CBr_4）（0.578g，1.744mmol）和四氢呋喃（THF，15mL），在冰浴下，缓慢加入三苯基膦（PPh_3）（0.457g，1.744mmol），继续搅拌 10min，撤去冰浴，室温搅拌过夜。TLC 检测反应，反应完毕后，减压除去四氢呋喃（THF），加入 30mL 水和 50mL 二氯甲烷（CH_2Cl_2）萃取，水层用 3×30mL 二氯甲烷萃取三次，合并有机层，

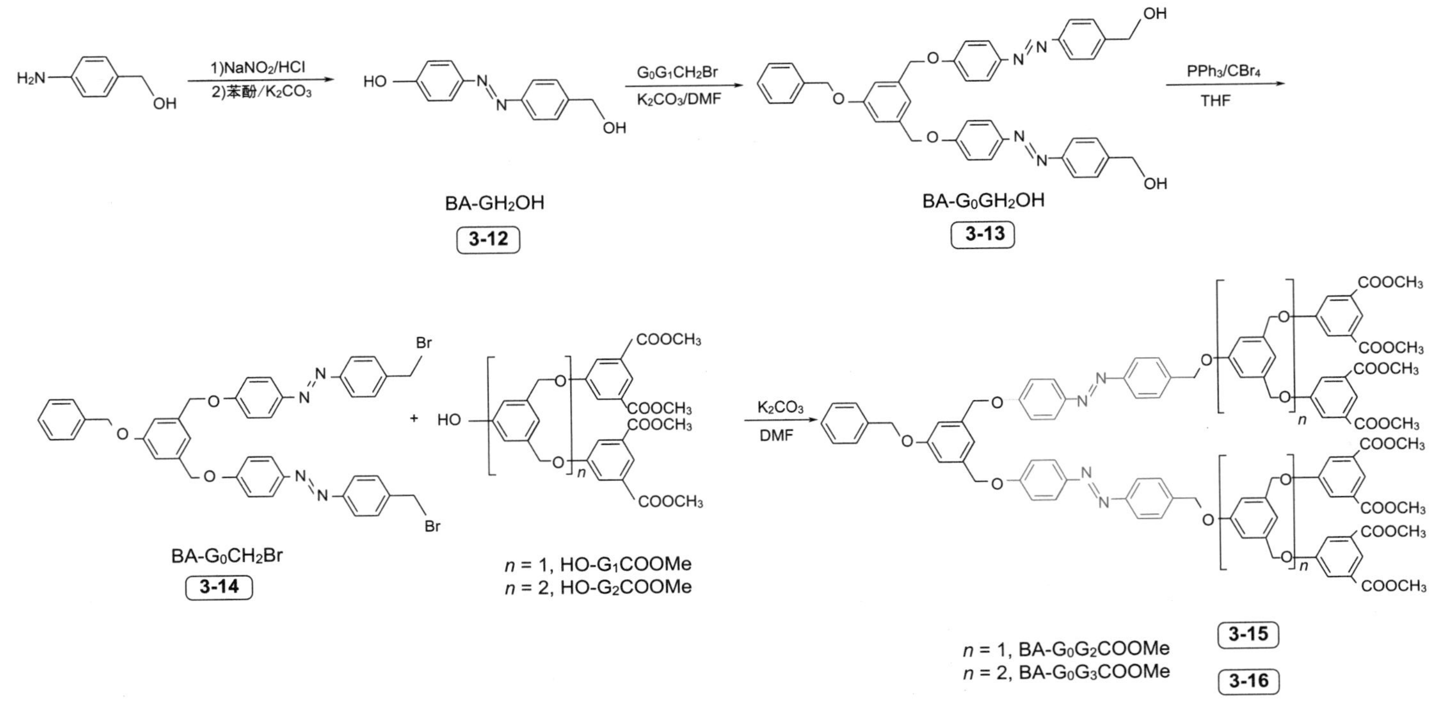

1) $NaNO_2$/HCl；2) 苯酚/K_2CO_3 → BA-GH_2OH **3-12** → $G_0G_1CH_2Br$，K_2CO_3/DMF → BA-G_0GH_2OH **3-13** → PPh_3/CBr_4，THF →

BA-G_0CH_2Br **3-14** + n = 1, HO-G_1COOMe；n = 2, HO-G_2COOMe → K_2CO_3，DMF → n = 1, BA-G_0G_2COOMe **3-15**；n = 2, BA-G_0G_3COOMe **3-16**

图 3–14　枝上修饰偶氮苯官能团树状分子凝胶因子的合成路线

加入30mL饱和氯化钠（NaCl）溶液洗涤一次，加入无水硫酸钠（Na_2SO_4）干燥0.5h，柱色谱分离得橘黄色固体0.484g，产率77%。m.p.157 ～ 159℃。^1H NMR（300MHz，氘代氯仿）δ：4.56（s, ArCH_2Br, 4H），5.10（s, ArCH_2O, 2H），5.15（s, ArCH_2O, 4H），7.06（s, ArH, 4H），7.09（s, ArH, 2H），7.13（s, ArH, 1H），7.33 ～ 7.45（m, ArH, 5H），7.52（d, ArH, J=8.4Hz, 4H），7.83 ～ 7.93（m, ArH, 8H）。^{13}CNMR（75MHz，氘代氯仿）δ：161.2，159.5，152.5，147.2，139.9，138.6，136.6，129.8，128.6，128.1，127.5，124.9，123.0，118.6，115.2，113.5，70.2，70.0，32.9。HRMS-ESI（m/z）: $[M+H]^+$，$C_{41}H_{35}Br_2N_4O_3$，理论值789.22328，实测值789.09977。

化合物3-15：操作步骤同化合物**3-3**，产率76%。^1HNMR（300MHz，氘代氯仿）δ: 3.93（s, COOCH_3, 24H），5.10 ～ 5.17（m, PhCH_2O+ArCH_2O, 18H），7.06 ～ 7.13（m, ArH, 13H），7.33 ～ 7.45（m, PhH, 5H），7.56（d, J=8.4Hz, ArH, 4H），7.83 ～ 7.94（m, ArH, 16H），8.30（d, J=1.2Hz, ArH, 4H）。^{13}C NMR（75MHz，氘代氯仿）δ：166.0，161.1，159.3，158.6，152.4，147.2，139.0，138.6，138.3，136.6，131.9，128.6，128.1，127.9，127.5，124.8，123.4，122.8，120.1，118.8，115.2，113.6，113.5，70.2，70.1，70.0，69.7，52.4。HRMS-ESI（m/z）: $[M+H]^+$，$C_{97}H_{85}N_4O_{25}$，理论值1705.54974，实测值1705.54279。元素分析（%）: $C_{97}H_{84}N_4O_{25}$，C 68.30，N 3.28，H 4.96（理论值）; C 68.15，N 3.52，H 5.08（实测值）。

化合物3-16：操作步骤同化合物**3-3**，产率81%。m.p. 90 ～ 92℃。^1HNMR（300MHz，氘代氯仿）δ：3.92（s, COOCH_3, 48H），5.09 ～ 5.16（m, ArCH_2O, 34H），7.03 ～ 7.14（m, ArH, 25H），7.35 ～ 7.45（m, PhH, 5H），7.53（d, ArH, J=8.4Hz, 4H），7.81 ～ 7.91（m, ArH, 24H），8.28（s, ArH, 8H）。^{13}CNMR（75MHz，氘代氯仿）δ：166.0，161.1，159.4，159.3，159.2，158.6，152.3，147.1，139.1，138.8，138.6，138.2，136.6，131.8，128.6，128.1，127.9，127.6，124.8，123.3，122.8，120.0，118.8，118.6，115.1，113.5，113.3，70.1，70.0，69.9，69.8，69.6，52.4。HRMS-ESI（m/z）: $[M+H]^+$，$C_{169}H_{149}N_4O_{49}$，理论值：3017.92849；实测值：3017.93846。元素分析（%）: $C_{169}H_{148}N_4O_{49}$，C 67.23，H 4.94，N 1.86（理论值），C 67.32; H 5.08，N 1.95（实测值）。

3.3.2 BA型凝胶因子凝胶性能测试、热力学稳定性研究及微观形貌研究

（1）成凝胶性能测试

从表3-3可以看出，树状分子BA-G_0G_2COOMe竟然在我们所测试的所有溶剂中都不能形成凝胶，但是当其代数增大后，树状分子BA-G_0G_3COOMe显示出了极其优异的成胶性能（表3-3），随后我进一步考察了BA-G_0G_3COOMe在更多种类有

机溶剂中的成胶性能（表 3-4），发现几乎能够在测试的所有溶剂（14 种有机溶剂和 4 种混合溶剂）中形成稳定的淡黄色凝胶（图 3-15），且在绝大部分有机溶剂中的临界凝胶因子浓度都在 10mg/mL 以下，其在四氯化碳（CCl_4）中的临界凝胶因子浓度低至 0.8mg/mL（质量分数 0.05%），相当于一个树状分子可以固定 3.9×10^4 个溶剂分子，表明这是一种“超凝胶因子”[28]。

◆ 表 3-3 树状分子凝胶因子凝胶性能测试

溶剂	3-15	3-16①
甲苯	P	G（5.8）
苯	S	G（3.8）
苯甲醚	S	G（18.0）
吡啶	S	G（3.6）
苯甲醇	S	G（5.6）
环己酮	S	G（3.5）
丙酮	I	G（5.6）
乙酸乙酯	S	G（8.5）
乙二醇单甲醚	P	G（4.0）
1,2- 二氯乙烷	S	G（31.6）
四氯甲烷	I	G（0.8）

①该列括号中的数值为临界凝胶因子浓度，单位为 mg/mL。

◆ 表 3-4 树状分子凝胶因子 BA-G_0G_3COOMe 成胶性能测试

溶剂	T-Gel①	S-Gel②		
		1	2	3
甲苯	G（5.8）	G（5.8）	G（0.67）	G（1.92×10^{-3}）
苯	G（3.8）	G（3.8）	G（0.43）	G（1.26×10^{-3}）
苯甲醚	G（18.0）	G（18.0）	G（1.80）	G（5.96×10^{-3}）
吡啶	G（3.6）	G（3.6）	G（0.37）	G（1.19×10^{-3}）
苯甲醇	G（5.6）	G（5.6）	G（0.54）	G（1.86×10^{-3}）
环己酮	G（3.5）	G（3.5）	G（0.37）	G（1.16×10^{-3}）
2- 己酮	G（1.8）	G（1.8）	G（0.22）	G（6.0×10^{-4}）
3- 戊酮	G（2.0）	G（2.0）	G（0.24）	G（6.6×10^{-4}）
丙酮	P	G（5.6）	G（0.71）	G（1.85×10^{-3}）
乙酸乙酯	P	G（8.5）	G（0.94）	G（2.82×10^{-3}）
乙二醇单甲醚	P	G（4.0）	G（0.41）	G（1.32×10^{-3}）
乙二醇单乙醚	P	G（6.5）	G（0.69）	G（2.15×10^{-3}）

续表

溶剂	T-Gel ①	S-Gel ②		
		1	2	3
1，2- 二氯乙烷	G（31.6）	G（31.6）	G（2.51）	G（1.05×10^{-2}）
四氯化碳	G（0.8）	G（0.8）	G（0.05）	G（2.6×10^{-4}）
三氯甲烷 / 四氯甲烷 =1/9	G（1.1）	G（1.1）	G（0.07）	G（3.6×10^{-4}）
苯甲醚 / 四氯甲烷 =3/2	G（7.5）	G(7.5）	G（0.63）	G（2.48×10^{-3}）
苯甲醚 / 己烷 =1/1	P	G（5.0）	G（0.60）	G（1.66×10^{-3}）
四氢呋喃 / 甲醇 =3/1	G（1.9）	G（1.9）	G（0.22）	G（6.3×10^{-4}）

① 成胶性能测试是通过加热溶解 - 冷却，倒置法判断是否形成凝胶，括号中的数值为临界凝胶因子浓度，单位为 mg/mL。

② 在起始冷却过程中施加了一定时间的超声刺激（$0.40W/cm^2$，40kHz，1 ～ 5min），倒置法判断是否形成凝胶；括号中的数值为临界凝胶因子浓度，单位从左至右分别为 mg/mL、%（质量分数）、mmol/L。

注：G—凝胶；PG—部分胶状体；P—析出沉淀；S—澄清溶液；I—开始加热时不溶。说见 3.1.2 节。

考察核心含有偶氮官能团的树状分子 CA-G_2COOMe 的成胶性能时发现，其同样也表现出了很好的成胶性能，几乎能在我们测试的全部有机溶剂中形成凝胶，但其临界凝胶因子浓度略高于 BA-G_0G_3COOMe 树状分子。

可以看出，外围修饰有偶氮官能团的树状分子 PA-G_0G_nMe/Et 的成胶效果较差；核心修饰有偶氮官能团的树状分子 CA-G_2COOMe，不论在成胶溶剂的种类或者是临界凝胶因子浓度方面，均有明显的提高；而枝上修饰有偶氮官能团的树状分子 BA-G_0G_3COOMe 表现出了最优成胶性能，而且属于一种“超凝胶因子”。

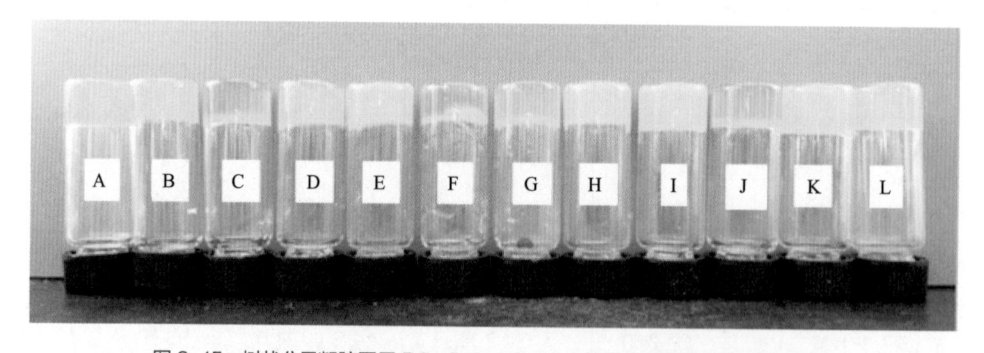

图 3-15　树状分子凝胶因子 BA-G_0G_3COOMe 在不同溶剂中形成的凝胶照片

A—吡啶；B—苯；C—甲苯；D—乙酸乙酯；E—丙酮；F—乙二醇单甲醚；G—苄醇；H—3- 戊酮；I—2- 己酮；J—环己酮；K—THF/MeOH（3/1，体积比）；L—$CHCl_3/CCl_4$（1/9，体积比）

（2）凝胶热力学稳定性研究

树状分子有机凝胶虽然具有一定的稳定性，但在实验中观察到，它易遭受机械搅动而导致不可逆的破坏。然而，将被机械破坏的凝胶重新加热到高于凝胶 - 溶胶相变温度 T_{gel} 后，再冷却到室温，凝胶又可重新形成，这说明这类树状分子凝胶是热可逆的物理凝胶。作为一种热可逆的物理凝胶，我们对它的热力学性能进行了考察。采用倒置法研究了树状分子凝胶 BA-G_0G_3COOMe 的凝胶 - 溶胶转变温度 T_{gel} 与浓度的关系（图 3-16）。从图 3-16 可以看出，随着树状分子凝胶因子浓度的增大，其相变温度逐渐升高，这恰恰是超分子凝胶的特性之一。另外可以看出，溶剂的种类对凝胶的热力学稳定性也有着明显的影响。

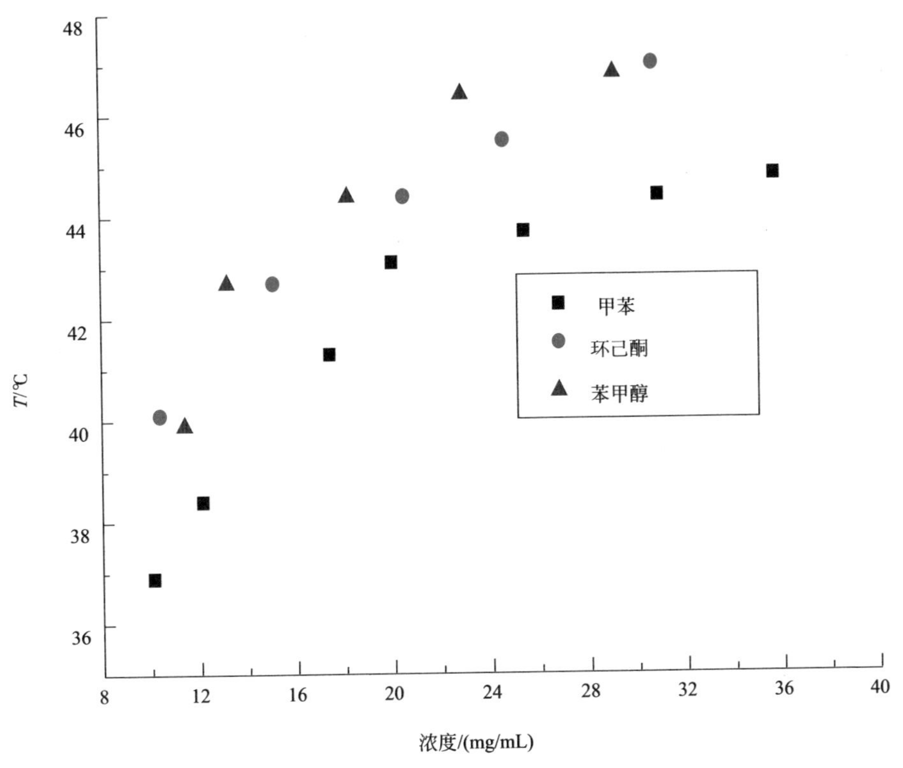

图 3-16　树状分子凝胶因子 BA-G_0G_3COOMe 在不同有机溶剂中的凝胶 - 溶胶转变温度（T_{gel}）与浓度的关系

（3）凝胶微观形貌研究

超分子凝胶的微观结构通常是由凝胶因子在弱相互作用力的驱动下，形成一维的组装体，然后再相互交联形成三维的网络状结构。其中凝胶因子的结构和溶剂等因素对其微观形貌有着直接的影响。利用 SEM 和 TEM 研究了树状分子 BA-G_0G_3COOMe 在不同有机溶剂中干凝胶的微观形貌（图 3-17、图 3-18）。

从 SEM 照片（图 3-17）可以看出，该类树状分子凝胶因子在绝大部分有机溶剂中都呈现了由直径在 50 ～ 300nm，长度在十几微米的细长纤维相互交联、缠绕形成的三维网络状微观形貌。其在芳香溶剂（苯、甲苯等）中倾向于形成更加致密的网络状结构（图 3-17）。TEM 照片也同样观察到了三维网络状微观结构，但是由于溶剂的种类不同，其形成网络状纤维的尺寸也不尽相同（图 3-18）。

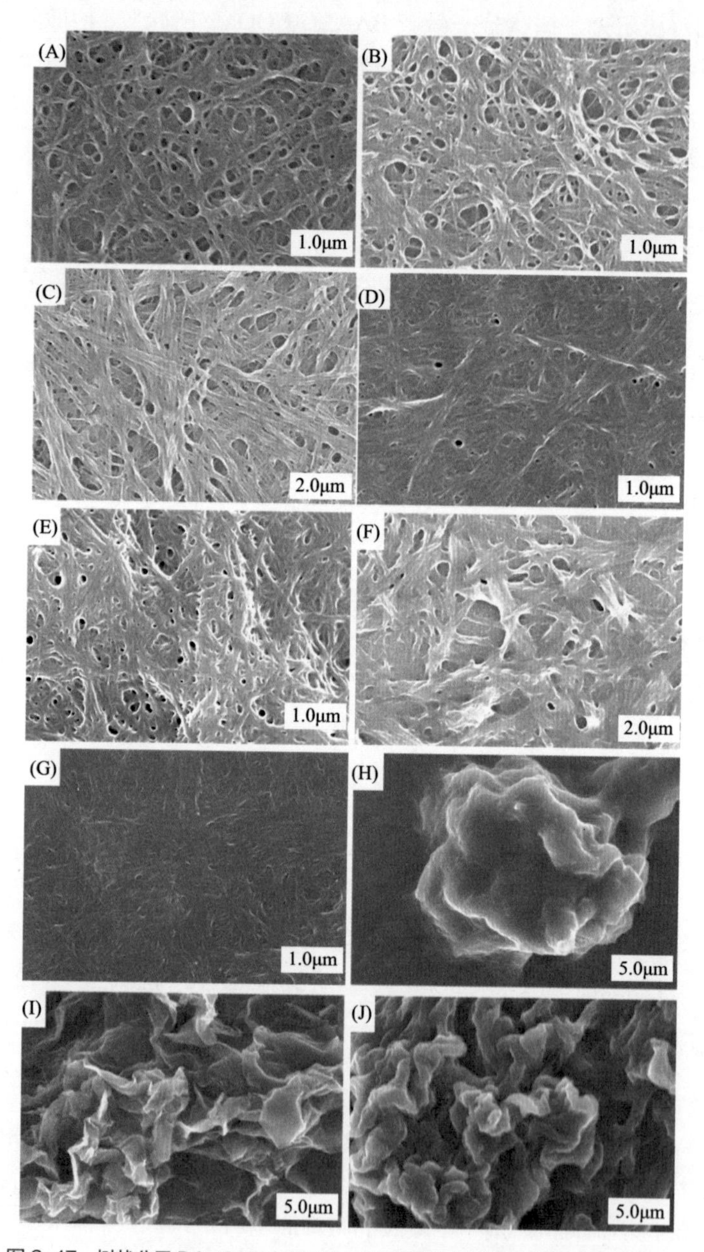

图 3-17　树状分子 BA-G_0G_3COOMe 在不同有机溶剂中干凝胶的 SEM 照片

（A）四氯化碳；（B）$CHCl_3/CCl_4$（1/9，体积比）；（C）THF/MeOH（3/1，体积比）；（D）苯甲醚 /CCl_4（3/2，体积比）；（E）1，2- 二氯乙烷；（F）3- 戊酮；（G）苯；（H）2- 己酮；（I）丙酮；（J）乙酸乙酯

图 3-18　树状分子 BA-G_0G_3COOMe 在不同有机溶剂中干凝胶的 TEM 照片

（A）四氯化碳；（B）$CHCl_3/CCl_4$（1/9，体积比）；（C）THF/MeOH（3/1，体积比）；（D）苯甲醚 /CCl_4（3/2，体积比）；（E）1，2- 二氯乙烷；（F）环己酮；（G）苯；（H）2- 己酮；（I）丙酮；（J）苯甲醚

3.3.3 BA 型树状分子成凝胶驱动力研究

通过变温核磁、紫外可见吸收光谱以及广角 X 射线粉末衍射等手段对其成胶驱动力进行了详细研究。

（1）基于温度梯度的核磁共振氢谱

树状分子凝胶因子 BA-G_0G_3COOMe 的分子结构如图 3-19 所示，其在芳香区的变温 ^{1}HNMR 如图 3-20 所示。

从图 3-20 可以看出，随着温度从 278K 升高至 323K，树状分子外围的间苯二甲酸二甲酯芳香环上的质子 H_a、H_b，以及内层芳环上的质子 H_c ～ H_i 的化学位移明显向低场移动，而核心苯环上的质子 H_m ～ H_o 的化学位移几乎没有发生变化。通过上面实验，发现随着温度的变化，其各特征峰化学位移的变化具有很好的协调性，这就很好地证明了树状分子之间存在强的 π-π 相互作用力。

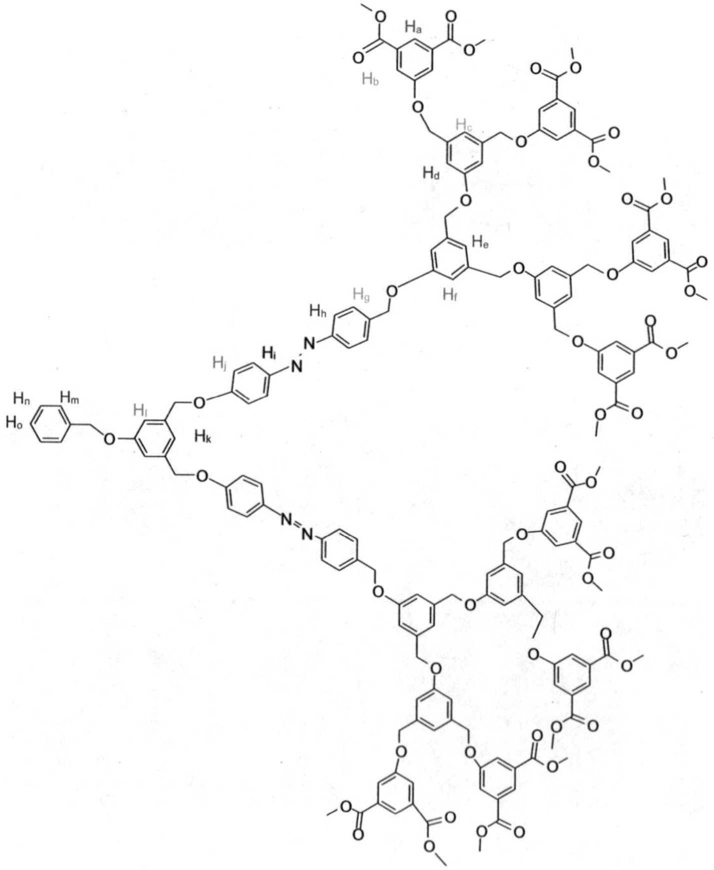

图 3-19 树状分子凝胶因子 BA-G_0G_3COOMe 的分子结构

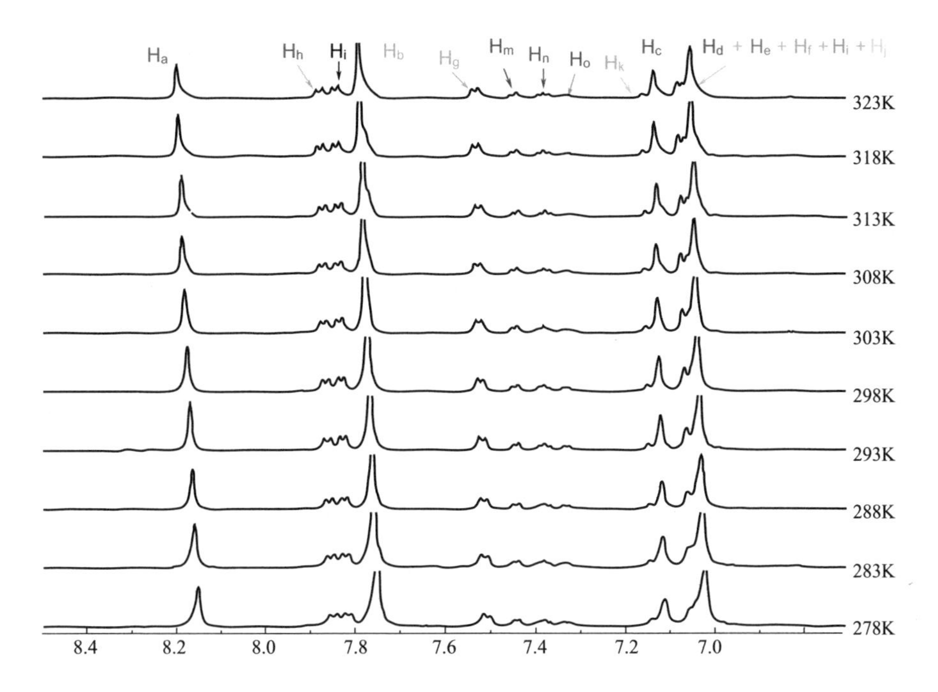

图 3-20 树状分子凝胶 BA-G_0G_3COOMe 在芳香区的变温 ^{1}H NMR（600MHz，d_4-1，2- 二氯乙烷，29.4mg/mL），该凝胶在 313K 时，变成澄清溶液

（2）基于温度变化的紫外 - 可见吸收光谱

随后我们又通过变温紫外 - 可见吸收光谱研究了偶氮苯官能团之间的堆积方式，由图 3-21 可以看出，随着温度的降低，偶氮苯官能团在 350nm 左右的吸收峰（π-π* 电子跃迁）明显蓝移，当温度降低到 10℃变成凝胶后，其蓝移了大约 20nm，表明由于芳香环之间的 π-π 相互作用力使得偶氮苯官能团形成了 *H*- 聚集体。

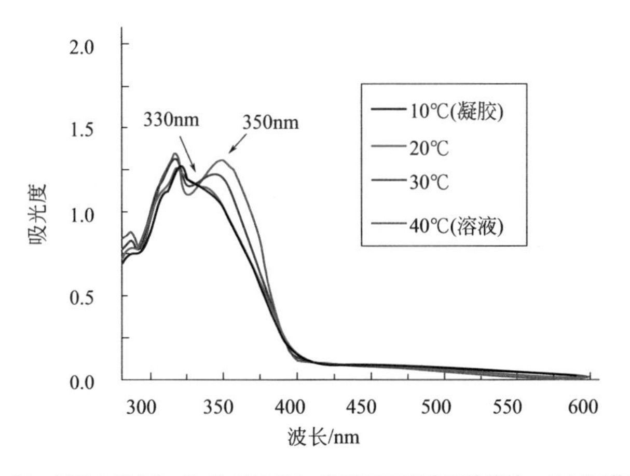

图 3-21 树状分子 BA-G_0G_3COOMe 凝胶不同温度下的紫外 - 可见吸收光谱

(3)广角 X 射线粉末衍射

随后，利用广角 X 射线粉末衍射研究了树状分子 BA-G_0G_3COOMe 在混合溶剂 $CHCl_3/CCl_4$（1/9，体积比）中干胶状态下的 π-π 相互作用力，从图 3-22 可以看出，其干胶在 2θ=25.35° 左右有一个明显的衍射峰，其对应的距离刚好为 3.5Å，刚好是 π-π 相互作用力的有效范围，这也进一步证明 π-π 堆积作用是成胶的主要驱动力之一[24, 29-31]。

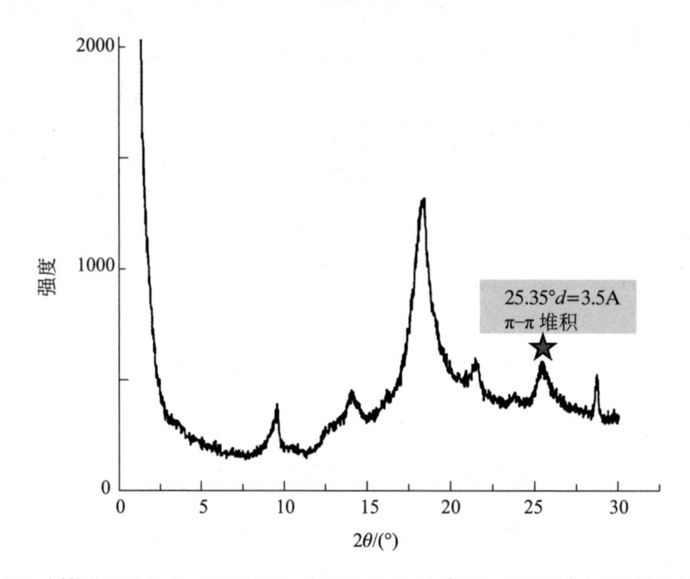

图 3-22 树状分子 BA-G_0G_3COOMe 在 $CHCl_3/CCl_4$（1/9，体积比）中干凝胶的 XRD 图

总之，通过基于温度变化的核磁共振氢谱、紫外 - 可见吸收光谱以及广角 X 射线粉末衍射等实验研究表明：树状分子多重芳环之间的 π-π 相互作用力是树状分子成胶的主要驱动力之一。

3.3.4 BA 型树状分子凝胶的多响应性能研究

超分子凝胶是依靠分子间的非共价键相互作用形成的，因而对外界环境的刺激具有可逆的响应性。所谓的刺激响应性，指的是超分子凝胶在某些外界因素（诸如光、电、化学试剂、机械剪切应力等）刺激作用下，其理化性质也会发生变化从而产生响应，外部刺激消除后，能够迅速恢复到起始状态[10, 32-36]。事实上，有关多响应超分子凝胶体系还鲜有报道。

3.3.4.1 树状分子凝胶的超声响应性能研究

在凝胶的制备过程中，我们发现树状分子 BA-G_0G_3COOMe 在某些有机溶剂中（如丙酮、乙酸乙酯、乙二醇单甲醚等）加热至完全溶解，直接冷却至室温后，并没有得到相应的凝胶，反而以沉淀的形式析出，溶液变浑浊，然而在冷却过程中，经过短暂的超声刺激后，则可以形成稳定的浑浊凝胶（图 3-23）。随后，作者尝试将上述的浑浊液直接超声，同样能形成浑浊凝胶。超声刺激时间的长短取决于溶剂种类和树状分子浓度等因素（表 3-4）。

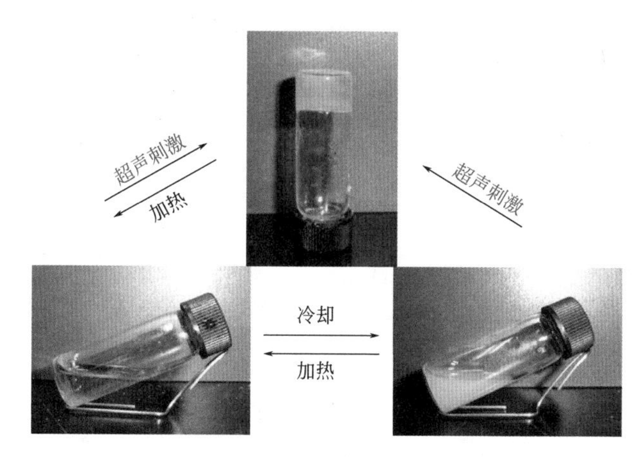

图 3-23 树状分子凝胶 BA-G_0G_3COOMe 超声响应示意图

尽管前面已有文献报道过超声促进凝胶形成的例子[37-39]，但是大部分是基于金属配合物或者氢键型的凝胶因子，而对于不含上述传统成胶基元的树状分子凝胶还鲜有报道，因此我们对这一实验现象产生了浓厚的兴趣，随后通过 SEM 和 TEM 研究了超声时间长短对成胶过程及其微观形貌的影响。从图 3-24 可以看出，树状分子 BA-G_0G_3COOMe 在乙二醇单甲醚中加热完全溶解后，直接冷却至室温（0s），形成了直径在 2 ～ 5μm 的大尺寸球形聚集体；超声刺激 30s 后，球形聚集体进一步变成尺寸分布均一的直径在 1 ～ 2μm 的小球形组装体；随着超声时间的进一步延长（60s），该球形聚集体进一步相互交联，形成直径在 1 ～ 2μm 的“纤维”状网络结构；进一步延长超声时间至 90s 后，除了部分球形聚集体外，同时伴随着部分球形聚集体分裂成直径在几十纳米，长度为十几微米的细长纤维，该纤维之间相互缠绕形成松散的网络状形貌，宏观上对应着不稳定凝胶形成；超声 120s 后，球形聚集体全部转化成细长纤维，纤维之间相互交联形成致密的网络状微观形貌，同时伴随着宏观上凝胶的形成。

总之，从上述分析可以看出超声刺激不仅能够促进凝胶的形成，同时导致其微观形貌发生了明显的变化，可能的原因是超声刺激能够促进短时间内形成大量细小晶核，进而导致细小的晶核之间相互作用，形成了细长且相互交联度高的纤维状结构，从而促进凝胶的形成。但是超声对组装过程中的某些弱相互作用力的影响，目前尚不清楚。

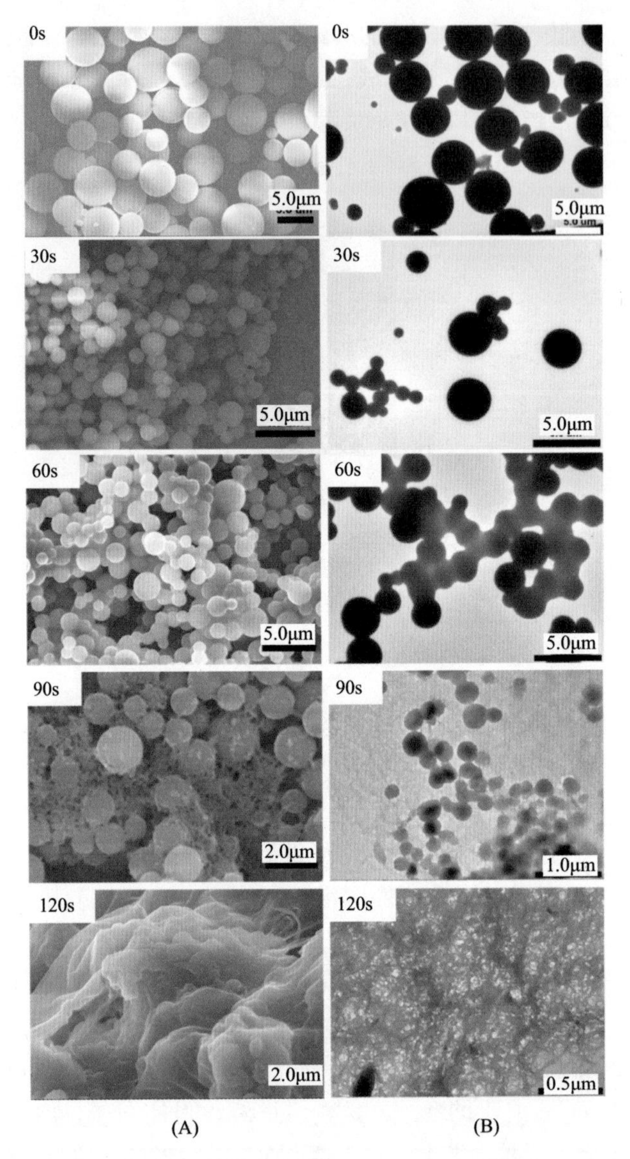

图 3-24　超声时间对树状分子凝胶 BA-G_0G_3COOMe 微观形貌的影响

（A）SEM；（B）：TEM

3.3.4.2　树状分子凝胶的光响应性能研究

（1）树状分子凝胶的光响应实验现象

除了这类树状分子凝胶固有的热响应以及超声响应外，我们还详细地研究了其光响应性能。这类树状分子凝胶在紫外与可见光的交替照射下，能够成功地实现凝胶态和溶液的相互转变。

取 2.9mg 树状分子 BA-G_0G_3COOMe 和 0.5mL 甲苯于核磁管中，加热使其完全溶解，自然冷却至室温形成半透明的凝胶（质量分数 0.67%）。我们发现，随着紫外光照（365nm）时间的增长，凝胶逐渐崩溃，当紫外光照 20min 后，完全变成澄清溶液；而该溶液在可见光（>460nm）照射大概半个小时后，静置，凝胶自行恢复［图 3-25（A）］。紫外光照时间的长短跟溶剂的种类和凝胶因子的浓度有关，一般情况下，在非极性溶剂中所需紫外光照时间较短；凝胶因子的浓度越小，所需光照时间也越短。且上述紫外 - 可见光照导致凝胶和溶液的相互转变可以重复进行多次。

随后研究发现，紫外光照不仅导致了凝胶和溶液的相互转变，同时伴随着微观形貌的变化（图 3-25），我们通过 SEM 和 TEM 研究了光照前后凝胶和溶液的微观形貌变化，从图 3-25 可以看出，在紫外光照前呈现直径在 10 ～ 50nm，长度在十几微米的细长纤维相互交联形成的三维网络状结构［图 3-25（B）、图 3-25（D）］，而紫外光照后，该网络状形貌被破坏，形成了上述无规聚集体形貌［图 3-25（C）、图 3-25（E）］。上述结果表明，紫外光照破坏了树状分子初始的堆积方式，进而导致纤维以及三维网络状微观结构被破坏。

图 3-25　树状分子凝胶 BA-G_0G_3COOMe 光照前后相态变化（A）以及紫外光照前（B、D）后（C、E）微观形貌变化

（2）树状分子的光异构化研究

为了进一步验证树状分子凝胶 BA-G_0G_3COOMe 的光响应行为是由偶氮苯官能团的顺反异构化导致的，我们通过紫外可见吸收光谱（UV-Vis）以及薄层色谱分析（TLC）进一步研究了偶氮苯官能团的光致顺反异构化。

首先研究了树状分子 BA-G_0G_3COOMe 在甲苯稀溶液（2.8×10^{-4}mol/L）中的光异构化行为（图 3-26），在热平衡状态下，其在 348nm 处的强吸收带和 440nm 处的弱吸收带分别对应着偶氮苯官能团的 **π-π*** 电子跃迁和 n–π* 电子跃迁。随着紫外（365nm）光照时间延长，其在 350nm 处的强吸收峰逐渐减弱，而在 440nm 处的弱吸收峰增强，表明偶氮苯官能团由反式结构转变为顺式结构，35s 后达到光饱和态。当在可见光（＞460nm）照射 8min 后，其吸收峰的变化趋势刚好相反，即在 350nm 处的强吸收峰逐渐增强，而在 440nm 处的弱吸收峰减弱，表明偶氮苯官能团由顺式结构再度转变为反式结构，并达到饱和状态。上述结果表明在稀溶液条件下，树状分子 BA-G_0G_3COOMe 能够发生可逆的光致顺反异构化。

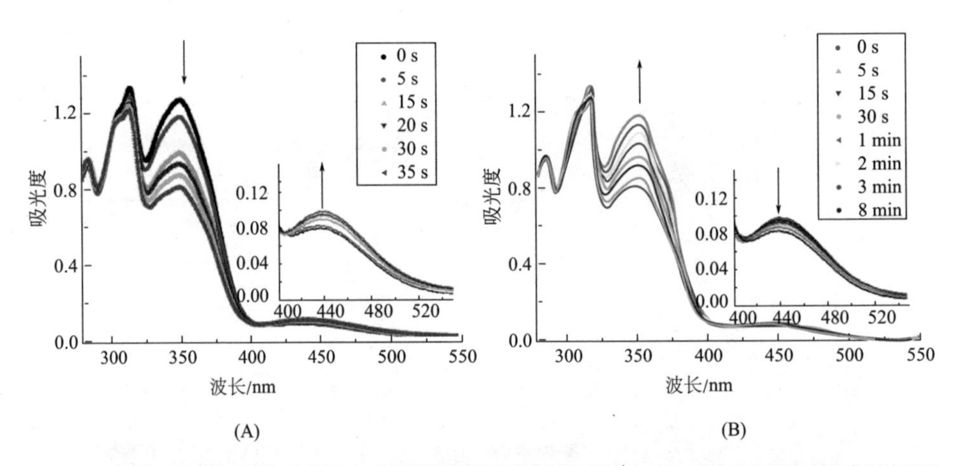

图 3-26　树状分子 BA-G_0G_3COOMe 在甲苯稀溶液中（2.86×10^{-4}mol/L；1mm 石英比色皿）紫外光照不同时间的紫外 - 可见吸收光谱（A）及可见光照不同时间的紫外 - 可见吸收光谱（B）

随后，进一步通过薄层色谱分析（TLC）证实了树状分子凝胶的光响应行为是由偶氮苯官能团的顺反异构化导致的。树状分子发生顺反异构化后，其分子的极性会发生变化，一般反式异构体（*E*- 构型）分子极性比顺式异构体（*Z*- 构型）小，因而可以通过 TLC 来方便地检测偶氮苯官能团的顺反异构化[3, 40]。由于树状分子 BA-G_0G_3COOMe 含有两个偶氮官能团，因此其可能存在 *EE*、*EZ*、*ZZ* 三种分子构型，随后我们考察了树状分子凝胶在紫外光照前后 TLC 的变化，从图 3-27 可以看出，在紫外光照以前树状分子只存在 *EE* 这一种最稳定的分子构型，而紫外光照且变成澄清的溶液后，除了 *EE* 构型外，还检测到了 *EZ*、*ZZ* 两种构型。说明即使在凝胶态下，紫外光照后其分子同样能够顺利发生光异构化。通过上面的实验说明，偶氮苯官能团的光致顺反异构化导致了凝胶和溶液相互变化。

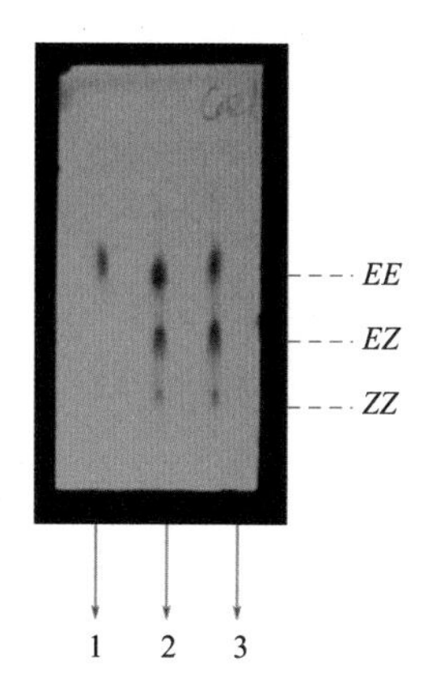

图 3-27 树状分子凝胶 BA-G_0G_3COOMe 紫外光照前后 TLC 图

1—紫外光照以前的样品；2—紫外光照前后的混合样品；3—紫外光照以后样品［其中展开剂：DCM/THF=40（体积比），λ=254nm］

（3）树状分子凝胶的触变响应性能研究

超分子凝胶触变响应性指的是超分子凝胶在剪切应力的作用下被破坏变成溶胶，静置一段时间后，溶胶自发恢复形成凝胶的过程。具有触变响应特性的超分子凝胶，由于其快速的自修复特性，有望被应用于自修复材料领域。

在实验过程中，我们意外地发现这类树状分子凝胶具有触变响应性能。例如，将 15mg 树状分子 BA-G_0G_3COOMe 和 1.0mL 甲苯加热使其完全溶解，自然冷却到室温后得到半透明稳定凝胶。该凝胶体系用力振荡数次后，变成较澄清的黏流体，静置数分钟后，凝胶自行恢复（图 3-28）。这种过程可以重复进行多次而没有明显的损耗。

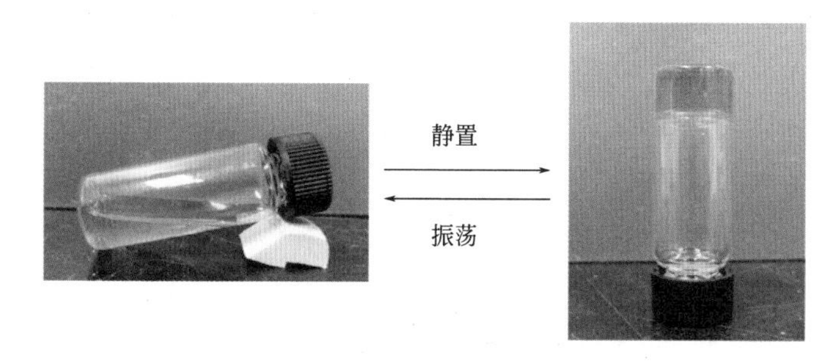

图 3-28 树状分子凝胶 BA-G_0G_3COOMe 的触变响应示意图

随后进一步通过流变力学实验对上述触变响应性能进行了详细研究，采用 AR-G2 流变仪测定树状分子凝胶的流变学性质。采用平行板转子（d=40mm），转子与平板间距离为 750μm，控制平板温度为 10℃，并采用防挥发盖防止溶剂挥发。

应变扫描（strain sweep）：测试树状分子凝胶的弹性模量（G'）和黏性模量（G''）随剪切应变的变化曲线。在线性范围内，G'和G''不受剪切应力变化的影响，并且反映未被扰动的网络结构的性质。测试条件：转子的摆动频率6.28rad/s，以剪切应变为变量，变量范围0.05%～200%。频率扫描（frequency sweep）：测试树状分子凝胶的弹性模量（G'）和黏性模量（G''）随剪切频率的变化曲线。测试条件：固定应变，以频率为变量，变量范围0.1～100rad/s，控制剪切应变为0.1%（线性范围内）。时间扫描（time sweep）：测试树状分子凝胶的弹性模量（G'）和黏性模量（G''）随时间的变化曲线。测试条件：固定频率为6.28rad/s，施加100%应变或者0.05%的扰动应变。

为了确定这类树状分子凝胶体系（甲苯，质量分数1.7%）的线性区域，首先对该凝胶体系进行应变扫描，从图3-29（A）可以看出，当应变小于1.0%时，弹性模量G'（约7.5×10^3Pa）远远大于黏性模量G''（约3.0×10^2Pa），该凝胶体系表现出了显著的黏弹性；随着应变的增大，弹性模量G'和黏性模量G''随着应变的增大而迅速减小，表明该凝胶体系已经被部分破坏，且当应变大于10.0%时，弹性模量G'小于黏性模量G''，表明该凝胶体系被完全破坏，表现出了黏性特征。

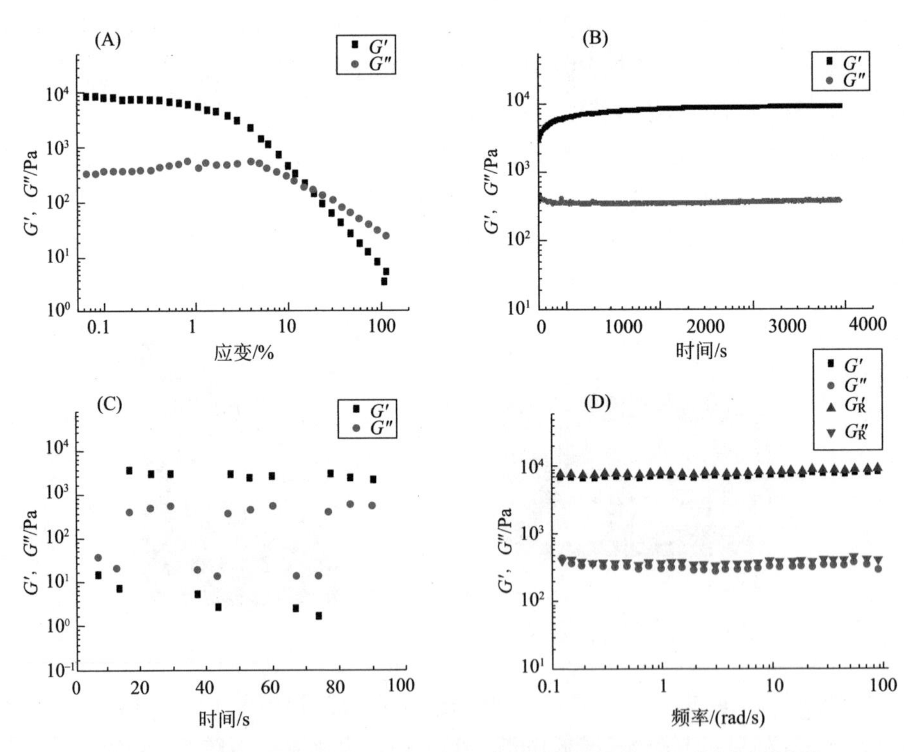

图3-29 树状分子凝胶BA-G_0G_3COOMe（甲苯，质量分数1.7%）流变力学实验

（A）应变扫描；（B）时间扫描；（C）振荡扫描；（D）频率扫描

为了考察这类树状分子凝胶的触变响应性能，在上述应变扫描结束后，立即对上述体系进行时间扫描[图 3-29（B）]，可以看出，在撤掉应变很短时间内，该树状分子凝胶体系就表现出了很好的凝胶性能，即弹性模量 G'（约 2.0×10^3Pa）大于黏性模量 G''（约 3.0×10^2Pa），进一步延长恢复时间到 40min，凝胶的强度（约 7.7×10^3Pa）可以完全恢复到了凝胶初始状态。

为了进一步验证这类树状分子凝胶触变响应的重复性，我们进行了振荡扫描实验[图 3-29（C）]，从图 3-29（C）可以看出，在大应变剪切（100%）作用 10 s 时，弹性模量 G'（约 6.9Pa）小于黏性模量 G''（约 20.1Pa），表明该凝胶体系被破坏，凝胶变成了溶胶；而在小应变剪切（0.05%）作用 20 s 时，弹性模量 G'（约 2.0×10^3Pa）立刻大于黏性模量 G''（约 4.0×10^2Pa），表现出了很好的弹性特征，表明体系又从溶胶变成了凝胶，而且上述过程可以重复多次而没有明显的损耗。但是恢复 20 s 后，凝胶的强度只恢复到了原始状态的 40% 左右，进一步延长恢复时间到 80min，凝胶的强度几乎完全恢复。

在流变力学测量中，频率扫描是检测凝胶体系对振荡作用耐受能力的一种手段。在线性范围内选取较小的剪切应变（0.1%）对凝胶体系进行频率扫描，根据[图 3-29（D）]所示的结果，在所测试的频率范围内，不管是初始状态的凝胶（G' 和 G''）还是恢复后的凝胶（G_R' 和 G_R''），弹性模量 G'（G_R'）远大于黏性模量 G''（G_R''），表明体系具有显著的黏弹性；当频率从 100rad/s 减小到 0.1rad/s 时，弹性模量 G' 和黏性模量 G'' 有微弱的减小，这是因为高频率能够引起凝胶局部的弹性反应，随着频率减小，这种弹性逐渐释放，因此 G' 和 G'' 随着频率的减小而微弱减小，这正是超分子凝胶的一种典型特征，同时也说明，这类树状分子凝胶对外力有很好的耐受性。

随后我们也进一步考察了在其他溶剂体系（苯甲醚和乙酸乙酯等）中形成的凝胶的触变响应性能（图 3-30 和图 3-31），发现具有跟上面相类似的流变力学行为。

通过上面流变力学实验可以看出，该类树状分子凝胶不仅表现出了超分子凝胶所具有的黏弹性，而且也表现出了很好的触变响应性，该触变响应性能够重复多次而没有明显的损耗。这类树状分子凝胶能够对多重外界刺激（诸如热、超声、光以及触变等）产生快速智能响应。

总之，作者围绕修饰有偶氮苯官能团的聚苄醚型树状分子凝胶因子这一主线，主要展开了两方面工作：一方面设计合成了核心、枝上以及外围修饰有偶氮苯官能团的 7 种功能化聚苄醚型树状分子凝胶因子，详细研究了其成胶性能、微观形貌以及成胶驱动力。通过凝胶性能测试发现枝上修饰有偶氮苯官能团的树状分子 BA-G_0G_3COOMe 能够在诸多极性和非极性以及混合溶剂中形成稳定凝胶，且其临界凝胶因子浓度可达 0.05%（质量分数），是一类“超凝胶因子”；以树状分子 BA-G_0G_3COOMe 为例，详细研究了其微观形貌以及成胶驱动力等性质。微观形貌研究

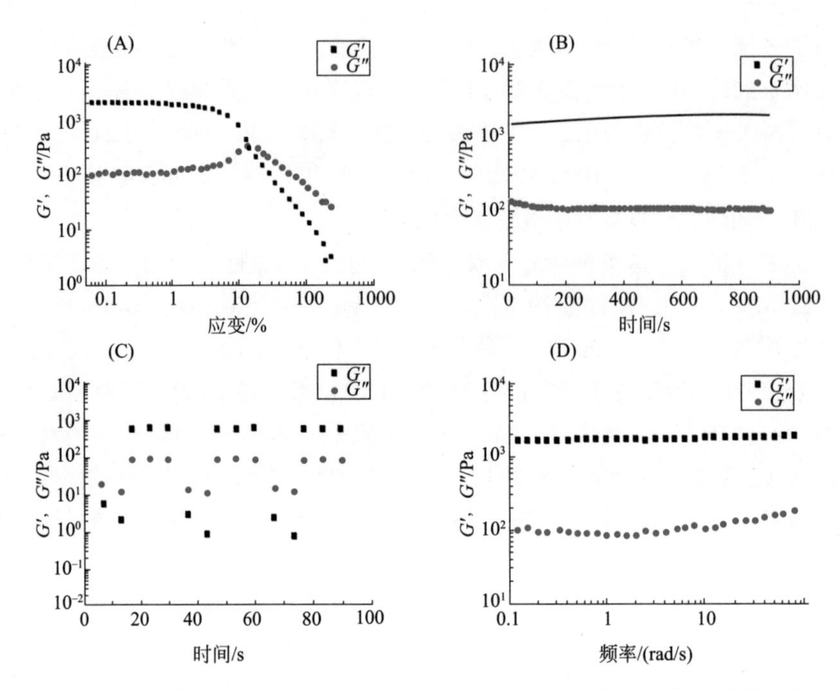

图 3-30　树状分子凝胶 BA-G_0G_3COOMe（苯甲醚，质量分数 3.0%）流变力学实验

（A）应变扫描；（B）时间扫描；（C）振荡扫描；（D）频率扫描

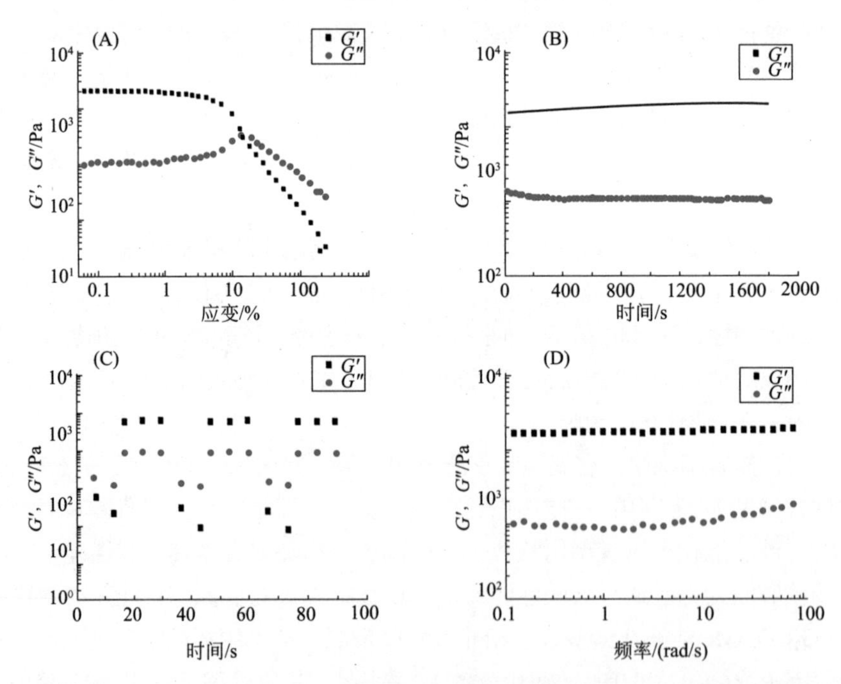

图 3-31　树状分子凝胶 BA-G_0G_3COOMe（乙酸乙酯，质量分数 1.1%）的流变力学实验

（A）应变扫描；（B）时间扫描；（C）振荡扫描；（D）频率扫描

发现其在绝大部分有机溶剂中呈现由细长纤维相互交联形成的三维网络状微观结构，进而起到“固定”溶剂分子的作用形成凝胶；通过变温核磁、紫外 - 可见吸收光谱以及粉末 X 射线衍射研究发现其中多重芳香环之间的 π-π 相互作用力是其成胶的主要驱动力之一。

另外，重点研究了这类树状分子凝胶的环境敏感特性，发现除了固有的热响应性能以外，还能够对超声、光以及触变等环境刺激产生智能响应，并伴随着宏观上凝胶和溶胶的相互转变。其中超声不仅能够促进凝胶形成，还促进组装形貌由球形聚集体向细长纤维转变；该凝胶体系在紫外光与可见光的交替照射下，能够实现凝胶态和溶液态的相互转变，同时伴随着微观形貌的变化，随后进一步通过紫外 - 可见吸收光谱以及 TLC 等手段证实了偶氮苯官能团的顺反异构化导致了凝胶相态的变化；在实验过程中意外发现这类树状分子凝胶具有灵敏的触变响应性能，随后通过流变力学实验对这一现象进行了详细的研究，并发现这一触变响应性能具有很好的重复性。因此，我们发展了首例能够同时对多种外界刺激产生智能响应的新型树状分子凝胶体系。

参考文献

[1] Natansohn A, Rochon, P. Photoinduced Motions in Azo-Containing Polymers. *Chem Rev* **2002**, *102*（11）: 4139-4175.

[2] Barrett C J, Mamiya J I, Yager K G, Ikeda T. Photo-Mechanical Effects in Azobenzene-Containing Soft Materials. *Soft Matter* **2007**, *3*（10）: 1249-1261.

[3] Junge D M, McGrath D V. Photoresponsive Azobenzene-Containing Dendrimers with Multiple Discrete States. *J Am Chem Soc* **1999**, *121*（20）: 4912-4913.

[4] Junge D M, McGrath D V. Photoresponsive dendrimers. *Chem Commun* **1997**,（9）: 857-858.

[5] Eastoe J, Sanchez-Dominguez M, Wyatt P, Heenan R K. A Photo-Responsive Organogel. *ChemCommun* **2004**,（22）: 2608-2609.

[6] Tamai N, Miyasaka H. Ultrafast Dynamics of Photochromic Systems. *Chem Rev* **2000**, *100*（5）: 1875-1890.

[7] Yager K G, Barrett C J. Novel Photo-Switching Using Azobenzene Functional Materials. *J Photochem PhotobiolA* **2006**, *182*（3）: 250-261.

[8] Gao M, Wang B, Jia X, Li W, Kuang G, Wei Y. Photo and H+ dual-responsive behaviors of azobenzene-shelled poly（aminoamine）dendrimers. *Acta Polymerica Sinica* **2008**,（1）: 32-40.

[9] Yesodha S K, Pillai C K S, Tsutsumi N. Stable Polymeric Materials for Nonlinear Optics: A Review Based on Azobenzene Systems. *ProgPolym Sci* **2004**, *29*（1）: 45-74.

[10] Deloncle R, Caminade A-M. Stimuli-responsive dendritic structures: The case of light-driven azobenzene-containing dendrimers and dendrons. *J Photochem Photobiol C-Photochem Rev* **2010**, *11*（1）: 25-45.

[11] Katsonis N, Lubomska M, Pollard M M, Feringa B L, Rudolf P. Synthetic Light-Activated Molecular Switches and Motors on Surfaces. *Prog Surf Sci* **2007**, *82*（7-8）: 407-434.

[12] Balzani V, Ceroni P, Juris A, Venturi M, Campagna S, Puntoriero F, Serroni S. Dendrimers based on photoactive

metal complexes. Recent advances. *Coord Chem Rev* **2001**, *219*, 545-572.

[13] Momotake A, Arai T. Photochemistry and photophysics of stilbene dendrimers and related compounds. *J Photochem Photobiol C-Photochem Rev* **2004**, *5*(1) : 1-25.

[14] Wang B-B, Li W-S, Jia X-R, Gao M, Jiang L, Wei Y. Photophysical and self-assembly behavior of my(amidoamine) dendrons with chromophore as scaffold: The effect of dendritic architecture. *J Polymer Sci, Part a-Polymer Chem* **2008**, *46*(13) : 4584-4593.

[15] Li Y, Jia X, Gao M, He H, Kuang G, Wei Y. Photoresponsive Nanocarriers Based on PAMAM Dendrimers with a o-Nitrobenzyl Shell. *J Polymer Sci, Part a-Polymer Chem* **2010**, *48*(3) : 551-557.

[16] Ji Y, Kuang G-C, Jia X-R, Chen E-Q, Wang B-B, Li W-S, Wei Y, Lei J. Photoreversible Dendritic Organogel. *ChemCommun* **2007**, (41) : 4233-4235.

[17] 刘志雄，冯宇，冯锋，秦君，田茂忠 . 一种新型的外修含偶氮苯官能团聚苄醚型树状分子凝胶因子合成及性能研究 . *山西大同大学学报（自然科学版）* **2020**, *36*(01) : 1-4+21.

[18] Liu Z-X, Feng Y, Yan Z-C, He Y-M, Liu C-Y, Fan Q-H.Multistimuli Responsive Dendritic Organogels Based on Azobenzene-Containing Poly (aryl ether) Dendron. *Chem Mater* **2012**, *24*(19) : 3751-3757.

[19] 刘志雄，郝晓宇，房微魏，冯宇 . 多重环境刺激响应性聚苄醚型树枝状分子凝胶制备及性能研究 . *化学通报* **2022**, *85*(01) : 78-85.

[20] Feng Y, He Y-M, Zhao L-W, Huang Y-Y, Fan Q-H. A liquid-phase approach to functionalized janus dendrimers: Novel soluble supports for organic synthesis. *Org Lett* **2007**, *9*(12) : 2261-2264.

[21] Feng Y, Liu Z-T, Liu J, He Y-M, Zheng Q-Y, Fan Q-H. Peripherally Dimethyl Isophthalate-Functionalized Poly (benzyl ether) Dendrons: A New Kind of Unprecedented Highly Efficient Organogelators. *J Am Chem Soc* **2009**, *131*(23) : 7950-+.

[22] Tu T, Assenmacher W, Peterlik H, Weisbarth R, Nieger M, Dötz K H. An Air-Stable Organometallic Low-Molecular-Mass Gelator: Synthesis, Aggregation, and Catalytic Application of a Palladium Pincer Complex. *AngewChemInt Ed* **2007**, *46*(33) : 6368-6371.

[23] Fernández G, Sánchez L, Pérez E M, Martín N. Large exTTF-Based Dendrimers. Self-Assembly and Peripheral Cooperative Multiencapsulation of C60. *J Am Chem Soc* **2008**, *130*(32) : 10674-10683.

[24] Lu W, Law Y-C, Han J, Chui S S-Y, Ma D-L, Zhu N, Che C-M. A Dicationic Organoplatinum (Ⅱ) Complex Containing a Bridging 2, 5-Bis- (4-ethynylphenyl) - [1, 3, 4] oxadiazole Ligand Behaves as a Phosphorescent Gelator for Organic Solvents. *Chem-Asian J* **2008**, *3*(1) : 59-69.

[25] van Esch J, Schoonbeek F, de Loos M, Kooijman H, Spek A L, Kellogg R M, Feringa B L. Cyclic Bis-Urea Compounds as Gelators for Organic Solvents. *Chem Eur J* **1999**, *5*(3) : 937-950.

[26] Terech P, Pasquier D, Bordas V, Rossat C. Rheological Properties and Structural Correlations in Molecular Organogels. *Langmuir* **2000**, *16*(10) : 4485-4494.

[27] Percec V, Peterca M, Yurchenko M E, Rudick J G, Heiney P A. Thixotropic Twin-Dendritic Organogelators. *Chem Eur J* **2008**, *14*(3) : 909-918.

[28] Zinic M, Vogtle F, Fages F. Cholesterol-based gelators.*Top Curr Chem* **2005**, *256*:**39-76.**

[29] Ajayaghosh A, George S J. First Phenylenevinylene Based Organogels: Self-Assembled Nanostructures via Cooperative Hydrogen Bonding and π-Stacking. *J Am Chem Soc* **2001**, *123*(21) : 5148-5149.

[30] Hu J, Zhang D, Jin S, Cheng S Z D, Harris F W. Synthesis and Properties of Planar Liquid-Crystalline Bisphenazines. *Chem Mater* **2004**, *16*(24) : 4912-4915.

[31] Lee D-C, McGrath K K, Jang K. Nanofibers of asymmetrically substituted bisphenazine through organogelation and their acid sensing properties. *Chem Commun* **2008**, (31) : 3636-3638.

[32] Yang X, Zhang G, Zhang D. Stimuli responsive gels based on low molecular weight gelators. *J Mater Chem* **2012**, *22*(1) : 38-50.

[33] Yerushalmi R, Scherz A, van der Boom, M E, Kraatz, H B. Stimuli responsive materials: new avenues toward

smart organic devices. *J Mater Chem* **2005**, *15*(42): 4480-4487.

[34] Kim H J, Lee J H, Lee M. Stimuli-responsive gels from reversible coordination polymers. *Angew Chem Int Ed* **2005**, *44*(36): 5810-5814.

[35] Zhao G-Z, Chen L-J, Wang W, Zhang J, Yang G, Wang D-X, Yu Y, Yang H-B. Stimuli-Responsive Supramolecular Gels through Hierarchical Self-Assembly of Discrete Rhomboidal Metallacycles. *Chem Eur J* **2013**, *19*(31): 10094-10100.

[36] Yan X, Wang F, Zheng B, Huang F. Stimuli-responsive supramolecular polymeric materials. *Chem Soc Rev* **2012**, *41*(18): 6042-6065.

[37] Bardelang D. Ultrasound induced gelation: a paradigm shift. *Soft Matter* **2009**, *5*(10): 1969-1971.

[38] Cravotto G, Cintas P. Molecular self-assembly and patterning induced by sound waves. The case of gelation. *Chem Soc Rev* **2009**, *38*(9): 2684-2697.

[39] Yu X, Chen L, Zhang M, Yi T. Low-Molecular-Mass Gels Responding to Ultrasound and Mechanical Stress: Towards Self-Healing Materials. *Chem Soc Rev* **2014**.

[40] Li S, McGrath D V. Effect of Macromolecular Isomerism on the Photomodulation of Dendrimer Properties. *J Am Chem Soc* **2000**, *122*(28): 6795-6796.

第4章 基于配位作用的环境敏感型聚芳醚树状分子金属凝胶

超分子凝胶的形成是多种弱相互作用力（诸如氢键、静电相互作用、疏溶剂作用、π-π 相互作用等）协同作用的过程[1]，目前超分子化学中涉及的诸多非共价键作用几乎都在超分子凝胶的形成过程中得到了体现，其中氢键型超分子凝胶是研究最为广泛的一种[2]；而另外一种常见的非共价键相互作用——配体和金属之间的配位作用则在超分子凝胶中研究得较少[3,4]。事实上，相对于其他非共价键作用驱动的超分子凝胶，配位键诱导的超分子凝胶的研究起步较晚，直到最近几年才逐渐得到重视。推动这种研究兴趣的动力在于金属带给超分子凝胶的全新性质：一方面金属 - 配体配位作用可以有效地调控组装过程；另一方面，金属中心的引入赋予了金属凝胶某些金属的功能，例如光电、催化、氧化还原等性质。

超分子金属凝胶根据其是否存在结构明确的凝胶因子，大致可以分为如下两大类：①金属离子和有机小分子预先形成金属络合物，通过有机小分子配体间的某些弱相互作用（诸如氢键、疏溶剂效应、π-π 相互作用等）以及金属配体配位键协同作用，从而形成凝胶；②金属离子和小分子配体（通常是多齿配体）通过配位作用，形成超分子金属聚合物，进而形成凝胶。其中，前一种超分子金属凝胶存在结构明确的凝胶因子，它往往是由小分子配体和金属离子通过配位键形成稳定的金属络合物；而后一种组装过程极其复杂而且不一定能够形成结构明确的凝胶因子。

树状分子是一类具有规整、精致三维立体结构的超支化大分子；其分子体积、形状和功能可在分子水平精确设计和调控。而树状分子由于其高度对称的几何结构、丰富的官能团、独特的内部空腔等特点，可以方便地在树状分子的不同位置（例如核心、枝上、末端等）引入金属离子，进而有效地调控树状分子性能并赋予树状分子某些全新的性质：诸如催化、传感、光电等性质。目前，金属树状分子已经在催化、纳米医学、传感等领域得到了广泛应用[5-8]。而有关金属树状分子在组装[9-12]，尤其是超分子凝胶中应用的报道还不多。

4.1 银离子调控的聚芳醚型树状分子金属凝胶

吡啶官能团由于兼具芳香性和叔胺等特性，使得吡啶衍生物表现出了突出的 π-π 堆积倾向性，良好的亲溶剂效应以及方便、多样的可修饰性；另外，其强烈的质子化、季铵盐化以及易与金属离子配位等特点使得吡啶配体成为首选配体。因此，在这类外围间苯二甲酸二甲酯功能化的聚苄醚型树状分子核心引入吡啶官能团，进而跟金属离子配位，一方面通过配位键来有效地调控这类树状分子的组装行为，另一方面进一步研究这类金属凝胶所具有的独特功能。

我们课题组[13, 14]通过在不同代数聚芳醚型树状分子核心引入吡啶官能团，构筑了一类核心吡啶功能化的树状分子凝胶因子。由于银离子和吡啶氮原子强烈的亲和性、线性配位方式以及方便易得等特性，其成为首选金属离子，考虑到大部分银盐在有机溶剂中溶解性较差的问题，我们选择了在很多有机溶剂中有较好溶解性能的三氟甲磺酸银（AgOTf）作为银源。下面对该类树状分子金属化配合物的成凝胶性能、微观形貌、成凝胶驱动力、刺激响应性能和作为模板制备金属纳米粒子做详细介绍。

4.1.1 树状分子配体及其金属配合物的合成及表征

（1）树状分子配体 Pyr－G_n 的合成

通过不同代数的树状分子片段[15, 16] HO-G_nCOOMe（n=0 ～ 2）和 4- 氯甲基吡啶盐酸盐简单的亲核取代反应，即可以以较高的收率得到目标产物。随着树状分子片段 HO-G_nCOOMe 代数的增大，其在丙酮中的溶解性变差，因此改用溶解性更好的 DMF 作为溶剂；反应完全后，加入水沉淀，得到粗产物，再用甲醇沉淀，即可得到较纯的目标产物（图 4-1）。

化合物 4-1： 产率 88%。^{1}H NMR（300MHz，氘代氯仿）δ：3.95（s, COOCH_3, 6H），5.18（s, PyCH_2O, 2H），7.39（d, J=5.4Hz, PyH, 2H），7.83（s, ArH, 2H），8.33（s, ArH, 1H），8.65（d, J=5.4Hz, PyH, 2H）。^{13}C NMR（75MHz，氘代氯仿）δ：165.9，158.2，149.8，145.6，132.0，123.7，121.6，120.0，68.5，52.5。HRMS-ESI（m/z）：［M+H］$^+$，$C_{16}H_{16}NO_5$，理论值 302.10230，实测值 302.10230。元素分析（%）：$C_{16}H_{15}NO_5$，C 63.78，H 5.02，N 4.65（理论值）；C 63.28，H 5.00，N 4.49（实测值）。

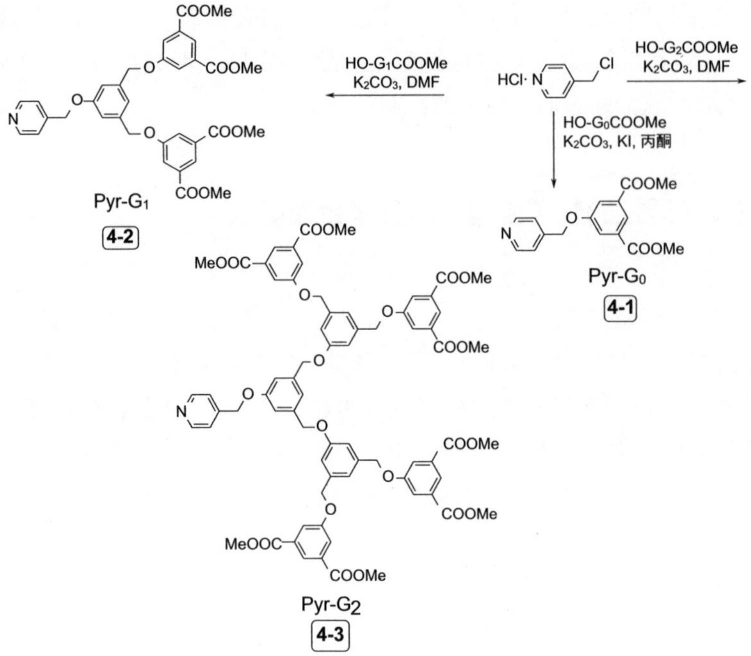

图 4-1　树状分子凝胶因子 Pyr-G_n 的合成路线

核心修饰有吡啶官能团的树状分子配体 Pyr-G_n 的通用合成部骤：于装有搅拌磁子的 50mL 圆底烧瓶中，依次加入碳酸钾（K_2CO_3）（3.0equiv）、4- 氯甲基吡啶盐酸盐（1.0equiv）、HO-G_n-COOMe（1.1equiv）以及 60mL 丙酮或者 10mLDMF。反应体系加热回流过夜。TLC 检测，反应完全后，减压旋除溶剂，加入 50mL 水和 50mL 二氯甲烷（CH_2Cl_2），水相再用二氯甲烷（3×50mL）萃取三次，合并的有机相用饱和氯化钠（NaCl）溶液洗涤一次，加入无水硫酸钠（Na_2SO_4）干燥 0.5h，过滤，旋干。柱色谱法纯化得白色产物。

化合物 4-2： 产率 67%。^{1}H NMR（300MHz，氘代氯仿）δ：3.94（s, COOCH_3, 12H），5.14（s, ArCH_2O, 4H），5.16（s, PyCH_2O, 2H），7.04（s, ArH, 2H），7.15（s, ArH, 1H），7.45（d, J=5.1Hz, PyH, 2H），7.83（s, ArH, 4H），8.30（s, ArH, 2H），8.64（d, J=5.1Hz, PyH, 2H）。^{13}C NMR（75MHz，氘代氯仿）δ：166.0，158.8，158.5，149.8，146.2，138.4，131.9，123.4，121.6，120.1，119.2，113.4，69.9，68.2，52.5。HRMS-ESI（m/z）：［M+H］$^+$，$C_{34}H_{32}NO_{11}$，理论值 630.19699，实测值 630.19817。元素分析（%）：$C_{34}H_{31}NO_{11}$，C 64.86，H 4.96，N 2.22（理论值）；C 64.45，H 4.97，N 2.23（实测值）。

化合物 4-3： 产率 97%。^{1}H NMR（600MHz，氘代氯仿）δ：3.93（s, COOCH_3, 24H），5.09（s, ArCH_2O, 4H），5.13（s, ArCH_2O+PyCH_2O, 10H），7.02（s, ArH, 2H），7.04（s, ArH, 4H），7.13（s, ArH, 2H），7.14（s, ArH, 1H），7.41（d,

J=4.8Hz, Py*H*, 2H），7.82（d, *J*=1.2Hz, Ar*H*, 8H），8.29（s, Ar*H*, 4H），8.62（d, *J*=4.2Hz, Py*H*, 2H）。^{13}C NMR（75MHz，氘代氯仿）δ：166.0，159.2，158.7，158.6，149.8，146.1，138.9，138.2，131.8，123.3，121.6，120.0，119.0，118.8，113.4，113.2，70.0，69.7，68.1，52.4。HRMS-ESI（*m/z*）：[M+H]$^+$，$C_{70}H_{64}NO_{23}$，理论值 1286.38636，实测值 1286.38545。元素分析（%）：$C_{70}H_{63}NO_{23}$，C 65.36，H 4.94，N 1.09（理论值）；C 65.04，H 5.06，N 1.18（实测值）。

（2）树状分子金属配合物 Pyr-G_n/Ag 的合成

称量一定量的 Pyr-G_n（*n*=0～2）树状分子溶于无水无氧的 $CHCl_3$ 中，在氮气保护下，缓慢加入溶于无水无氧 MeOH 中 0.5equiv AgOTf 溶液，油浴控温 60℃，避光反应 3h，冷却至室温，减压旋除多余溶剂，得白色固体（图 4-2）。

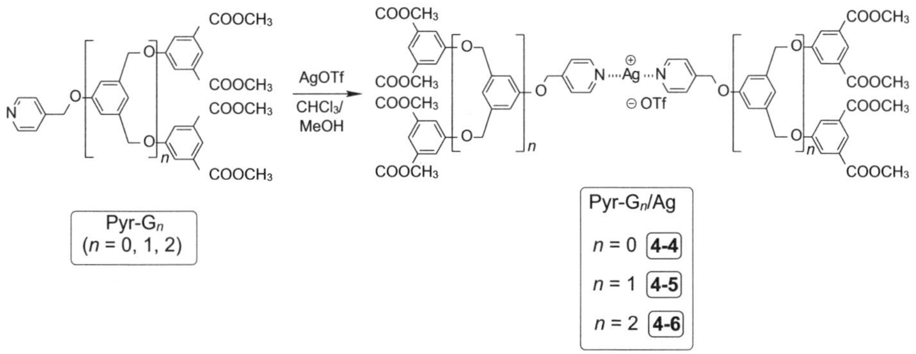

图 4-2　树状分子金属配合物 Pyr-G_n/Ag 的合成路线

树状分子金属配合物 Pyr-G_n/Ag 的通用合成步骤：于装有搅拌磁子的 50mL 圆底烧瓶中加入溶于 10mL 氯仿（$CHCl_3$）的树状分子配体 Pyr-G_n（1.0equiv），在氮气氛围下，缓慢滴入溶于 1.0mL 无水甲醇的三氟磺酸银（AgOTf，0.5equiv）溶液，体系逐渐变浑浊，室温继续搅拌 5h，整个反应过程需在避光环境中进行。减压旋除溶剂，得白色固体产物。

化合物 4-4： 产率：99%。^{1}H NMR（300MHz，氘代二甲亚砜）δ：3.89（s, COOC*H*$_3$, 12H），5.36（s, PyC*H*$_2$O, 4H），7.53（d, *J*=6.0Hz, Py*H*, 4H），7.80（d, *J*=1.5Hz, Ar*H*, 4H），8.11（s, Ar*H*, 2H），8.60（d, *J*=6.0Hz, Py*H*, 4H）。^{13}C NMR（75MHz，氘代二甲亚砜）δ：165.0，158.1，150.4，146.7，131.6，122.3，122.1，119.6，67.9，52.6。HRMS-ESI（*m/z*）：[M-OTf]$^+$，$C_{32}H_{30}AgN_2O_{10}$，理论值：709.09459；实测值：709.09406。元素分析（%）：$C_{33}H_{30}AgF_3N_2O_{13}S$，C 46.11，H 3.52，N 3.26（理论值）；C 45.99，H 3.64，N 3.35（实测值）。

化合物 4-5： 产率 100%。^{1}H NMR（300MHz，氘代氯仿）δ：3.93（s, COOC*H*$_3$, 24H），5.09（s, ArC*H*$_2$O, 8H），5.14（s, PyC*H*$_2$O, 4H），7.00（s, ArH, 4H），7.15（s,

ArH, 2H），7.52（d, J=6.0Hz, PyH, 4H），7.79（d, J=0.9Hz, ArH, 8H），8.26（s, ArH, 4H），8.75（d, J=6.3Hz, PyH, 4H）。^{13}C NMR（75MHz，氘代氯仿）δ：166.0，158.4，158.3，152.0，149.2，138.6，131.8，123.4，122.4，120.0，119.3，113.1，69.7，67.5，52.5。HRMS-ESI（m/z）：[M-OTf]$^+$，$C_{68}H_{62}AgN_2O_{22}$，理论值 1365.28397，实测值 1365.28074。

化合物 4-6：产率：100%。^{1}H NMR（300MHz，氘代二甲亚砜）δ：3.85（s, COOCH_3, 48H），5.11（s, ArCH_2O, 8H），5.18（s, ArCH_2O+PyCH_2O, 20H），7.07（s, ArH, 12H），7.13（s, ArH, 6H），7.41（d, J=4.2Hz, PyH, 4H），7.69（s, ArH, 16H），8.02（s, ArH, 8H），8.54（d, J=4.2Hz, PyH, 4H）。^{13}C NMR（75MHz，氘代氯仿）δ：165.9，159.3，158.7，158.5，150.8，150.0，139.3，138.4，132.0，123.4，122.7，120.2，119.3，118.9，113.6，113.2，70.1，69.8，67.8，52.3。HRMS-ESI（m/z）：[M-OTf]$^+$，$C_{140}H_{126}AgN_2O_{46}$，理论值 2677.66272；实测值 2677.66311。

（3）树状分子配体和 AgOTf 的配位研究

从图 4-3 可以看出，当树状分子 Pyr-G_2 上的吡啶官能团和银离子（AgOTf）配位后，吡啶芳香环上的 α 位质子（H_f）和 β 位质子（H_e）的化学位移均明显地向低场位移，说明树状分子配体和银离子形成了配合物。

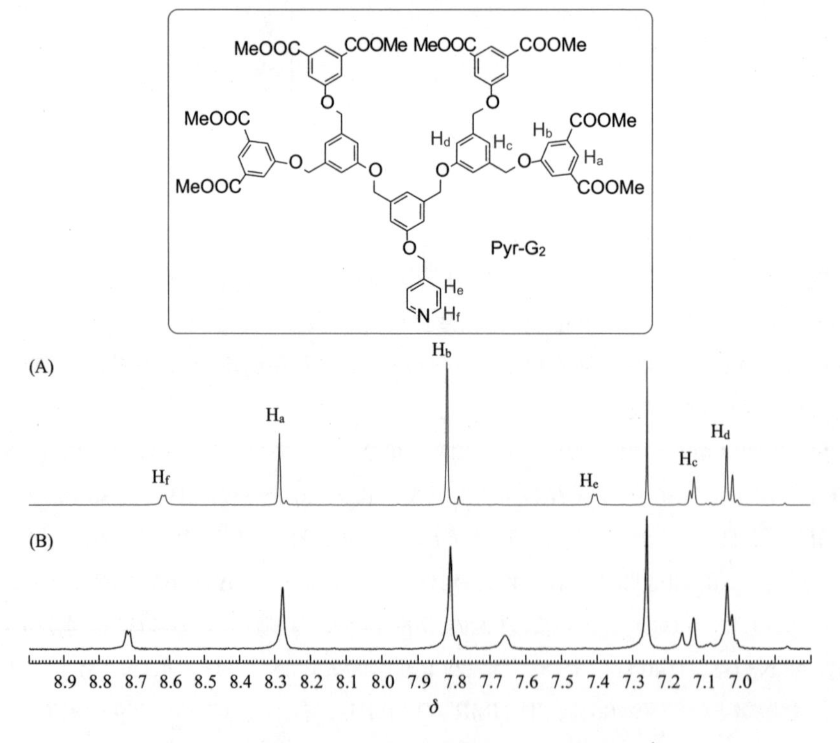

图 4-3　树状分子配体 Pyr-G_2 配位前（A）和配位后（B）的芳香区 ^{1}H NMR 谱图

4.1.2 树状分子配体及其金属配合物成凝胶性能及微观形貌研究

（1）成凝胶性能

从表4-1可以看出，相对于树状分子配体Pyr-G_n，树状分子金属配合物Pyr-G_n/Ag表现出了更优异的成胶性能：一方面，其成胶溶剂的广谱性大大拓宽了；另一方面，成凝胶所需的临界凝胶因子浓度则明显下降。

树状分子配体Pyr-G_0由于其良好的溶解性，在所测试的所有溶剂中均呈溶解状态而不能成凝胶，但是其对应的树状分子金属配合物Pyr-G_0/Ag则可以在少数有机溶剂（如甲苯、乙酸乙酯以及甲醇）中成凝胶，但是其临界凝胶因子浓度均大于30mg/mL，在其他大部分溶剂中，由于其较差的溶解性，而不能成凝胶。

有意思的是，当其代数增大一代后，树状分子配体Pyr-G_1可以在很少数的有机溶剂（甲苯、乙酸乙酯等）中形成浑浊凝胶，且其临界凝胶因子浓度均高达20mg/mL，而在其他大部分测试的有机溶剂中都不能成胶：在二氯甲烷、氯仿、四氢呋喃、1,2-二氯乙烷等极性有机溶剂中，由于其良好的溶解性，呈澄清的溶液状态；在2-己酮、乙二醇单甲醚等极性溶剂中尽管加热能够溶解，冷却至室温后，却析出沉淀；而在甲醇、乙醇等极性质子溶剂中由于其溶解性很差，不能成凝胶；但是其对应的树状分子金属配合物Pyr-G_1/Ag则几乎能够使我们测试的所有有机溶剂凝胶化，甚至能够在二氯甲烷、1,2-二氯乙烷等极性溶剂以及甲醇、乙醇等极性质子溶剂中形成稳定的半透明凝胶，且在大部分有机溶剂中其临界凝胶因子浓度低于10mg/mL，在乙醇溶剂中的临界凝胶因子浓度可达1.7mg/mL，相当于跟银离子配位后，每个树状分子可以使大约1.1×10^4个乙醇溶剂分子凝胶化。

◆ 表4-1 树状分子及树状分子金属配合物成凝胶性能测试

溶剂	Pyr-G_0/Ag	Pyr-G_0	Pyr-G_1/Ag	Pyr-G_1	Pyr-G_2/Ag	Pyr-G_2
甲苯	G（35.2）	S	G（6.0）	G（22.4）	G（5.0）	G（17.8）
苯甲醚	PG	S	G（5.0）	PG	G（3.5）	G（25.6）
苯甲醇	I	S	G（3.8）	PG	G（5.7）	PG
乙酸乙酯	G（38.5）	S	G（5.9）	G（19.0）	G（4.4）	P
丙酮	PG	S	G（3.4）	G（30.0）	G（3.0）	P
2-己酮	I	S	G（3.0）	P	G（2.6）	G（11.9）
四氢呋喃	I	S	G（37.3）	S	G（2.7）	S
二氯甲烷	I	S	G（6.6）	S	G（14.0）	S
三氯甲烷	I	S	S	S	G（19.1）	S
1,2-二氯乙烷	I	S	G（5.4）	S	G（3.0）	S
1,1,2,2-四氯乙烷	I	S	S	S	G（7.3）	S

续表

溶剂	$Pyr-G_0/Ag$	$Pyr-G_0$	$Pyr-G_1/Ag$	$Pyr-G_1$	$Pyr-G_2/Ag$	$Pyr-G_2$
甲醇	G(33.3)	S	G(1.9)	I	G(5.1)	I
乙醇	PG	S	G(1.7)	I	G(5.6)	I
乙二醇单甲醚	PG	S	G(7.5)	P	G(2.0)	G(11.0)
四氢呋喃/甲醇=3/1	I	S	G(3.6)	P	G(3.8)	G(19.7)
四氢呋喃/水=3/1	I	S	G(4.1)	P	G(7.2)	G(11.2)
二氯甲烷/甲醇=3/1	I	S	G(6.4)	G(36.0)	G(9.4)	S
1-丁基-3-甲基咪唑六氟化磷盐([Bmim]PF_6)	S	S	S	G(19.0)	G(3.2)	G(2.8)

注：1. 括号中的数值为临界凝胶因子浓度，单位为 mg/mL。

2.G—凝胶；PG—部分胶状体；P—析出沉淀；S—澄清溶液；I—开始加热时不溶。详见 3.1.2 节。

随着树状分子代数的进一步增大，$Pyr-G_2$ 树状分子成胶性能有了进一步的提升，但成胶溶剂种类依然有限，只能在 7 种溶剂中形成凝胶，临界凝胶因子浓度也较高；而其对应的树状分子金属配合物 $Pyr-G_2/Ag$ 则能够在所有测试的 18 种有机溶剂中很好地成胶，同时临界凝胶因子浓度也有了显著的下降，相对于 $Pyr-G_1/Ag$ 配合物，也表现出了更好的成胶效果。

有意思的是我们发现 $Pyr-G_2/Ag$ 甚至能够在离子液体[Bmim]PF_6 中以很低浓度成凝胶，其相应的配体 $Pyr-G_2$ 以及 $Pyr-G_1$ 同样也能够形成稳定凝胶。

总之，随着树状分子代数的增大，不论是树状分子配体还是树状分子金属配合物，其成凝胶性能明显增强。相比于树状分子配体，树状分子金属配合物成凝胶的溶剂种类有了明显的增加，而临界凝胶因子浓度却显著下降；这说明银离子和吡啶官能团之间形成的配位键，显著增强了这类树状分子的成凝胶性能。

(2) 微观形貌

我们利用 SEM 和 TEM 研究了树状分子 $Pyr-G_n$ 配位前后其溶液以及相应凝胶的微观形貌(图 4-4)。

从图 4-4 可以看出，配位前，不同代数的树状分子在 THF 中呈现了不同的微观形貌：$Pyr-G_0$ 树状分子在四氢呋喃中形成了宽度在 1 ～ 5μm 的片层状微观结构[图 4-4(A)与图 4-4(B)]；$Pyr-G_1$ 树状分子则呈现直径在 200 ～ 800nm 之间，长度达几十微米的扁平的、尺寸分布不均一的带状结构，进而相互交联形成松散的网络状形貌[图 4-4(C)与图 4-4(D)]；而 $Pyr-G_2$ 树状分子形成了直径在 100 ～ 500nm，长度可达几十微米的细长纤维，从而相互缠绕形成松散的网络状形貌[图 4-4(E)与图 4-4(F)]。

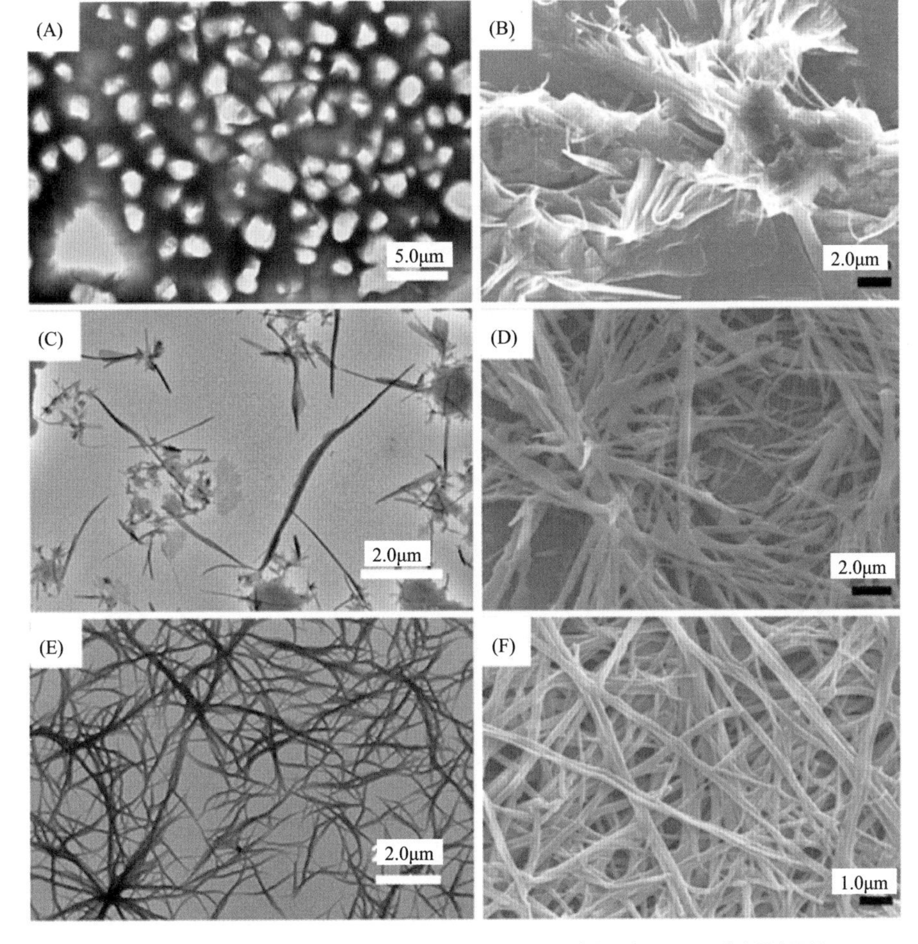

图 4-4　树状分子 Pyr-G_n 在 THF 中组装体的 TEM（左图）和 SEM（右图）照片

其中（A）、（B）为 Pyr-G_0，（C）、（D）为 Pyr-G_1，（E）、（F）为 Pyr-G_2

跟 AgOTf 配位后，对其微观形貌产生了明显的影响（图 4-5）：与 Pyr-G_0 树状分子相比，Pyr-G_0/Ag 配合物组装成了直径在 500nm ～ 2.0μm 之间，长度可达几十微米甚至几毫米的笔直且扁平的带状结构［图 4-5（A）与图 4-5（B）］；而 Pyr-G_1/Ag 配合物则形成了直径在 100 ～ 200nm 的笔直且细长的纤维，纤维间进一步相互平行交联，形成了更粗的，直径达 500 ～ 900nm 的纤维聚集体，进而相互交联形成相对松散的网络状结构［图 4-5（C）与图 4-5（D）］；而随着树状分子代数的增大，Pyr-G_2/Ag 配合物自组形成的纤维直径更细，直径在 50 ～ 200nm 之间，并且具有很强的柔性，长度达几十微米，这些柔软的细长柔性纤维进一步相互缠绕交联，形成非常致密的近乎完美的三维网络状结构［图 4-5（E）与图 4-5（F）］。

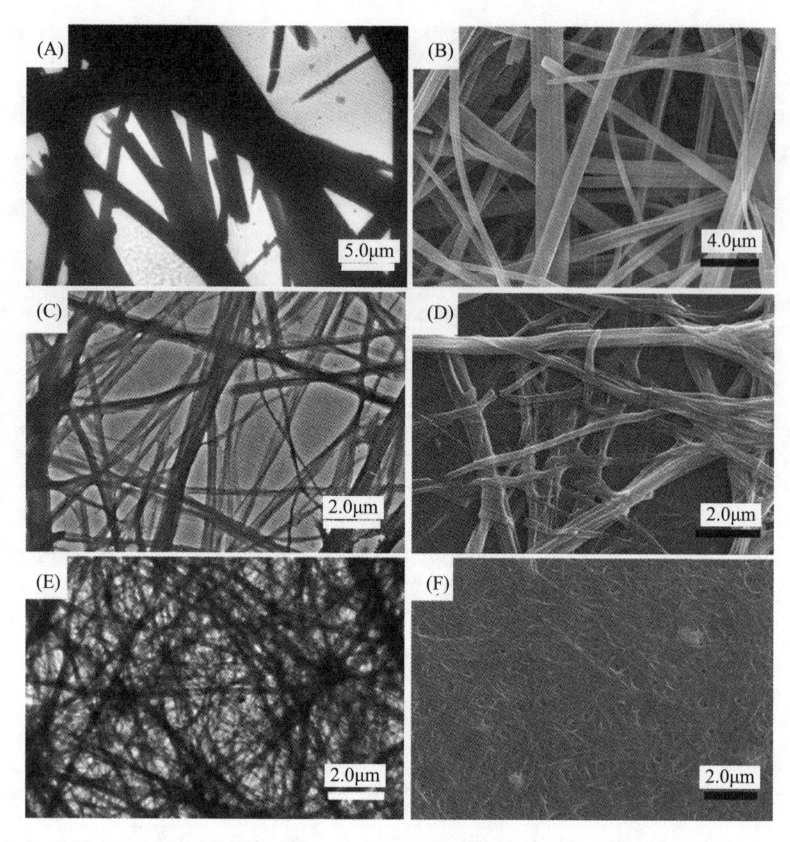

图 4-5　树状分子金属配合物 Pyr-G_n/Ag 在 THF 中干凝胶的 TEM（左图）和 SEM（右图）照片

其中（A）、（B）为 Pyr-G_0/Ag，（C）、（D）为 Pyr-G_1/Ag，（E）、（F）为 Pyr-G_2/Ag

微观形貌变化，从纳米级的尺度上解释了树状分子跟 AgOTf 配位后凝胶性能的变化，以及树状分子代数和凝胶性能之间的关系。就 Pyr-G_0/Ag 而言，配位键诱导形成了具有结晶倾向性的刚性带状结构；而一代树状分子配合物 Pyr-G_1/Ag 和二代树状分子配合物 Pyr-G_2/Ag，促进了由柔性纤维相互缠绕交联构成的致密三维网络的形成，从而有效地提高其成胶性能。且随着树状分子代数的增加，有利于形成更具柔性、细长的纤维，倾向于形成交联度很高的密集网络状结构，进一步提高成胶性能。

随后，我们进一步考察了高代数树状分子配合物 Pyr-G_1/Ag 和 Pyr-G_2/Ag 在其他不同有机溶剂中的微观形貌，从图 4-6 和图 4-7 可以看出这类树状分子金属凝胶在大部分有机溶剂中都形成了直径在 200 ～ 800nm 的细长纤维，且纤维之间相互交联缠绕形成了三维网络状微观结构，进而起到“固定”溶剂分子形成凝胶的作用。因此我们可以看出，通过配位键不仅可以方便地调控树状分子凝胶的成胶性能，还可以有效地调节其组装模式和微观形貌。

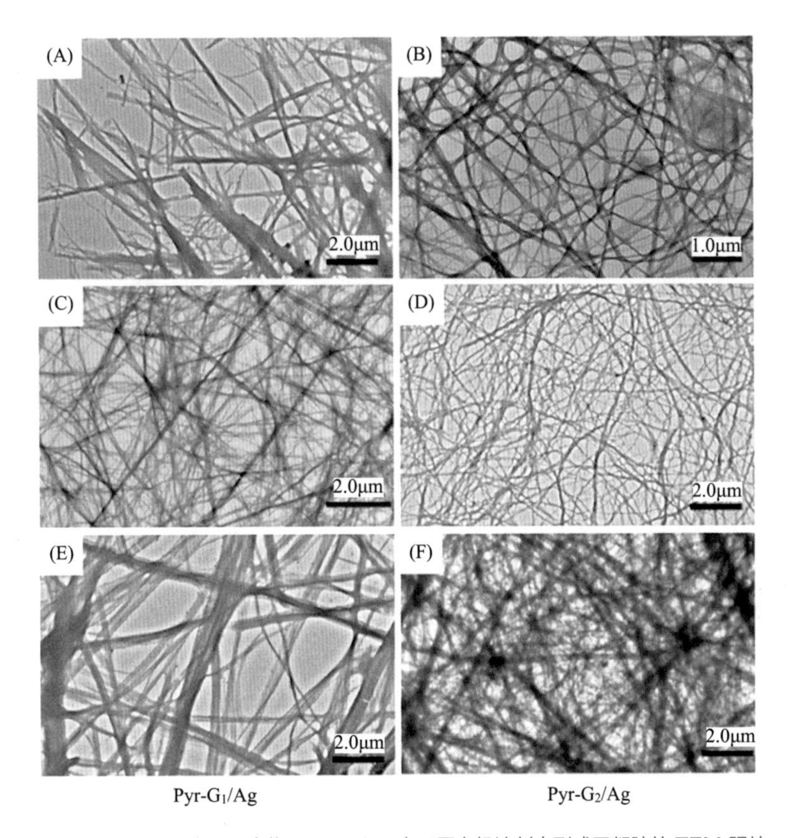

图 4-6　树状分子金属配合物 Pyr-G_n/Ag 在不同有机溶剂中形成干凝胶的 TEM 照片

从上到下依次为甲苯（A、B）、丙酮（C、D）、四氢呋喃（E、F）

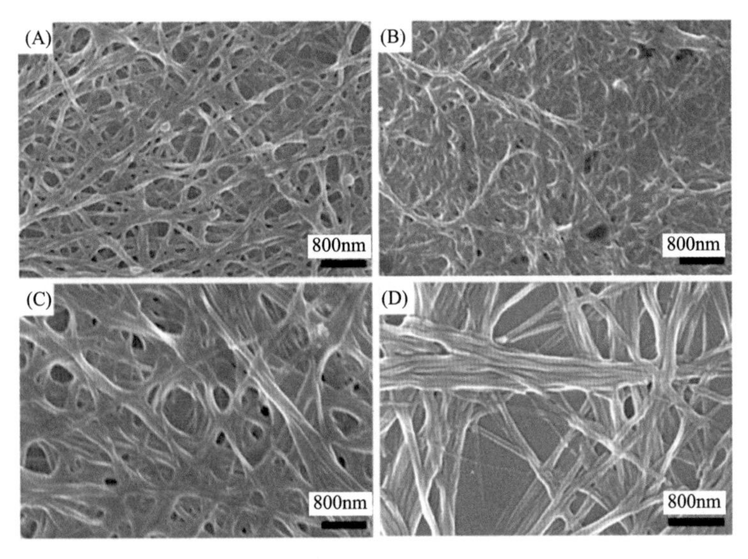

图 4-7

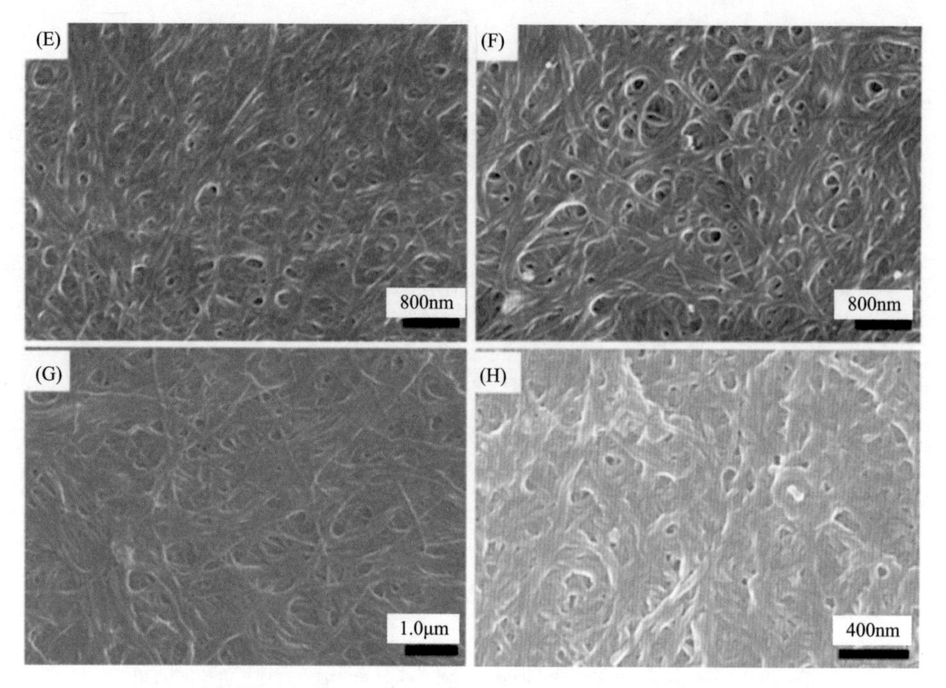

图 4-7 树状分子金属配合物 Pyr-G_n/Ag 在不同有机溶剂中干凝胶的 SEM 照片

其中（A）～（H）依次为 Pyr-G_1/Ag 在甲醇（A）、THF/H_2O（3/1，体积比）（B）、1,2- 二氯乙烷（C）、丙酮（D）和 Pyr-G_2/Ag 在 1,2- 二氯乙烷（E）、THF/MeOH（3/1，体积比）（F）、丙酮（G）、甲醇（H）中的微观形貌图片

4.1.3 树状分子配体及其金属配合物成凝胶驱动力研究

通过前面的分析可以看出：添加 AgOTf 后，由于 Ag 和吡啶官能团之间形成了配位键，有效地改善了这类树状分子成胶性能，不仅使得成胶溶剂的种类有了明显的增加，而且临界凝胶因子浓度也显著下降。随后，我们通过基于溶剂滴定实验、温度变化的核磁共振氢谱以及粉末 X 射线衍射等手段进一步研究了树状分子金属配合物成凝胶机理。

（1）溶剂滴定实验

已有文献报道，强烈的疏溶剂效应可以有效地促进芳香环之间的 π-π 相互作用力[17-19]，因此首先研究了 Pyr-G_1/Ag 在氘代氯仿 /CCl_4 混合溶剂中 π-π 相互作用力。从图 4-8 可以看出，随着成胶溶剂 CCl_4 比例的增大，树状分子金属配合物 Pyr-G_1/Ag 芳香环上质子的化学位移均向高场位移，且吡啶环上的 α 位质子（H_f）和 β 位质子（H_e）的化学位移位移最为明显，而其他芳香环上质子的化学位移位移则并不明显，且当氘代氯仿 /CCl_4=1/1（体积比）时，其裂分峰明显变宽，表明树状分子金属配合物彼此组装形成凝胶。这说明强的疏溶剂作用能够促进吡啶芳香环之间的 π-π 相互作用力。

Pyr-G$_1$/Ag

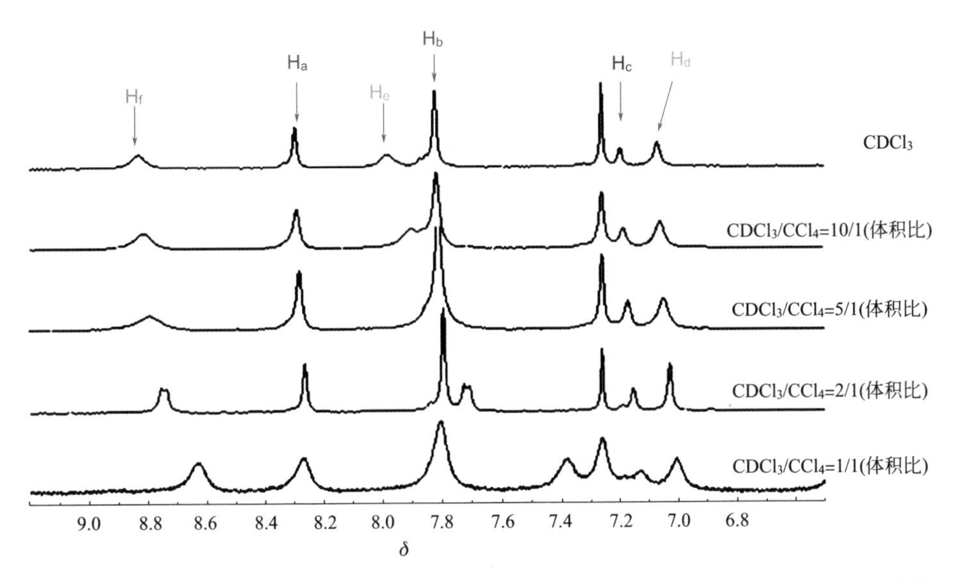

图 4-8　树状分子金属配合物 Pyr-G$_1$/Ag 在氘代氯仿 /CCl$_4$（体积比）混合溶剂中随着 CCl$_4$ 比例变化的芳香区 ^{1}H NMR（TMS 作为内标）

其中 Pyr-G$_1$/Ag 浓度为 10mg/mL，其中在氘代氯仿 /CCl$_4$=1/1（体积比）溶剂中形成稳定凝胶

（2）基于温度变化的核磁共振氢谱

采用跟前面相似的方法，同样研究了 Pyr-G$_2$/Ag 树状分子金属凝胶基于温度变化的氢谱，从图 4-9 中可以看出，随着温度的升高，树状分子外围间苯二甲酸二甲酯芳环的质子（H$_a$ 和 H$_b$）以及内层相对富电子芳环的质子（H$_c$ 和 H$_d$）的化学位移向低场移动，这表明树状分子外围缺电子芳环和内层相对富电子芳环之间的 **π-π** 相互作用同样对于其成胶起了很重要的作用。除此之外，其核心吡啶芳环上的质子（H$_e$）却向高场发生了位移。这说明，该类金属凝胶除了树状分子多重芳环之间的 **π-π** 相互作用以外，其核心吡啶芳环和 Ag 形成的配位键同样可能促进了其他某些弱相互作用（如静电相互作用等）。

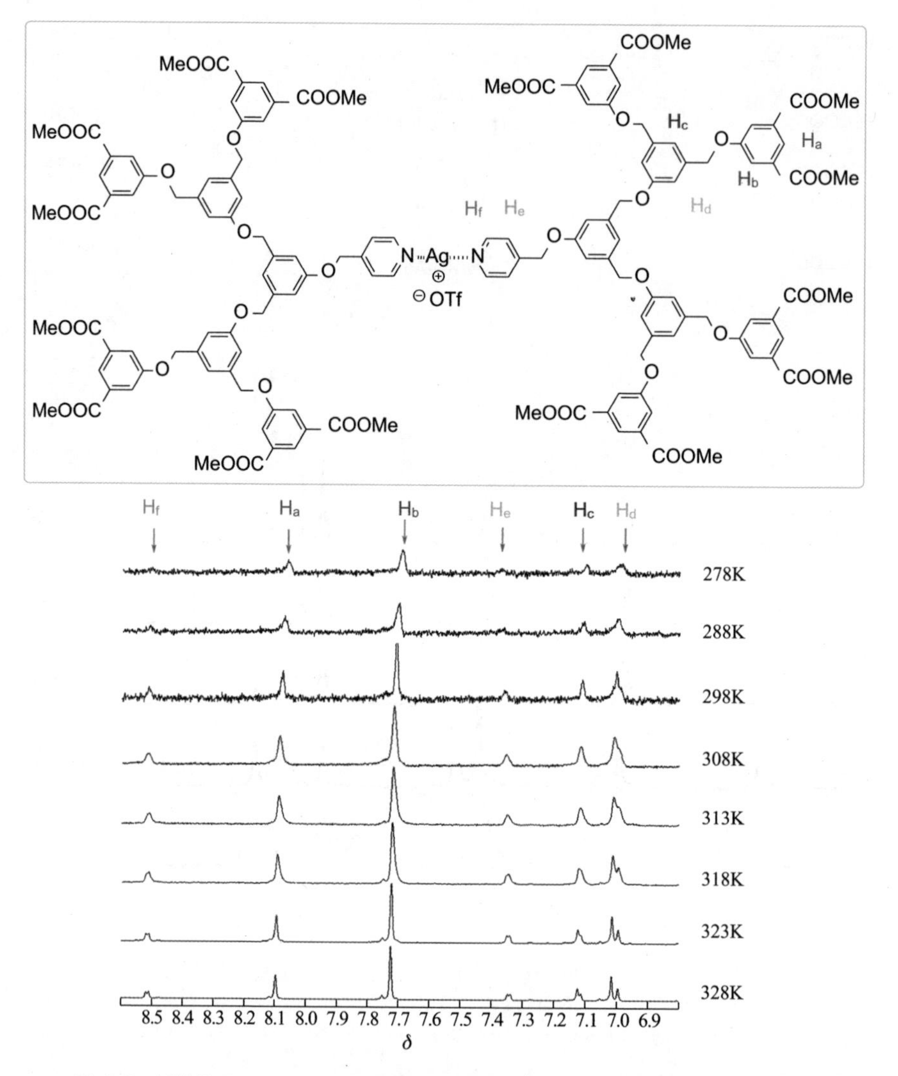

图 4-9　树状分子 Pyr-G_2/Ag 凝胶在芳香区的变温 ^{1}H NMR（600MHz，CD_3CN）

（3）广角 X 射线粉末衍射

最后，利用广角 X 射线粉末衍射研究了 Pyr-G_1 树状分子凝胶配位前后，其形成干胶的组装模式以及相互作用力，从图 4-10 可以看出，不管是树状分子配体 Pyr-G_1 还是树状分子金属配合物 Pyr-G_1/Ag，其干胶在 2θ=25.4° 左右有一个明显的衍射峰，其对应的距离刚好为 3.5Å，刚好是 π-π 相互作用力的有效范围，这也进一步证明 π-π 堆积作用是成胶的主要驱动力之一。另外我们也发现跟 Pyr-G_1 相比，Pyr-G_1/Ag 在 2θ=3.58° 多了一个明显的吸收峰，表明跟银离子配位后，形成的凝胶可能采取了跟配体不同的组装模式。

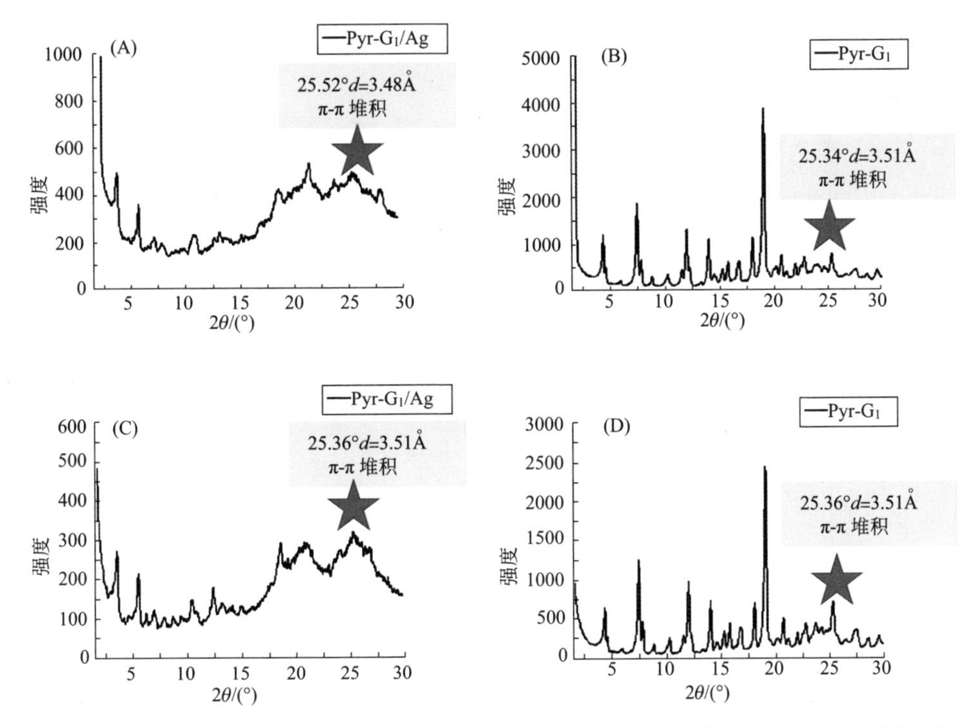

图 4-10 树状分子金属配合物 Pyr-G_1/Ag 在甲苯（A）和乙酸乙酯（C）以及树状分子 Pyr-G_1 在甲苯（B）和乙酸乙酯（D）中干凝胶的 XRD 光谱图

总之，通过上述实验证明树状分子多重芳香环之间的 π-π 相互作用力、疏溶剂效应、配位键以及其他的某些弱相互作用（非典型的弱氢键、静电作用等）是成胶的主要驱动力。

4.1.4 树状分子金属配合物凝胶刺激响应性能研究

对外界环境变化的敏感特性是超分子凝胶的特性之一，这种树状分子金属配合物凝胶，由于金属元素的引入，一方面有效地促进了凝胶的形成，另一方面同时赋予这类树状分子某些独特响应性能。

（1）热响应性能

上述制备的不同代数的树状分子金属凝胶是一类典型的热可逆物理凝胶，我们首先研究了 Pyr-G_2/Ag 在丙酮中形成的超分子金属凝胶的热力学性能。从图 4-11 可以看出，该类树状分子金属凝胶的相变温度 T_{gel} 随着浓度的增大而增大，说明在高浓度下，有利于形成高强度的超分子凝胶；同时，在一定的浓度范围内，二代树状分子金属配合物 Pyr-G_2/Ag 凝胶的相变温度 T_{gel} 明显高于一代树状分子金属配合物 Pyr-G_1/Ag 凝胶的相变温度，表现出少见的树状分子“正效应”。

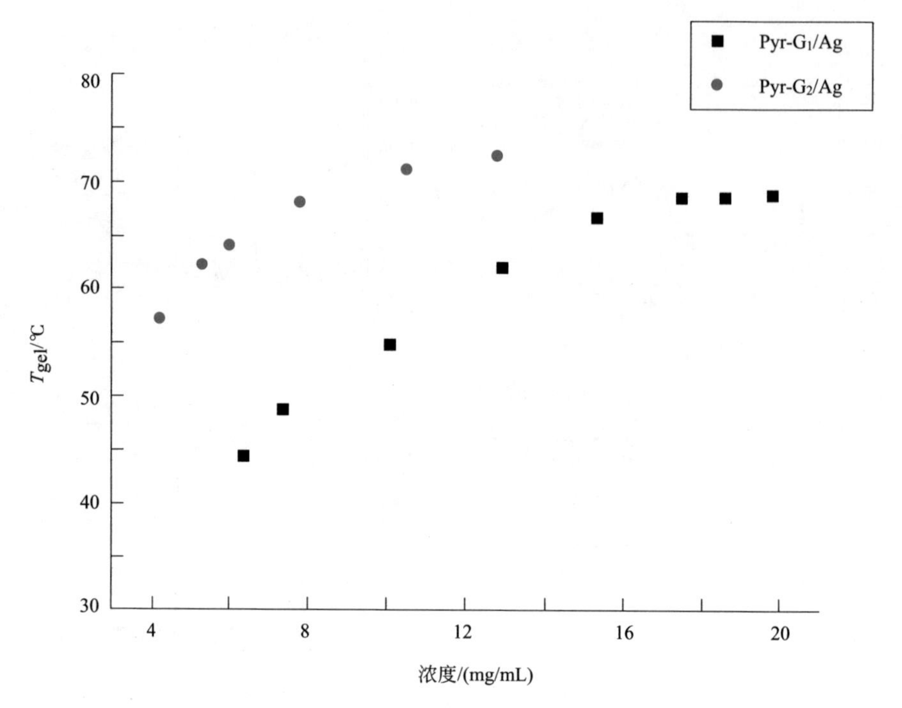

图 4-11　树状分子金属配合物 Pyr-G_2/Ag 凝胶－溶胶转变温度（T_{gel}）与浓度关系图

（2）化学响应性能

Pyr-G_2/Ag 树状分子金属凝胶能够对某些阴离子（例如氯离子、溴离子、碘离子等）产生快速响应，例如，在该金属凝胶体系（1.0mL 丙酮，5.6mg/mL）中添加 KI（1.0equiv，相对于银离子）固体，随着 KI 固体的扩散，半透明凝胶逐渐崩溃，最终变成淡黄色的溶液，同时伴随有少量固体沉淀出现［图 4-12（A）］。从 SEM 图［图 4-12（B）、图 4-12（C）］可以看出，在没有加入 KI 固体时，呈现的是直径在 50 ～ 200nm，长达几十微米，细长的柔性纤维，这些纤维进一步相互缠绕交联形成三维网络状结构；而添加 KI 固体，凝胶被破坏后，细长的纤维结构被破坏，取而代之的是形成了直径在 200 ～ 800nm，长达十几微米的扁平且直的带状结构，而这正是 Pyr-G_2 在丙酮溶液中组装形成的形貌。TEM 也给出了相类似的结论［图 4-12（D）、图 4-12（E）］。在破坏后的溶液中添加过量的 AgOTf，加热冷却后，凝胶重新恢复。因此可以通过交替添加 KI 固体和 AgOTf 分别到凝胶以及破坏后的溶液中，可以实现凝胶和溶液的相互转化。究其原因可能是：

$$\underset{\text{凝胶态}}{Ag(Pyr\text{-}G_2)_2^{\oplus}\ OTf^{\ominus}} \underset{Ag^+}{\overset{X^-}{\rightleftharpoons}} \underset{\text{溶液态}}{AgX\downarrow + 2\ Pyr\text{-}G_2}$$

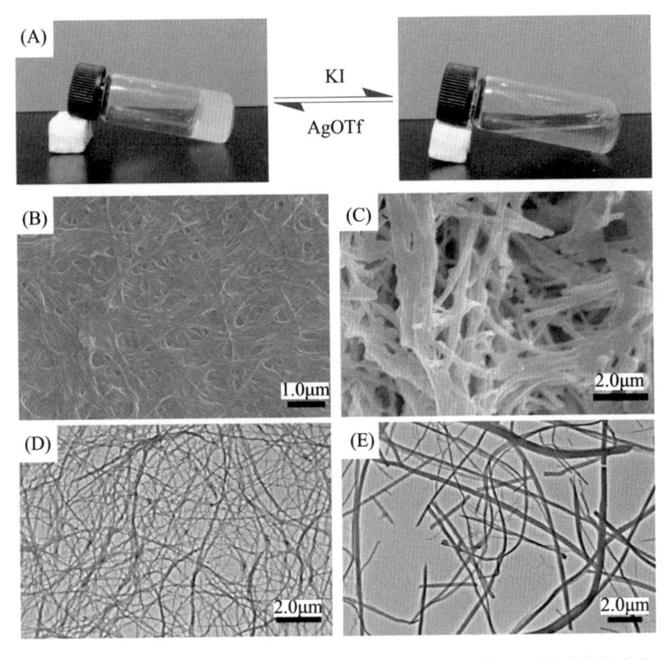

图 4-12　树状分子 Pyr-G_2/Ag 凝胶的碘离子响应示意图及微观形貌变化

加入 KI 固体后，形成 AgI 固体，降低了 Ag^+ 在溶液中的浓度，使得上述平衡向右移动，Pyr-G_2/Ag 配合物逐渐解离，伴随着组装体被破坏，宏观上对应着凝胶转变成溶液；而再往体系中添加 AgOTf 后，Pyr-G_2/Ag 配合物重新生成且自组装，因而凝胶也能自行恢复。

进一步研究发现，上述树状分子金属凝胶除了能够对阴离子产生智能响应以外，对某些中性化学试剂同样会产生智能响应。例如，在该金属凝胶体系（1.0mL 四氢呋喃，6.5mg/mL）中滴加一滴吡啶（约 0.05mL）试剂，随着吡啶的渗透，半透明凝胶逐渐崩溃，最终变成无色透明的溶液（图 4-13）。

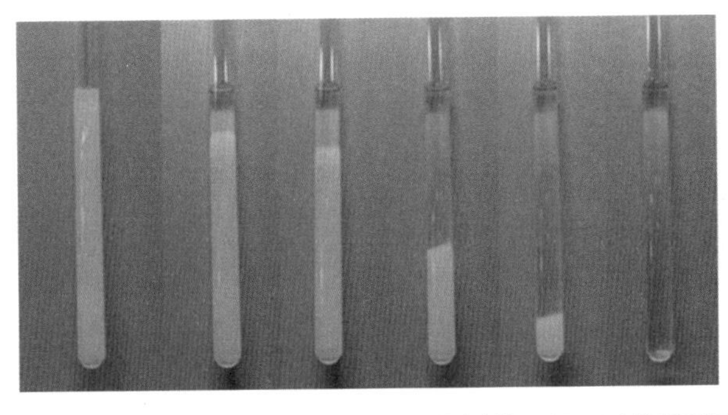

图 4-13　树状分子金属配合物 Pyr-G_2/Ag 凝胶随着吡啶（约 0.05mL）渗透而逐渐被破坏图片

从左到右：0min，5min，10min，40min，60min，80min

当然，除了阴离子和吡啶以外，该树状分子金属凝胶还能够对 1，10- 邻菲啰啉和氨水等其他化学试剂产生智能响应（图 4-14）。

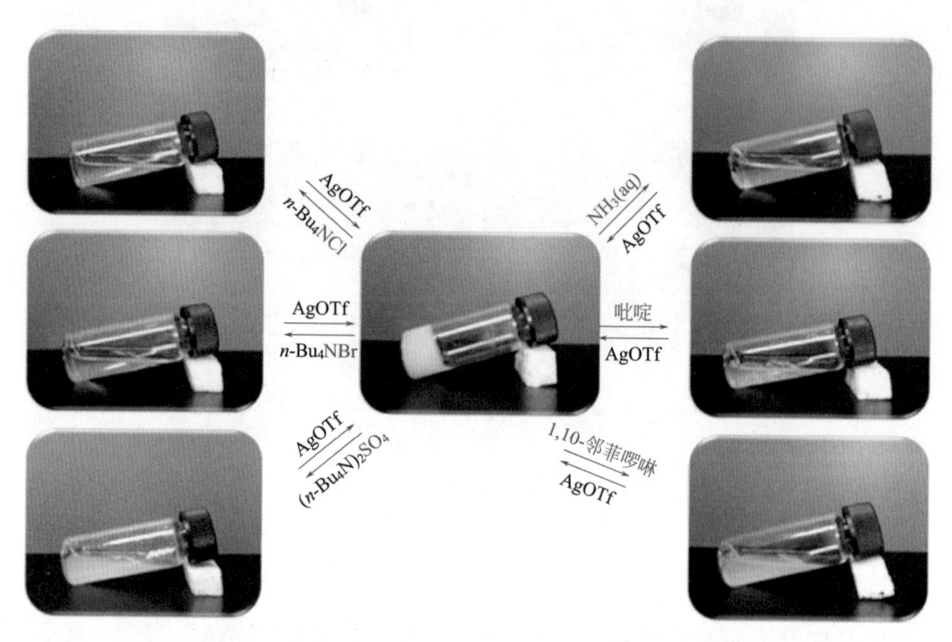

图 4-14　树状分子金属配合物 Pyr-G_2/Ag 凝胶化学响应示意图

（3）触变响应性能

研究发现，这类树状分子金属凝胶除了具有化学响应性能以外，还能够对触变产生智能响应，事实上，有关触变响应性树状分子金属凝胶还鲜有报道。

该类树状分子金属凝胶（1.0mL 四氢呋喃，20mg/mL）被用力振荡破坏后，形成了混浊的流体，而静置一段时间后，可以自行恢复形成稳定凝胶。这种过程可以重复多次而没有明显的损耗（图 4-15）。

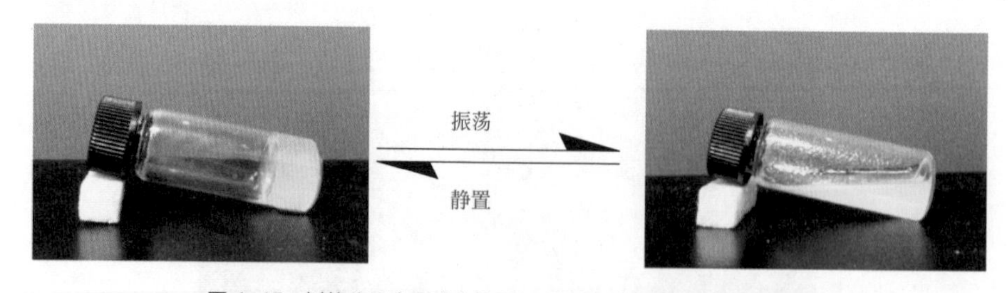

图 4-15　树状分子金属配合物 Pyr-G_2/Ag 凝胶触变响应示意图

随后进一步通过流变力学实验对上述触变响应性能进行了详细研究，首先为了确定这类树状分子金属凝胶体系（四氢呋喃，20mg/mL）的线性区域，对该凝胶体系进行了应变扫描，从图4-16（A）可以看出，当应变小于0.5%时，弹性模量G'（约2.4×10^4Pa）大于黏性模量G''（约3.2×10^3Pa），该凝胶体系表现出了显著的黏弹性；随着应变的增大，弹性模量G''和黏性模量G''迅速减小，表明该凝胶体系已经被部分破坏，且当应变增大到2.0%时，弹性模量G'小于黏性模量G''，表明该凝胶体系被完全破坏，表现出了黏性特征。

为了考察上述树状分子金属凝胶的触变响应性能，在上述应变扫描结束后，立即对上述体系进行时间扫描[图4-16（B）]，可以看出，在刚撤掉应变的片刻，该树状分子金属凝胶体系就表现出了很好的黏弹性，即弹性模量G'（约2.4×10^4Pa）大于黏性模量G''（约4.0×10^3Pa），并且恢复后凝胶体系的强度跟未被破坏之前的几乎相当。事实上，即使用远远超过线性范围的剪切应变（100%）作用于该凝胶体系1min时[图4-16（C）]，弹性模量G'小于黏性模量G''，表明凝胶体系被完全破坏，转化成溶胶；然后撤去外力并立即开始监测体系弹性模量G'和黏性模量G''随时间的变化[图4-16（D）]，可以看出，同样在刚撤掉应变的瞬间，凝胶体系的弹性模量G'（约2.4×10^4Pa）大于黏性模量G''（约4.0×10^3Pa），表现出了显著的黏弹性。而且凝胶的强度几乎完全恢复到了凝胶被破坏前强度。

为了进一步验证这类树状分子金属凝胶触变响应的重复性，进行了振荡扫描实验[图4-16（E）]，可以看出，在大应变剪切（100%）作用10s时，弹性模量G'（约60Pa）小于黏性模量G''（约260Pa），表明该凝胶体系被破坏，由凝胶变成了溶胶；而在小应变剪切（0.05%）作用20s时，弹性模量G'（约2.0×10^4Pa）立刻大于黏性模量G''（约4.0×10^3Pa），表现出了很好的弹性特征，表明体系又从溶胶变成了凝胶；而且上述过程可以重复多次而没有明显的损耗。

在流变力学测量中，频率扫描是检测凝胶体系对振荡作用耐受能力的一种手段。在线性范围内选取较小的剪切应变（0.1%）对该树状分子金属凝胶进行频率扫描，根据图4-16（F）所示的结果，在所测试的频率范围内，弹性模量G'比黏性模量G''大一个数量级，表明体系具有显著的黏弹性；当频率从100rad/s减小到0.1rad/s时，弹性模量G'和黏性模量G''有微弱的减小，这正是超分子凝胶的一种典型的特征，同时也说明，这类树状分子金属凝胶对外力有很好的耐受性。

随后我们也进一步考察了在其他溶剂体系（如丙酮等）中形成的凝胶的触变响应性能（图4-17），发现同样具有很好的触变响应性能。

通过上面流变力学实验可以看出，该类树状分子凝胶不仅表现出了超分子凝胶所具有的黏弹性，而且也表现出了很好的触变响应性，该触变响应性能够重复多次而没有明显的损耗。

总之，通过前面的研究发现：这类树状分子金属凝胶能够对多重外界刺激（诸如热、阴离子以及剪切应力等）产生快速响应。

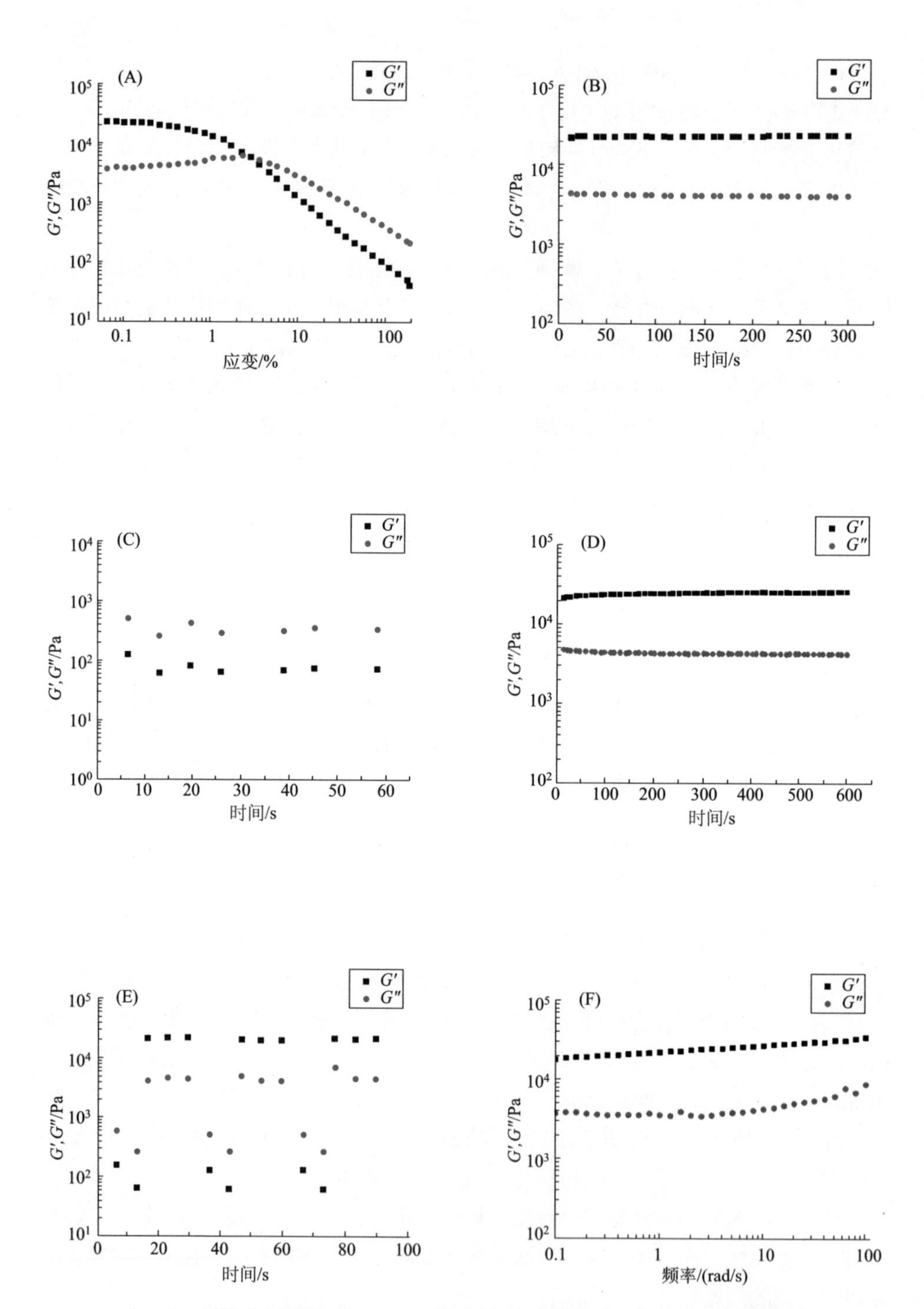

图 4-16　树状分子金属配合物 Pyr-G_2/Ag 凝胶（四氢呋喃，20mg/mL）流变力学实验

（A）应变扫描；（B）过程 A 结束后的时间扫描；（C）在 100% 应变作用下的时间扫描；（D）在 0.05% 应变作用下的时间扫描；（E）振荡扫描；（F）频率扫描

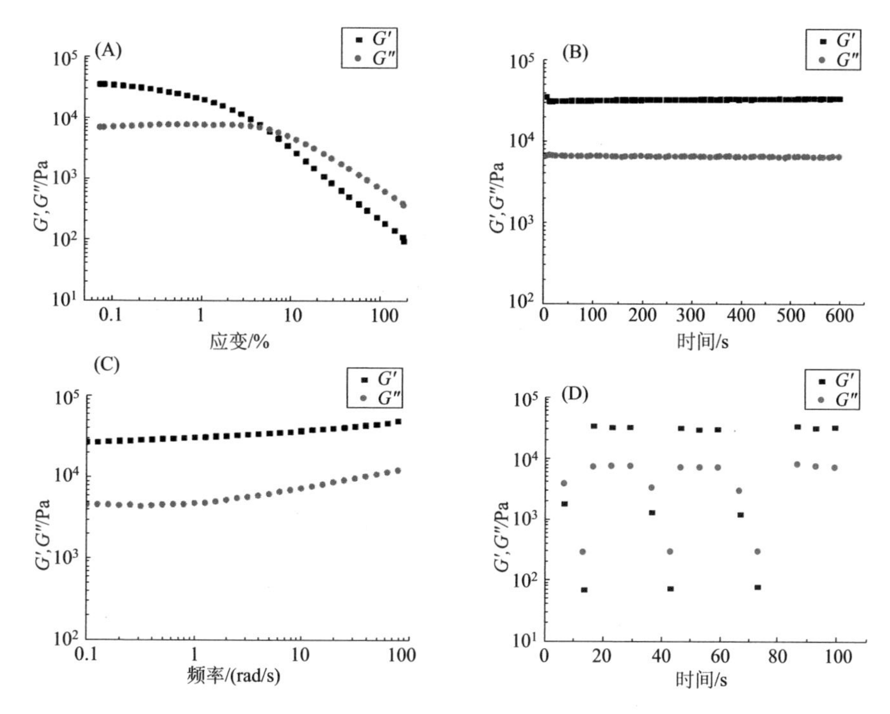

图 4-17 树状分子金属配合物 Pyr-G_2/Ag 凝胶(丙酮，20mg/mL)流变力学实验

(A)应变扫描；(B)时间扫描；(C)频率扫描；(D)振荡扫描

4.1.5 树状分子金属凝胶作为模板原位制备银纳米粒子

近年来，利用超分子凝胶体系制备并稳定金属纳米粒子已经引起了越来越多科学家们的广泛关注[20]。超分子金属凝胶由于其富含金属离子这一特性，不仅可以作为制备金属纳米粒子的原料，同时还可以直接作为模板来原位制备金属纳米粒子。而银纳米粒子由于其独特的光学以及抗菌性质，引起了越来越多的研究兴趣[21-23]。

到目前为止，利用超分子凝胶体系来制备并稳定银纳米粒子的方法主要有如下两种：其一是通过添加还原剂(例如对苯二酚、抗坏血酸、硼氢化钠等还原剂)或者通过紫外光、可见光等光还原来制备银纳米粒子；另一种方法是通过在凝胶因子上面修饰有还原性的基团(例如酪氨酸残基等)，利用凝胶因子本身来原位还原制备银纳米粒子。利用可见光原位还原超分子金属凝胶体系来制备银纳米粒子，可以避免使用大量有毒的还原试剂以及稳定试剂，不失为一种制备纳米离子的绿色好方法。

(1)银纳米离子的制备方法

将 12mg 树状分子金属配合物 Pyr-G_2/Ag 和 1.0mL 相应的溶剂加热至完全溶解，自然冷却至室温，成半透明的稳定凝胶，该凝胶在自然光下放置数天或者在紫外光

（365nm）下光照数分钟，凝胶由无色变成浅黄色或者紫红色（图 4-18）。表明有银纳米离子生成。

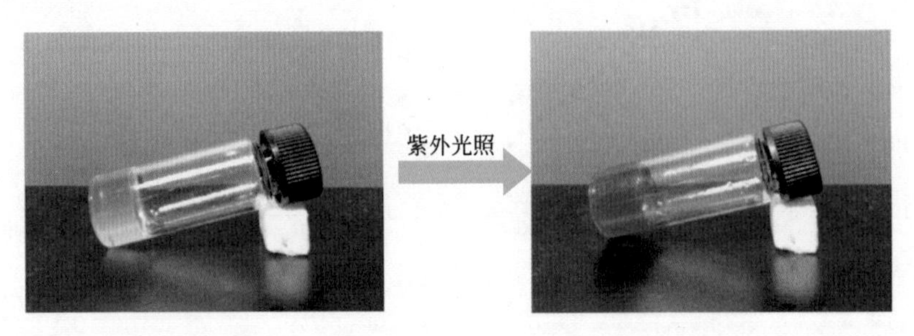

图 4-18　树状分子金属配合物 Pyr-G_2/Ag 凝胶（氯仿，12mg/mL）紫外光照（365nm）前（左）后（右）凝胶的变化图片

（2）银纳米离子的表征

从紫外 - 可见吸收光谱（图 4-19）可以看出，Pyr-G_2/Ag 凝胶在紫外光照下变成紫色后（Pyr-G_2/AgNPs），在 452nm 左右出现了很强的特征吸收峰，而银纳米粒子的特征吸收峰恰好在 400 ～ 500 nm 之间；而 Pyr-G_2 以及紫外光照以前 Pyr-G_2/Ag 凝胶体系却没有该特征吸收峰，表明紫外光照后生成了银纳米粒子。

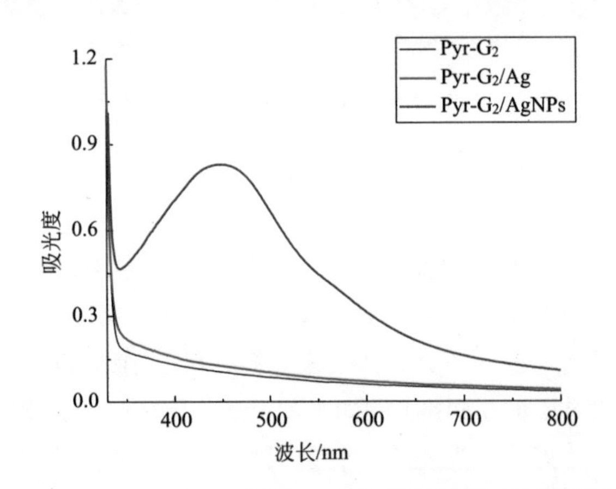

图 4-19　Pyr-G_2、Pyr-G_2/Ag 和 Pyr-G_2/AgNPs 的紫外 - 可见吸收光谱

通过 TEM 和 HR-TEM 同样证实了紫外光照 Pyr-G_2/Ag 凝胶体系生成了银纳米粒子（图 4-20），从 TEM［图 4-20（A）］可以看出：大部分银纳米粒子比较均匀地分布在直径为 80 ～ 200nm 的纤维表面，究其原因可能是细长的纤维由于其较大的表面积，可以有效地吸附银纳米粒子，从而可以作为模板有效地合成银纳米粒子；从 HR-TEM［图 4-20（B）］可以看出球形银纳米粒子的直径在 10 ～ 20nm 之间。

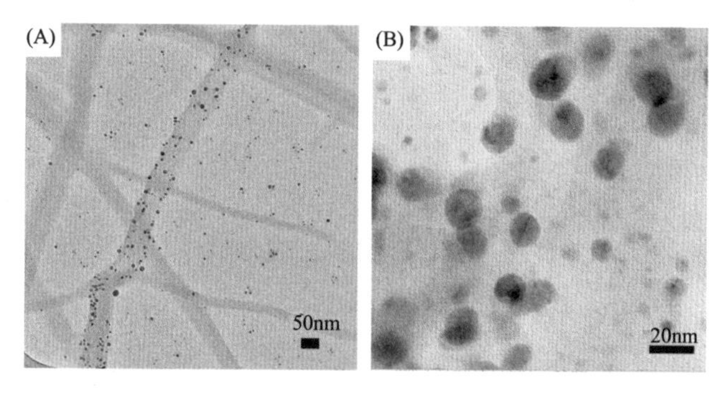

图 4-20　紫外光照后形成的银纳米离子的 TEM（A）及 HR-TEM（B）图片

随后进一步通过选区电子衍射（SAED）以及 X 射线能量色散光谱（EDX）证实了银纳米粒子的生成（图 4-21）。

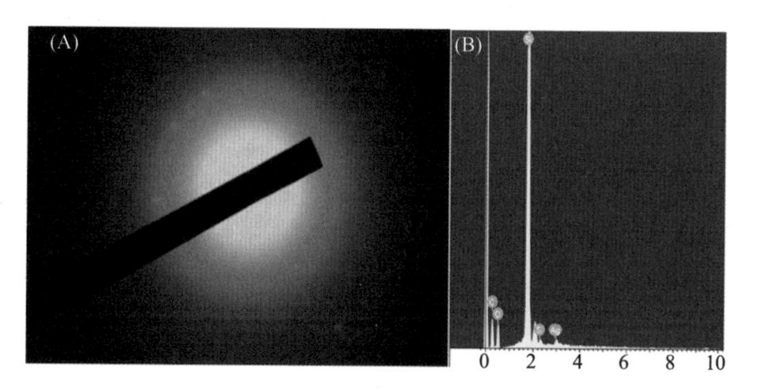

图 4-21　Pyr-G_2/AgNPs 的 SAED（A）和 EDX（B）图

与此同时我们也研究了自然光照射下生成的银纳米粒子，发现与紫外光照下形成的纳米粒子相比，其尺寸分布更均一而直径更小，在 3 ～ 6nm 之间；其在纤维表面的分布也更均匀（图 4-22）。

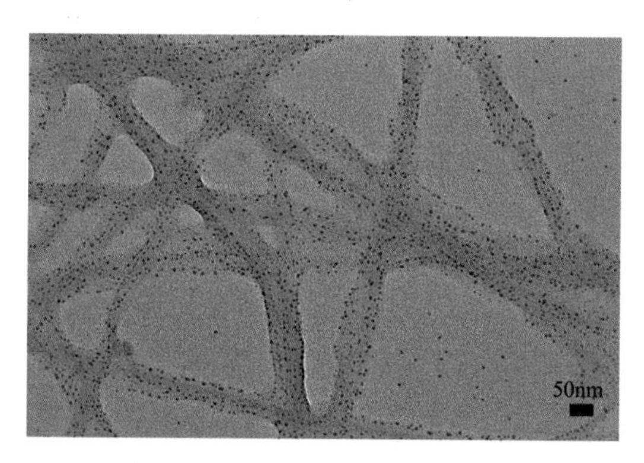

图 4-22　可见光照射后形成的银纳米离子 TEM 图片

总之，通过上面的分析可以看出，这类金属树状分子凝胶可以作为模板，通过紫外光或者自然光照射，即能原位生成尺寸分布较均匀的银纳米粒子，并且这些纳米粒子比较整齐地排列在纤维的表面。

4.2 铂离子调控的聚芳醚型树状分子金属凝胶

配位键导向自组装是构筑特定形状和尺寸的分立二维和三维超分子结构的重要策略[24]，通过该方法构筑的超分子大环结构或者金属笼结构已经在主客体、催化、生物工程领域表现出了潜在的应用前景[25]，因此配位键导向自组装也被科学家用来构筑具有特定几何形状和尺寸的内部为空腔结构的金属树状分子，所构筑出的金属树状分子中方便可调的空腔结构和几何形状为深刻理解分子自组装过程中分子结构 - 组装过程构效关系提供了理想平台，也为拓展树状分子的功能提供了新的思路。

杨海波等人[25, 26]采用“外修饰”策略将聚芳醚型树状分子片段引入配位键金属大环体系中，通过选择合适的配体使最终得到的金属树状分子能够含有六边形大环空腔，聚芳醚型树状分子片段作为逐级自组装位点促进树状分子金属配合物的组装，他们以聚芳醚树状分子修饰的吡啶配体为原料，采用配位键导向自组装策略合成了一系列含有六边形和菱形大环空腔的金属树状分子。其中二代六边形金属树状分子在 CH-π 和 π-π 作用等弱相互作用的诱导下，可进一步逐级自组装形成类囊泡状结构，树枝状金属大环化合物骨架上的配位键赋予了该类组装体刺激响应性能，研究发现逐级自组装形成的有序结构在溴离子的刺激下可被破坏，进而实现了囊泡结构到微粒结构的转变[27]；同时树状金属的大环组装形成的囊泡结构可以有效包裹荧光分子如 SRB、BODIPY 等，通过卤素离子可调控组装体结构，进而实现囊泡对包裹荧光分子的可控释放，刺激响应调控的可控释放过程在药物缓释领域具有潜在的应用价值。

配位键诱导的自组装策略构筑的这类具有规则几何形状和特定尺寸空腔的树状金属大环化合物也可以用来构筑环境敏感型有机凝胶材料[26]。

4.2.1 树状分子金属大环配合物的合成及表征

赵光振[28]以 5- 羟甲基间苯二甲酸二甲酯为原料，通过发散法制备了不同代数的核心含有双吡啶配位官能团的聚芳醚型树状分子配体 PG_0（**4-7**）、PG_1（**4-8**）、PG_2（**4-9**）（图 4-23），并通过 ^{1}H NMR、^{13}C NMR 和 HR-MS 等表征。

随后分别以对溴苯甲醛和对溴二苯甲酮为原料，经过麦克默里反应、周环反应、插铂反应和银离子攫卤素反应成功制备了双铂受体分子 **4-10**（图 4-23）。

将上述制备的聚芳醚型树状分子配体和双铂受体分子以等摩尔（1 ∶ 1）混合，置于反应瓶中，加入二氯甲烷使其完全溶解，室温反应 1h，在反应体系中加入一定量丙酮，并滴加六氟磷酸钾水溶液，蒸干有机溶剂，析出固体，产物经 ^{1}H NMR 和 ^{31}P NMR 表征为外围含有聚芳醚型树状分子片段的菱形大环树状分子金属配合物（图 4-23）。

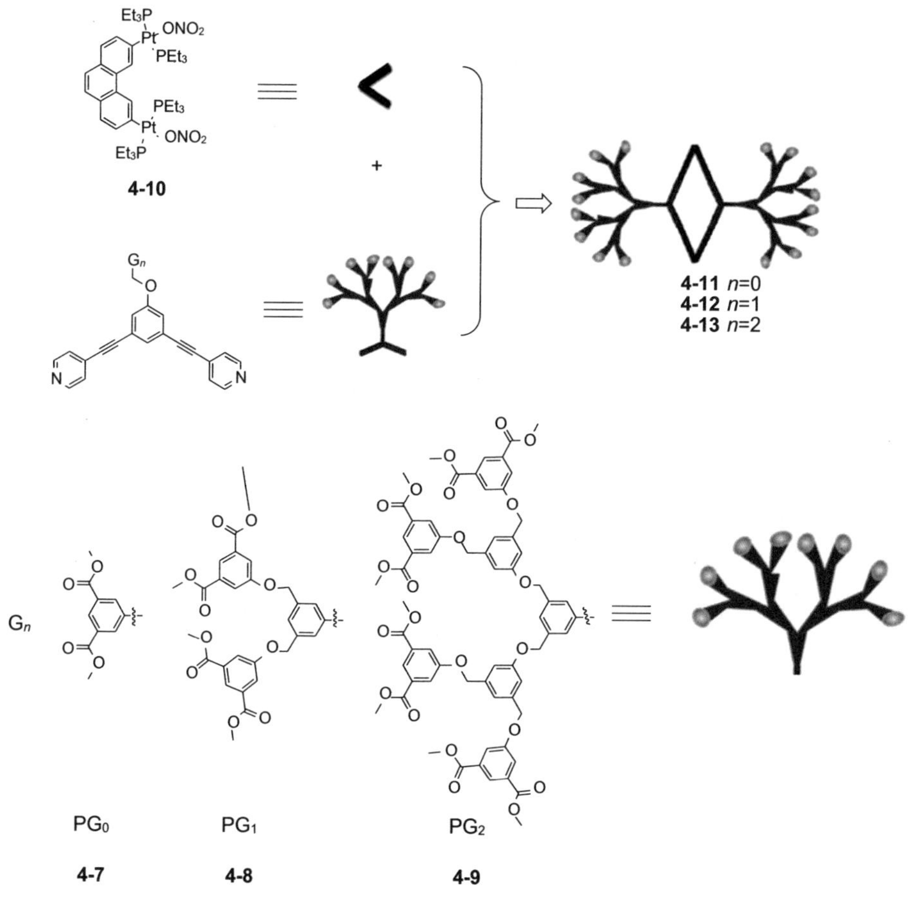

图 4-23　聚芳醚型树状分子配体、双铂受体和树状分子菱形大环化合物结构示意图

以双铂受体 **4-10**、聚芳醚型树枝状分子修饰的给体 **4-7** 以及由两者组装生成的超分子金属大环 **4-11** 的 ^{1}H NMR 特征峰集中的低场部分叠加，如图 4-24 所示。树状分子配体 **4-7**、双铂受体 **4-10** 和菱形金属大环化合物 **4-11** 的 ^{1}H NMR 都是非常尖锐、孤立的峰，没有包峰出现，表明形成的超分子金属大环配合物不属于高分子。通过与两个原料 ^{1}H NMR 对比发现，组装形成菱形大环后，吡啶环上的氢向低

场移动，H_α 向低场移动 0.10 ～ 0.45，H_β 向低场移动 0.20 ～ 0.75，这是由于吡啶和铂的配位使吡啶的孤对电子转移到铂上，从而使整个吡啶环的电子云密度减小，信号峰移向低场。

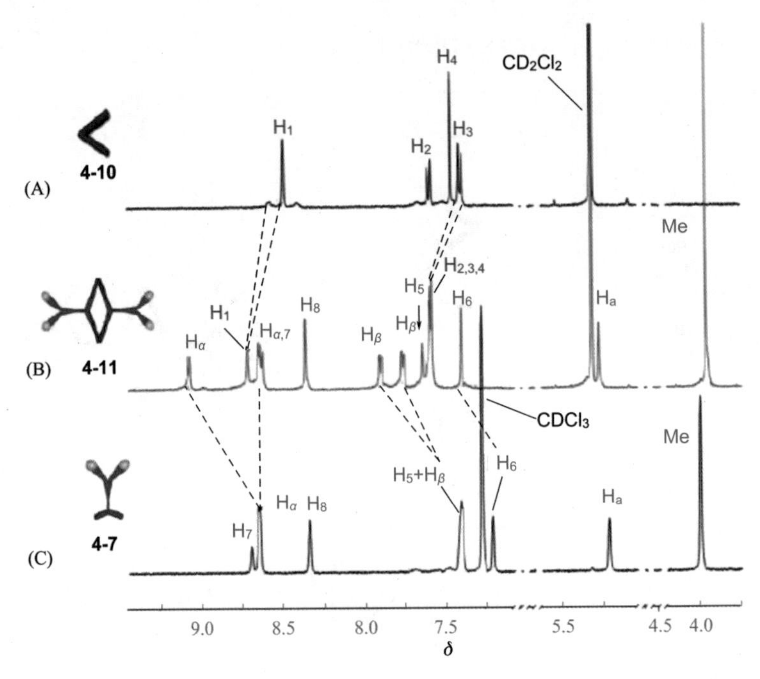

图 4-24　零代聚芳醚型树状分子配体、双铂受体和树状分子菱形金属大环化合物部分 ^{1}H NMR（TMS 作为内标）

^{31}P NMR 显示树状分子菱形大环化合物 **4-11** ～ **4-13** 的磷谱（图 4-25）都是非常尖锐的单峰，同时主峰伴有两个对称的卫星峰，再次验证了只有一种产物生成。树状分子金属大环化合物主峰的化学位移分别为：12.7（**4-11**）、12.6（**4-12**）、12.7（**4-13**），与起始原料相比分别向高场移动了 6.4、6.5、6.4，同时超分子金属大环中 P-Pt 耦合常数与对应原料相比也发生了不同程度的降低：$\Delta^1J_{P\text{-}Pt}$=−183Hz（**4-11**）、$\Delta^1J_{P\text{-}Pt}$=−189Hz（**4-12**）、$\Delta^1J_{P\text{-}Pt}$=−172Hz（**4-13**）。化学位移的变化还有 P-Pt 耦合常数的降低都与铂的反馈键给电子到磷元素，使其电子云密度增大相吻合。

电喷射 - 飞行时间质谱进一步验证了含有不同代数聚芳醚类树枝状分子片段的超分子菱形大环 **4-11** ～ **4-13** 的形成。从图 4-26 可以看出，*m/z*=1686.0（A）、*m/z*=2014.8（B）、*m/z*=2671.6（C）的峰，分别与（**4-11**,[M−2PF$_6$]$^{2+}$）、（**4-12**,[M−2PF$_6$]$^{2+}$）、（**4-13**,[M−2PF$_6$]$^{2+}$）对应它们的同位素分布与计算值高度吻合，如图 4-26 所示，通过高分辨质谱证明了组装形成的树状分子金属大环化合物具有明确的分子量和电荷状态。

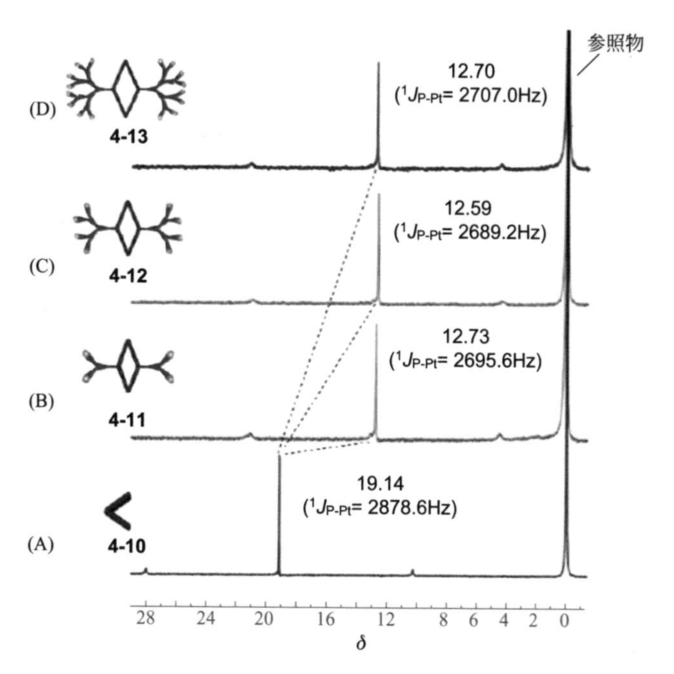

图 4-25 双铂受体 **4-10** 和树状分子菱形金属大环化合物 **4-11** ~ **4-13** 的 ^{31}P-NMR

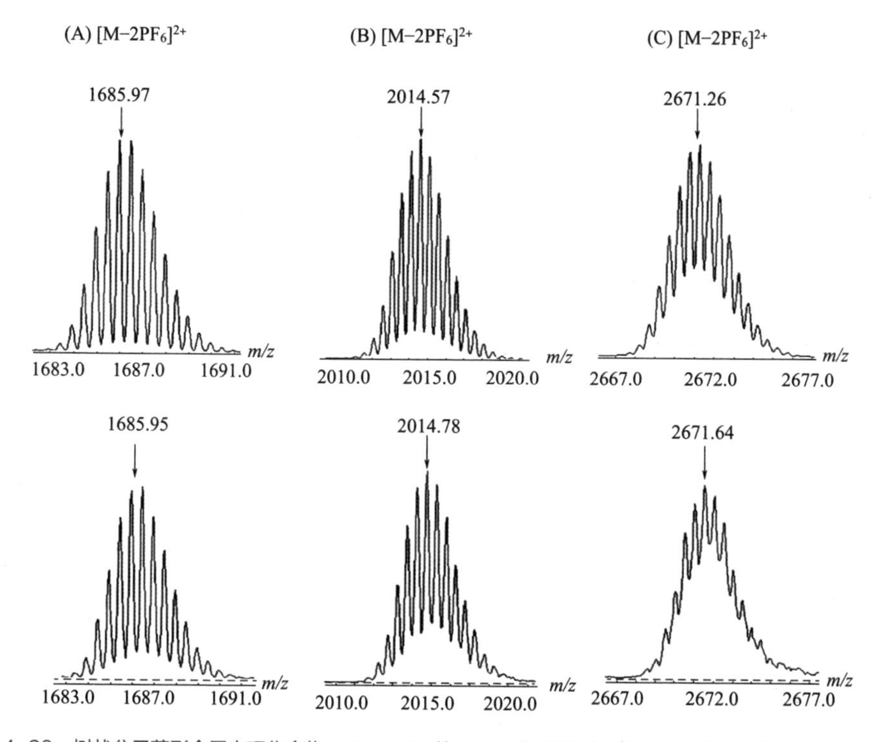

图 4-26 树状分子菱形金属大环化合物 **4-11** ~ **4-13** 的 ESI-MS 谱图（上边为理论值，下边为实验测试值）

4.2.2 树状分子金属大环配合物成凝胶性能及微观形貌

（1）成凝胶性能研究

他们测试了树状分子配体以及树状分子金属大环配合物在诸多有机溶剂中的成凝胶性能，通过表 4-2 可以看出，二代聚芳醚型树状分子配体 **4-9** 在 10 种有机溶剂中形成了稳定凝胶，其在 $CCl_4/CHCl_3$（9/1，体积比）和 THF/H_2O（4/1，体积比）混合溶剂中，最低成凝胶浓度分别为 2.5mg/mL 和 4.6mg/mL，表明 1 个二代聚芳醚型树状分子配体分子可以“固定”约 7.7×10^3 和 7.4×10^3 个溶剂分子；而相应的二代聚芳醚树状分子配体和受体分子配位形成的树状分子菱形金属大环化合物 **4-13** 在所测试的 6 种有机溶剂中形成稳定凝胶，在丙酮和四氢呋喃中，树状分子菱形金属大环化合物可以形成稳定凝胶，但临界成凝胶浓度值较大，分别为 33.3mg/mL 和 11.1mg/mL；而在丙酮 / 水（5/3，体积比）和 THF/H_2O（3/1，体积比）混合溶剂中，临界成凝胶浓度显著下降，其值分别为 2.3mg/mL 和 4.6mg/mL，在所测试的诸多有机溶剂中，树状分子菱形金属大环化合物在丙酮 / 水（5/3，体积比）混合溶剂中成凝胶效果最好，最低成凝胶浓度为 2.3mg/mL，相当于 1 个菱形金属大环化合物可以胶凝 7.2×10^4 个溶剂分子，比二代聚芳醚型树状分子配体在相同溶剂体系中的成凝胶性能（PG，部分成凝胶）更好；在丙酮 / 水（5/3，体积比）和 THF/H_2O（3/1，体积比）混合溶剂中，凝胶因子所占凝胶体系的质量分数分别为 0.26%、0.49%，处于 0.2% ～ 0.5% 之间，属于文献报道的“超级有机金属凝胶因子”范畴。

◆ 表 4-2 二代树状分子配体 **4-9** 和树状分子菱形金属大环化合物 **4-13** 成凝胶性能测试

溶剂	4-9	4-13
四氢呋喃	PG	G（11.1）
四氢呋喃 / 水 =3/1	G（4.6）	G（4.6）
二苯醚	G（10.0）	I
二苯醚 / 三氯甲烷 =6/5	N.D.	G（12.9）
氰基苯	S	N.D.
乙酸乙酯	G（16.2）	I
丙酮	G（7.0）	G（33.3）
丙酮 / 水 =5/3	PG	G（2.3）
苯甲醇	S	N.D.
甲苯	G（11.2）	I
氯苯	S	N.D.
苯甲醛	S	N.D.
苯甲醚	G（60.0）	N.D.

续表

溶剂	4-9	4-13
二甲苯	PG	N.D.
苯	G（30.0）	I
乙腈	PG	S
吡啶	G（15.1）	N.D.
四氯甲烷	G（6.0）	I
四氯甲烷 / 三氯甲烷 =1/9	G（2.5）	N.D.
三氯甲烷	N.D.	S
苯 / 三氯甲烷 =1/3	N.D.	G（12.5）

注：1. 括号中的数值为临界凝胶因子浓度，单位 mg/mL。
2.N.D.—表示没有测试；G—凝胶；PG—部分胶状体；S—澄清溶液；I—开始加热时不溶。详见 3.1.2 节。

随后他们对零代和一代聚芳醚树状分子配体和受体分子配位形成的菱形大环化合物 **4-11**、**4-12** 的成凝胶性能进行研究，发现无论是零代还是一代聚芳醚树状分子金属大环化合物，在所测试的诸多有机溶剂中均表现出了良好的溶解性能，其在所测试的溶剂中完全溶解，而没有得到相应凝胶（表 4-3）。

◆ 表 4-3 树状分子菱形金属大环化合物 **4-11** 和 **4-12** 成凝胶性能测试

溶剂	4-12	4-11
四氢呋喃	I	I
四氢呋喃 / 三氯甲烷 =2/11	S	N.D.
二苯醚	I	N.D.
丙酮	I	I
甲苯	I	N.D.
三氯甲烷	S	I
正己烷	I	N.D.
四氯甲烷	I	N.D.
四氯甲烷 / 三氯甲烷 =1/35	S	N.D.
正己烷 / 三氯甲烷 =1/30	S	N.D.
甲苯 / 二氯甲烷 =1/8	S	N.D.
正己烷 / 二氯甲烷 =1/20	S	N.D.
四氢呋喃 / 二氯甲烷 =5/4	S	N.D.
二苯醚 / 二氯甲烷 =3/2	S	N.D.

续表

溶剂	4-12	4-11
甲苯 / 三氯甲烷 =1/12	S	N.D.
二氯甲烷	N.D.	S
丙酮 / 二氯甲烷 =2/1	N.D.	S
四氯甲烷 / 二氯甲烷 =2/1	N.D.	S
甲苯 / 二氯甲烷 =1/5	N.D.	S
四氢呋喃 / 二氯甲烷 =1/4	N.D.	S
正己烷 / 二氯甲烷 =1/10	N.D.	S
二苯醚 / 二氯甲烷 =1/20	N.D.	S

注：N.D.—表示没有测试；S—澄清溶液；I—开始加热时不溶。

（2）微观形貌研究

他们研究了二代聚芳醚型树状分子配体 **4-9** 在丙酮、甲苯、四氯化碳、四氢呋喃 / 水（3/1，体积比）、四氯化碳 / 三氯甲烷（3/1，体积比）、乙酸乙酯不同有机溶剂中的微观形貌（图 4-27），发现其在多数有机溶剂中组装形成了直径在 1 ～ 10nm，长度为数十微米的细长纤维相互交联形成的三维网络状微观形貌。

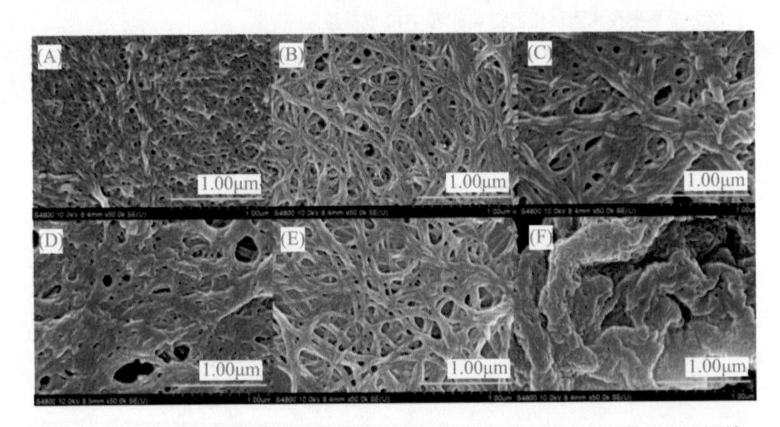

图 4-27　二代聚芳醚型树状分子配体 **4-9** 在不同有机溶剂中干凝胶的 SEM 照片

其中（A）~（F）依次为 **4-9** 在丙酮（A）、甲苯（B）、四氯化碳（C）、四氢呋喃 / 水（3/1，体积比）（D）、四氯化碳 / 三氯甲烷（3/1，体积比）（E）、乙酸乙酯（F）中的微观形貌图片

随后他们研究了二代菱形金属大环化合物 **4-13** 在不同有机溶剂中的组装形貌（图 4-28），发现其在所测试的有机溶剂中均形成了细长的纤维结构，其中在丙酮、四氢呋喃 / 水（3/1，体积比）和苯 / 三氯甲烷（1/3，体积比）混合溶剂中细长的纤维相互交联形成致密的三维网络状结构，组成三维网络结构的纤维尺寸分布较均匀，直径在 50 ～ 100nm 之间；而在丙酮 / 水（5/3，体积比）和苯醚 / 三氯甲烷（6/5，体

积比）混合溶剂中形成的纤维尺寸更大，其直径在 100 ～ 500nm 之间；与组装前体形成的纤维结构相比，菱形金属大环化合物组装形成的纤维尺寸大一倍左右。

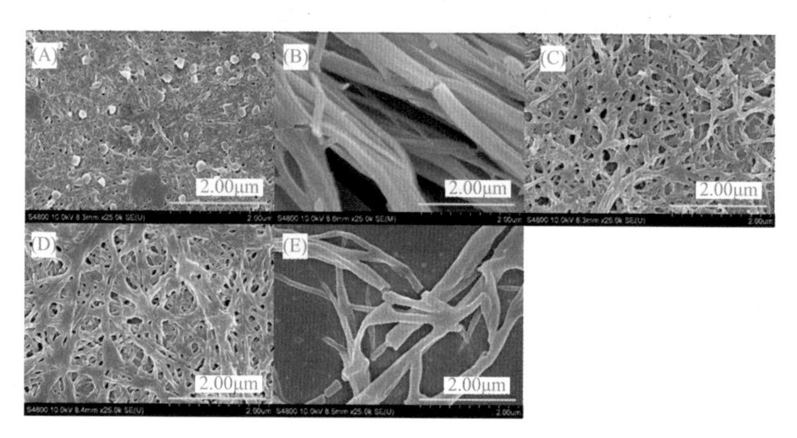

图 4-28　二代树状分子菱形金属大环化合物 **4-13** 在不同有机溶剂中干凝胶的 SEM 照片

其中（A）～（E）依次为 **4-13** 在丙酮（A）、丙酮 / 水（5/3，体积比）（B）、四氢呋喃 / 水（3/1，体积比）（C）、苯 / 三氯甲烷（1/3，体积比）（D）、苯醚 / 三氯甲烷（6/5，体积比）（E）混合溶剂中的微观形貌图片

对于零代菱形金属大环化合物 **4-11**，经过凝胶性能测试并没有得到凝胶样品，他们研究了特定浓度条件下样品的聚集态微观形貌，从图 4-29 可以看出，零代菱形大环金属化合物在四氢呋喃 / 二氯甲烷（1/4，体积比）混合溶剂中形成了直径约 600nm 外表粗糙的球形聚集体，而在苯醚 / 二氯甲烷（1/20，体积比）混合溶剂中形成了直径约 100nm，长度约 800nm 的棒状聚集体，在正己烷 / 二氯甲烷（1/10，体积比）混合溶剂体系中形成了不规则的类蜂窝状聚集态结构。

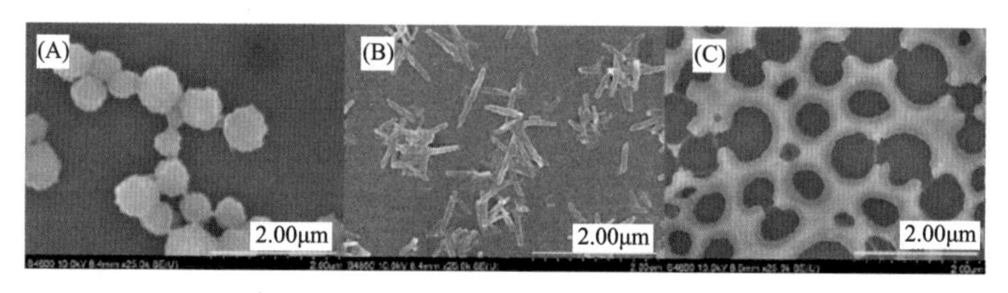

图 4-29　零代树状分子菱形金属大环化合物 **4-11** 在不同有机溶剂中干凝胶的 SEM 照片

其中（A）～（C）依次为 **4-11** 在四氢呋喃 / 二氯甲烷（1/4，体积比）（A）、苯醚 / 二氯甲烷（1/20，体积比）（B）、正己烷 / 二氯甲烷（1/10，体积比）（C）混合溶剂中的微观形貌图片

相类似地，他们也研究了一代菱形大环化合物 **4-12** 的组装形貌，研究发现一代菱形大环在不同溶剂中的形貌具有多样性（图 4-30），在丙酮中形成细小纤维相互交联的聚集结构，而在苯醚 / 三氯甲烷（1/30，体积比）、甲苯 / 三氯甲烷（1/30，体积比）、四氢呋喃 / 二氯甲烷（5/4，体积比）和苯醚 / 二氯甲烷（3/5，体积比）混合溶剂中形成了直径在 1 ～ 3μm，外表面凹凸不平的球状聚集体。

图 4-30　一代树状分子菱形金属大环化合物 **4-12** 在不同有机溶剂中干凝胶的 SEM 照片

（A）丙酮；（B）苯醚 / 三氯甲烷（1/30，体积比）；（C）甲苯 / 三氯甲烷（1/30，体积比）；（D）四氢呋喃 / 二氯甲烷（5/4，体积比）；（E）苯醚 / 二氯甲烷（3/5，体积比）

4.2.3　树状分子金属大环配合物成凝胶驱动力研究

他们首先通过溶剂滴定实验研究了二代聚芳醚型树状分子配体 **4-9** 以及二代菱形大环配合物 **4-13** 在溶剂中的成凝胶驱动力。通过在不同比例氯仿和四氯化碳混合溶剂中，测试浓度为 5×10^{-5}mol/L 样品的荧光发射光谱激发波长 290nm（图 4-31），研究发现，随着混合溶剂中不良溶剂四氯化碳比例的增大，溶液荧光强度急剧下降。由于荧光猝灭为 **π-π** 相互作用的特征现象，实验结果表明随着良溶剂比例的降低，分子间 **π-π** 相互作用增强。从而间接证明了分子间 **π-π** 相互作用的存在对超分子结构形成的重要作用。类似地，二代菱形大环配合物实验也给出相类似结论。

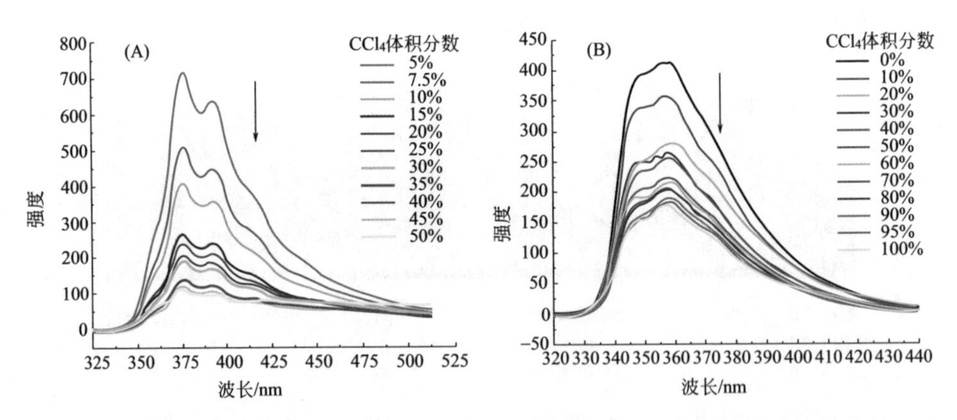

图 4-31　二代树状分子菱形金属大环化合物 **4-13**（A）和二代聚芳醚树状分子配体 **4-9**（B）在四氯化碳 / 氯仿混合溶剂中的荧光光谱（**4-13** 的浓度为 5×10^{-5}mol/L，激发波长为 262nm；**4-9** 的浓度为 5×10^{-5}mol/L，激发波长为 290nm）

在凝胶性能测试过程中，他们发现二代菱形金属环状化合物 **4-13** 在丙酮和四氢呋喃中能够形成稳定凝胶，但是临界成凝胶浓度很高，分别为 33.3mg/mL 和

11.1mg/mL；而在上述两种溶剂中添加聚芳醚型树状分子片段不良溶剂水后，其临界成凝胶浓度显著降低，在丙酮 / 水（5/3，体积比）和 THF/H_2O（3/1，体积比）混合溶剂中，临界成凝胶浓度显著下降，其值分别为 2.3mg/mL 和 4.6mg/mL，这正是由于不良溶剂增多导致树状分子片段间的 **π-π** 相互作用增强，在宏观上表现为临界成凝胶浓度降低，这也间接说明了 **π-π** 堆积作用在成凝胶过程中起了关键作用。

随后，他们通过核磁滴定实验进一步验证了聚芳醚型树状分子之间的 **π-π** 堆积作用是促使菱形金属大环化合物成凝胶的主要驱动力。在 298K 时，对溶于 d_6- 丙酮 / D_2O（10/1，体积比）中不同浓度样品的 ^1H NMR 信号进行研究（图 4-32）。实验结果表明，随着二代菱形金属大环化合物 **4-13** 浓度升高，外围树枝状分子片段上连有甲酯基苯环上氢的化学位移有微弱的向高场移动的趋势。这是由于体系浓度升高，分子间距离更近，包括 **π-π** 堆积在内的分子间弱相互作用有增强趋势，外围缺电子的苯环与内层富电子芳香环之间存在较强的 **π-π** 相互作用，使其上氢的化学位移向高场移动。

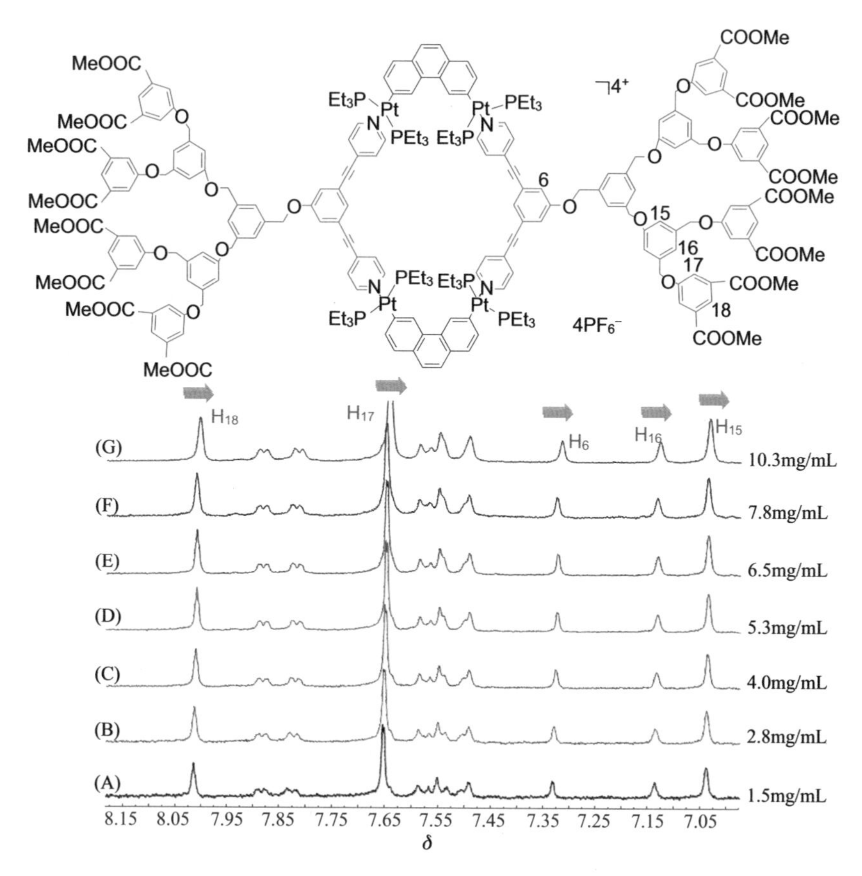

图 4-32　不同浓度二代树状分子菱形金属大环化合物 **4-13** 在芳香区的 ^1H NMR［400MHz，d_6- 丙酮 /D_2O（10/1，体积比）］

4.2.4 树状分子金属大环配合物凝胶刺激响应性能研究

他们首先以吡啶作为竞争配体研究了添加吡啶后菱形金属大环配合物组装体的解组装行为（图 4-33）。菱形金属大环配合物 **4-13** 在丙酮 / 水（5/3，体积比）的溶剂体系中可以很好地形成凝胶。将一定量溶于丙酮的吡啶溶液（吡啶含量为 4equiv）滴加到凝胶表面，凝胶逐渐变为悬浊液，但 SEM 表征发现，添加吡啶前后，干凝胶的微观形貌并没有明显变化。通过研究添加吡啶前后组装体的 ^{1}H NMR，发现添加前后组装体的特征吸收峰并没有明显变化，表明菱形金属大环配合物结构并没有被破坏，究其原因可能是吡啶的加入只是破坏了大环外围树枝状分子片段间的 π-π 堆积作用、CH-π 相互作用、非典型氢键等弱相互作用，而由于吡啶的给电子能力与组装前体吡啶片段的给电子能力几乎相当，因此没有实现组装金属大环的解体。

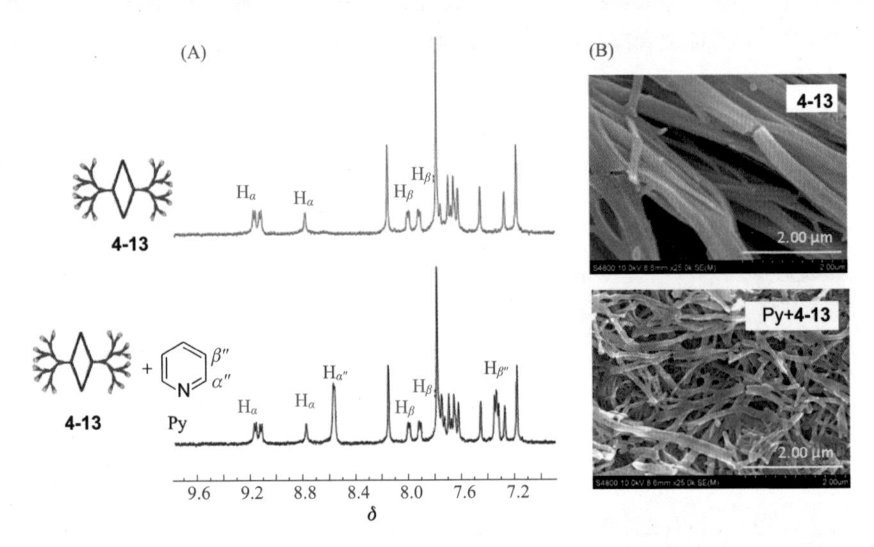

图 4-33 （A）添加吡啶前后二代树状分子菱形金属大环化合物 **4-13** 和吡啶在芳香区的 ^{1}H NMR（400MHz，CD_2Cl_2，298K）；（B）添加吡啶前后二代树状分子菱形金属大环化合物在丙酮 / 水（5/3，体积比）溶剂体系中的 SEM 图

随后，他们又尝试研究了给电子能力更强的二甲氨基吡啶（DMAP）作为竞争配体后组装体的解组装行为（图 4-34）。类似地，添加 DMAP 前后，干凝胶的微观形貌并没有明显变化。通过研究添加 DMAP 前后组装体的 ^{1}H NMR，发现添加前后组装体的特征吸收峰同样没有明显变化，表明菱形金属大环配合物组装结构依然没有被破坏。

卤素离子可以与金属配位从而导致金属笼或金属大环的解体[29]，菱形金属大环配合物 **4-13** 在丙酮 / 水（5/3，体积比）的溶剂体系中可形成稳定凝胶[图 4-35（A）]。将 2μL 四正丁基溴化铵（TBAB）/ 二氯甲烷溶液（TBAB 为 4 equiv）滴加到凝胶表面，凝胶逐渐被破坏，最后变为悬浊液[图 4-35（B）]；随后将 2μL 六氟磷酸银（$AgPF_6$）的丙酮溶液（$AgPF_6$ 为 12 equiv）滴加到上述悬浊液体系，重复制备凝胶的实验步骤，凝胶可重新生成［图 4-35（C）］。

SEM 研究发现添加 TBAB 后，干凝胶由纤维相互交联形成的三维网络状微观结构被破坏，变成了不规则微观形貌；而添加 $AgPF_6$ 后，纤维相互交联形成三维网络状微观形貌。

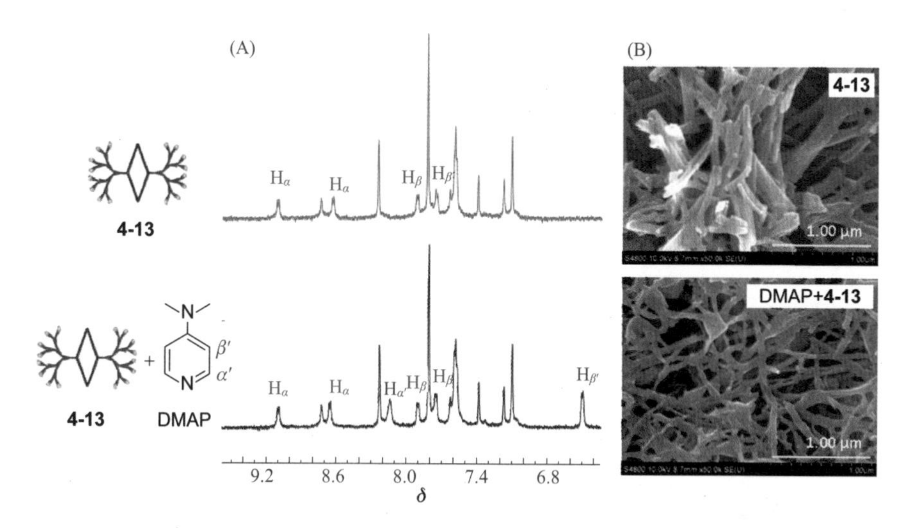

图 4-34 （A）添加 DMAP 前后二代树状分子菱形金属大环化合物 **4-13** 和吡啶在芳香区的 ^1H NMR（400MHz，CD_2Cl_2，298K）；（B）添加 DMAP 前后二代树状分子菱形金属大环化合物在丙酮 / 水（5/3，体积比）溶剂体系中的 SEM 图

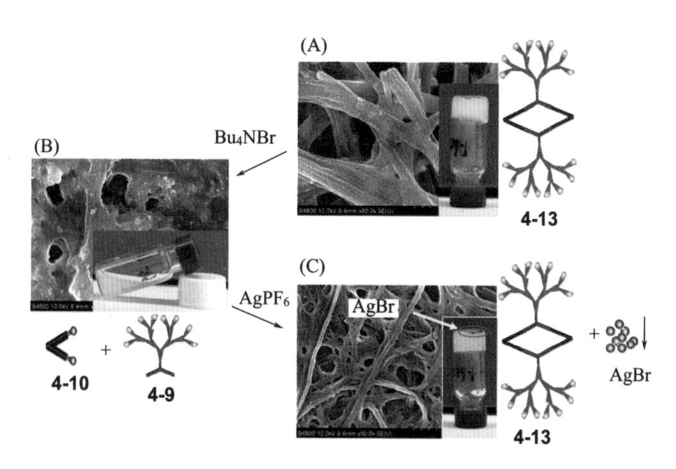

图 4-35 （A）添加 TBAB 前二代树状分子菱形金属大环化合物 **4-13** 在丙酮 / 水（5/3，体积比）溶剂中形成稳定凝胶的照片、SEM 照片以及化合物 **4-13** 的结构示意图；（B）添加 TBAB 后凝胶被破坏形成溶液的照片、凝胶破坏后 SEM 照片以及化合物 **4-13** 的结构变化示意图；（C）添加 $AgPF_6$ 后溶液转变成凝胶照片、恢复后凝胶的 SEM 照片以及重新生成的化合物 **4-13** 的结构示意图

他们为了证实卤素离子和六氟磷酸根离子交替诱导菱形金属大环配合物解组装 - 组装过程导致了溶液 - 凝胶的智能转变，采用原位核磁共振光谱研究了溶解于 CD_2Cl_2 中的菱形金属大环配合物在添加卤素离子和六氟磷酸根离子后 ^1H NMR 和 ^{31}P NMR 的变化。

从图 4-36 可以看出，凝胶态的组装体、破坏后的组装体以及重新生成的组装体 ^{31}P NMR 主峰的化学位移依次为 12.70、12.82 和 12.72，组装体与重新生成的组装体化学位移值差别不大，仅为 0.02，而遭破坏的组装体与组装体的化学位移值相差约 0.1；不同体系中 ^{195}Pt-P 耦合常数 $^1J_{P\text{-}Pt}$ 分别为 2690.8Hz、2766.9Hz、2690.8Hz，组装体与重新生成的组装体耦合常数相同，而遭破坏的组装体与组装体的耦合常数相比略有升高，$\Delta^1J_{P\text{-}Pt}$=76.1Hz。表明卤素离子的引入导致了菱形金属大环配合物发生解离，而六氟磷酸根离子的加入又诱导形成了菱形金属大环配合物。

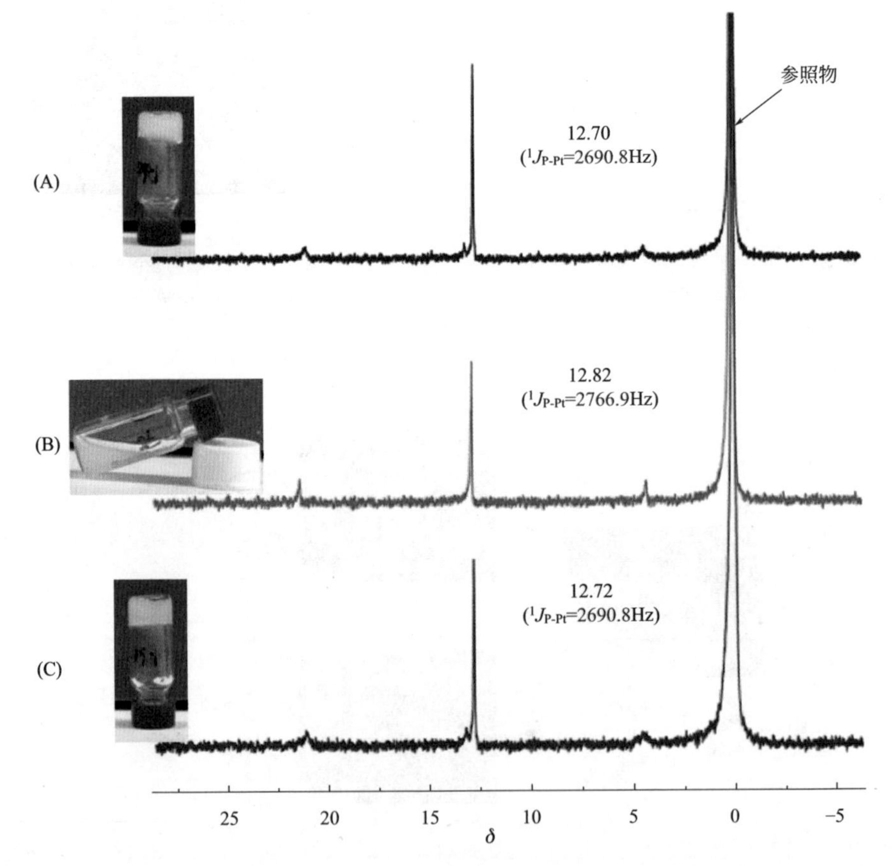

图 4-36　添加 TBAB 前二代树状分子菱形金属大环化合物 **4-13** 在丙酮 / 水（5/3，体积比）溶剂中形成的干凝胶（A），添加 TBAB 后凝胶被破坏形成溶液干燥后（B），添加 $AgPF_6$ 后溶液转变成凝胶干燥后（C）的 ^{31}P NMR（400MHz，CD_2Cl_2，298K）

通过 ^{1}H NMR 可以看出（图 4-37），添加卤素离子后，菱形金属大环配合物的一些特征峰消失，而聚芳醚型树状分子配体的特征峰以及新生成的 Pt-Br 化合物吸收峰出现，表明菱形金属大环配合物发生解离；而添加六氟磷酸根离子后，菱形金属大环配合物的一些特征峰又重新出现，且其谱峰特征跟未被破坏的菱形金属大环配合物谱峰相同，表明六氟磷酸根离子的加入又诱导形成了菱形金属大环配合物。

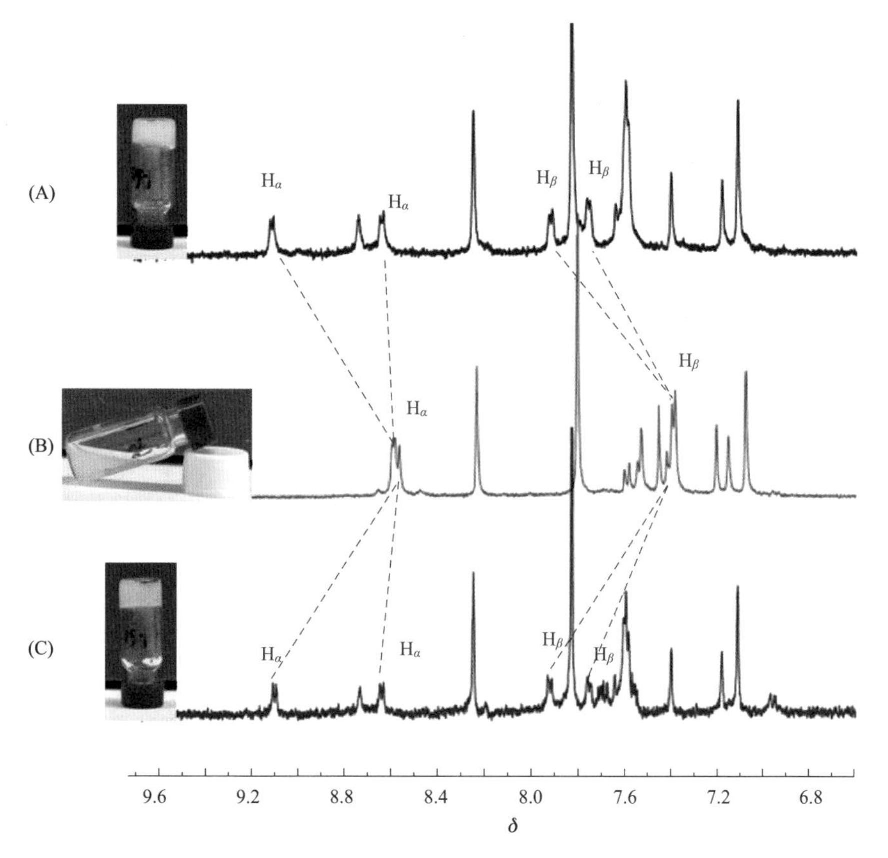

图 4-37　添加 TBAB 前二代树状分子菱形金属大环化合物 **4-13** 在丙酮 / 水（5/3，体积比）溶剂中形成的干凝胶（A），添加 TBAB 后凝胶被破坏形成溶液干燥后（B），添加 $AgPF_6$ 后溶液转变成凝胶干燥后（C）的 ^{1}H NMR（400MHz，CD_2Cl_2，298K）

通过上述实验表明，菱形金属大环配合物形成凝胶后，在卤素离子的刺激下，由于卤素离子与 Pt 离子的强配位作用，会导致菱形金属大环配合物解离，宏观上伴随着凝胶态 - 溶液态的转变；而在形成的溶液中添加六氟磷酸根离子后，由于银离子和卤素离子的强配位作用，会诱导聚芳醚型树状分子配体和受体作用重新生成菱形金属大环配合物，伴随着溶液态 - 凝胶态的转变。

参考文献

[1] Terech P, Weiss R G. Low molecular mass gelators of organic liquids and the properties of their gels. *Chem Rev* **1997**, *97*(8): 3133-3159.

[2] Tomasini C, Castellucci N. Peptides and Peptidomimetics That Behave as Low Molecular Weight Gelators. *Chem Soc Rev* **2013**, *42*(1): 156-172.

[3] Fages F. Metal Coordination To Assist Molecular Gelation. *Angew Chem Int Ed* **2006**, *45*(11): 1680-1682.

[4] Tam A Y Y, Yam V W W. Recent Advances in Metallogels. *Chem Soc Rev* **2013**, *42*(4): 1540-1567.

[5] Newkome G R, He E F, Moorefield C N. Suprasupermolecules with Novel Properties : Metallodendrimers. *Chem Rev* **1999**, *99*(7): 1689-1746.

[6] Oosterom G E, Reek J N H, Kamer P C J, van Leeuwen P. Transition metal catalysis using functionalized dendrimers. *Angew Chem Int Ed* **2001**, *40*(10): 1828-1849.

[7] Crooks R M, Zhao M Q, Sun L, Chechik V, Yeung L K. Dendrimer-encapsulated metal nanoparticles : Synthesis, characterization, and applications to catalysis. *Acc Chem Res* **2001**, *34*(3): 181-190.

[8] Astruc D, Ornelas C, Ruiz J. Metallocenyl dendrimers and their applications in molecular electronics, sensing, and catalysis. *Acc Chem Res* **2008**, *41*(7): 841-856.

[9] Enomoto M, Kishimura A, Aida T. Coordination metallacycles of an achiral dendron self-assemble via metal-metal interaction to form luminescent superhelical fibers. *J Am Chem Soc* **2001**, *123*(23): 5608-5609.

[10] Barbera J, Cavero E, Lehmann M, Serrano J L, Sierra T, Vazquez J T. Supramolecular helical stacking of metallomesogens derived from enantiopure and racemic polycatenar oxazolines. *J Am Chem Soc* **2003**, *125*(15): 4527-4533.

[11] Yam V W W, Wong K M C, Hung L L, Zhu N Y. Luminescent gold (III) alkynyl complexes : Synthesis, structural characterization, and luminescence properties. *Angew Chem Int Ed* **2005**, *44*(20): 3107-3110.

[12] Yang H-B, Das N, Huang F, Hawkridge A M, Muddiman D C, Stang P J. Molecular architecture via coordination: Self-assembly of nanoscale hexagonal metallodendrimers with designed building blocks. *J Am ChemSoc* **2006**, *128*(31): 10014-10015.

[13] Liu Z-X, Feng Y, Zhao Z-Y, Yan Z-C, He Y-M, Luo X-J, Liu C-Y, Fan Q-H. A New Class of Dendritic Metallogels with Multiple Stimuli-Responsiveness and as Templates for the In Situ Synthesis of Silver Nanoparticles. *Chem Eur J* **2014**, *20*(2): 533-541.

[14] 刘志雄 . 功能化聚苄醚型树状分子凝胶因子的设计合成及性能研究 . 北京：中国科学院大学，2014.

[15] Feng Y, He Y-M, Zhao L-W, Huang Y-Y, Fan Q-H. A liquid-phase approach to functionalized janus dendrimers : Novel soluble supports for organic synthesis. *Org Lett* **2007**, *9*(12): 2261-2264.

[16] Feng Y, Liu Z-T, Liu J, He Y-M, Zheng Q-Y, Fan Q-H. Peripherally Dimethyl Isophthalate-Functionalized Poly (benzyl ether) Dendrons : A New Kind of Unprecedented Highly Efficient Organogelators. *J Am Chem Soc* **2009**, *131*(23): 7950-+.

[17] Lahiri S, Thompson J L, Moore J S. Solvophobically driven pi-stacking of phenylene ethynylene macrocycles and oligomers. *J Am Chem Soc* **2000**, *122*(46): 11315-11319.

[18] Cubberley M S, Iverson B L. H-1 NMR investigation of solvent effects in aromatic stacking interactions. *J Am Chem Soc* **2001**, *123*(31): 7560-7563.

[19] Ihm H, Ahn J S, Lah M S, Ko Y H, Paek K. Oligobisvelcraplex : Self-assembled linear oligomer by solvophobic pi-pi stacking interaction of bisvelcrands based on resorcin 4 arene. *Org Lett* **2004**, *6*(22): 3893-3896.

[20] Das D, Kar T, Das P K, Gel-nanocomposites : materials with promising applications. *Soft Matter* **2012**, *8*(8): 2348-2365.

[21] Zhao L L, Kelly K L, Schatz G C. The extinction spectra of silver nanoparticle arrays : Influence of array structure on plasmon resonance wavelength and width. *J Phys Chem B* **2003**, *107*(30): 7343-7350.

[22] Lu Y, Liu G L, Lee L P. High-density silver nanoparticle film with temperature-controllable interparticle spacing for a tunable surface enhanced Raman scattering substrate. *NanoLett* **2005**, *5*(1): 5-9.

[23] Porel S, Singh S, Harsha S S, Rao D N, Radhakrishnan T P. Nanoparticle-embedded polymer：In situ synthesis, free-standing films with highly monodisperse silver nanoparticles and optical limiting. *Chem Mater* **2005**, *17*(1): 9-12.

[24] Cook T R, Zheng Y-R, Stang P J. Metal-Organic Frameworks and Self-Assembled Supramolecular Coordination Complexes：Comparing and Contrasting the Design, Synthesis, and Functionality of Metal-Organic Materials. *Chem Rev* **2013**, *113*(1): 734-777.

[25] Yang H-B, Das N, Huang F, Hawkridge A M, Muddiman D C, Stang P J. Molecular Architecture via Coordination：Self-Assembly of Nanoscale Hexagonal Metallodendrimers with Designed Building Blocks. *J Am Chem Soc* **2006**, *128*(31): 10014-10015.

[26] Zhao G-Z, Chen L-J, Wang W, Zhang J, Yang G, Wang D-X, Yu Y, Yang H-B. Stimuli-Responsive Supramolecular Gels through Hierarchical Self-Assembly of Discrete Rhomboidal Metallacycles. *ChemEur J* **2013**, *19*(31): 10094-10100.

[27] Chen L-J, Zhao G-Z, Jiang B, Sun B, Wang M, Xu L, He J, Abliz Z, Tan H, Li X, Yang H-B. Smart Stimuli-Responsive Spherical Nanostructures Constructed from Supramolecular Metallodendrimers via Hierarchical Self-Assembly. *J Am Chem Soc* **2014**, *136*(16): 5993-6001.

[28]赵光振．二茂铁和树枝状分子外修饰的超分子有机金属大环的合成及性能研究．上海：华东师范大学，2012.

[29] Brown A M, Ovchinnikov M V, Stern C L, Mirkin C A. Halide-Induced Supramolecular Ligand Rearrangement. *J Am Chem Soc* **2004**, *126*(44): 14316-14317.

基于卤键识别作用的环境敏感型聚芳醚树状分子凝胶体系

分子之间的弱相互作用一直以来是化学、生命科学以及材料科学等领域研究的热点课题。分子之间的弱相互作用力，除了传统的氢键、配位键、离子键、芳香环之间的 π-π 堆积作用、阳离子 -π 作用、阴离子 -π 作用，以及范德瓦耳斯力等以外，近年来对于某些特殊的弱相互作用力，如卤素原子（Cl、Br、I）和某些电负性原子、离子（N、O、S 及 Cl^-、Br^-、I^-）或者基团之间的弱相互作用也引起了人们极大的研究兴趣。与氢键类似，人们将卤素原子（常称作卤键给体）和具有孤对电子的原子或者电子体系（常称作卤键受体）的弱相互作用称为卤键（XB）[1-4]。卤键本质上是一种典型的静电相互作用[4-6]。

目前，卤键的概念已经被人们逐渐接受并认可，与氢键相比，卤键具有如下独特的性质：

① 卤键独特的方向性：在多数情况下，卤键的键角接近 180°，具有倾向于线性的几何特征[3]。

② 卤键强度的可调性[7]：卤键的强度跟卤键供体和卤键受体中原子吸电子能力、杂化状态等因素有关。就卤键供体而言，形成的卤键由强到弱的顺序依次为：I > Br > Cl（氟原子很少作为卤键的给体，除非其与强吸电子基团相连）；与卤素共价相连的原子或者基团的吸电子能力也对卤键的强度有重要影响，其吸电子能力越强，形成的卤键也越强；就卤键受体而言，受体位点的电子密度越大，其形成的卤键越强，卤素负离子作为卤键的受体时，强弱顺序为：$I^- > Br^- > Cl^- > F^-$。

③ 卤键的疏水性[8]：卤键由于其含有亲脂性的卤原子，尤其是修饰有多氟基团的卤键给体，表现出了很强的疏水性。

④ 卤键的立体效应[9]：与氢原子（1.20Å）相比，卤素原子（I：1.98Å；Br：1.85Å）的体积更大，所以在某种程度上卤键的立体效应更显著。正是由于卤键的

独特性质，使得卤键在材料科学、生命科学以及药物设计等领域表现出了广阔的应用前景[1,10-12]。

到目前为止，有关卤键的研究主要集中在卤键在固相或者气相中的作用模式，而关于溶液态中卤键的研究还处于起步阶段[8,13,14]，特别是在阴离子识别领域还鲜有报道[15-23]。最近，Taylor 小组[16,17,23]设计合成了一类修饰有碘代多氟苯的多齿型阴离子受体（图 5-1 中 A），发现该类多齿阴离子受体分子跟卤阴离子可以通过多重卤键来有效地识别卤阴离子，随后从理论和实验两个方面详细探讨了卤键给体对卤阴离子及其他酸根阴离子的识别作用。

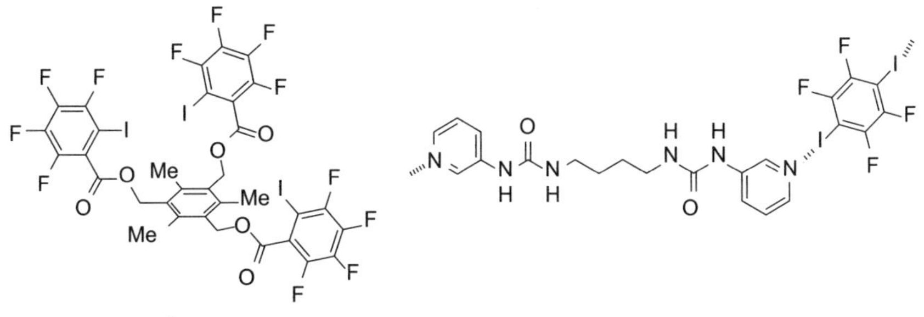

A　B

图 5-1　两类卤键给体分子的结构式

事实上，有关卤键在超分子组装，尤其是在超分子凝胶中的应用还鲜有报道。到目前为止，只有 2013 年 Steed 小组[24]报道的一例，他们研究发现修饰有吡啶的双脲型凝胶因子很容易经由氢键聚集形成沉淀，而通过加入卤键给体（如二碘四氟苯），由于竞争性卤键的引入可以有效地抑制氢键形成，进而促进了凝胶形成（图 5-1 中 B）。但是，利用超分子凝胶和阴离子之间形成卤键来实现超分子凝胶的相态变化，进而实现阴离子可视化识别的方法还尚未报道。

全氟或者氟碘取代的芳香环由于电负性最大的氟元素的引入，维持了外围芳香环的缺电子特性，同时根据文献报道，缺电子的氟代苯基和富电子的芳香环之间存在强的 π-π 堆积作用、C—F⋯H 弱氢键、F⋯F 等弱相互作用[25-28]，而这跟前述的凝胶因子的成胶驱动力相似，同样应该也可以维持很好的成胶效果。最重要的是，由于氟碘芳环的引入，其可以和某些阴离子选择性地形成卤键，有望实现通过卤键来调控树状分子凝胶性能，进而发展一种可以通过树状分子凝胶因子和阴离子形成卤键来可视化识别阴离子的新方法。我们课题组[29,30]采用液相合成策略，制备了一系列外围含有四氟碘苯卤键给体的树状分子凝胶因子，并对其成凝胶性能、微观形貌、成凝胶驱动力、氯离子响应性能和氯离子识别机理进行了深入研究。

5.1 碘代氟苯功能化的聚芳醚型树状分子合成及表征

采用液相合成策略[30]，首先将5-羟基间苯二甲酸二甲酯用CH_3I把羟基保护起来，得到CH_3O-G_0COOMe；再通过$LiAlH_4$还原得到醇CH_3O-G_0CH_2OH；再通过光延反应（Mitsunobu反应）得到一代树状分子CH_3O-G_1COOMe；再通过跟上面相似的还原反应得到一代树状分子CH_3O-G_1CH_2OH；再和2,3,4,5-四氟-6-碘苯甲酸通过酯化反应得到目标产物CH_3O-G_1-TFIB，详细合成步骤见图5-2。

随后，通过跟上面相类似的方法合成了核心含有其他取代基的树状分子，例如核心含有甲氧甲基的MOM-G_1-TFIB，核心为苄基的Bn-G_1-TFIB，以及没有保护基的HO-G_1-TFIB（图5-4）。同时作为对照，我们合成了外围官能团为五氟苯的MOM-G_1-PFB树状分子凝胶因子（图5-3）。

（1）RO-G_1-TFIB的合成及表征

化合物5-1：于装有搅拌磁子的100mL圆底烧瓶中加入5-羟基间苯二甲酸二甲酯（5.002g，23.810mmol）、碳酸钾（6.582g，47.627mmol）和30mL无水DMF，室温搅拌30min后，冰浴条件下，缓慢滴入碘甲烷（3.716g，1.6mL，26.187mmol）。反应体系恢复至室温后，搅拌过夜。TLC检测，反应完全后，加入50mL水和50mL二氯甲烷，水相再用二氯甲烷（3×50mL）萃取三次，合并的有机相用饱和氯化钠溶液洗涤一次，加入无水硫酸钠干燥0.5h，过滤，旋干。柱色谱分离纯化得白色固体产物5.256g，产率98%。^{1}H NMR（300MHz，氘代氯仿）δ：3.88（s, CH_3O, 3H），3.93（s, COOCH_3, 6H），7.74（d, J=1.2Hz, ArH, 2H），8.27（t, J=1.2Hz, ArH, 1H）。^{13}C NMR（75MHz，氘代氯仿）δ：166.1，159.6，131.7，122.9，119.2，55.7，52.4。HRMS-ESI（m/z）: $[M+H]^+$，$C_{11}H_{13}O_5$，理论值255.07575，实测值255.07539。

还原反应的通用步骤（**5-2**和**5-4**的合成）：于装有搅拌磁子的250mL单口瓶中，依次加入CH_3O-$G_n$$COOCH_3$（$n$=1, 2）（1.0equiv）和100mL四氢呋喃，在冰浴条件下缓慢加入四氢铝锂（2.2n equiv），加完后撤去冰浴，加热回流1～3h，TLC检测，反应完全后，在冰浴条件下缓慢加入饱和氯化铵溶液淬灭反应，溶液中有白色固体出现，过滤，滤饼用四氢呋喃洗涤三次，无水硫酸钠干燥，过滤，减压除去有机溶剂，得白色固体。

化合物5-2：产率：90%。^{1}H NMR（300MHz，氘代二甲亚砜）δ：3.73（s, CH_3O, 3H），4.45（d, J=5.7Hz, ArCH_2OH, 4H），5.15（t, J=5.9Hz, ArCH_2OH, 2H），6.74（s, ArH, 2H），6.84（s, ArH, 1H）。^{13}C NMR（75MHz，氘代二甲亚砜）δ：159.2，143.9，116.5，110.0，62.8，54.9。

化合物5-4：产率：100%。^{1}H NMR（300MHz，氘代二甲亚砜）δ：3.78（s,

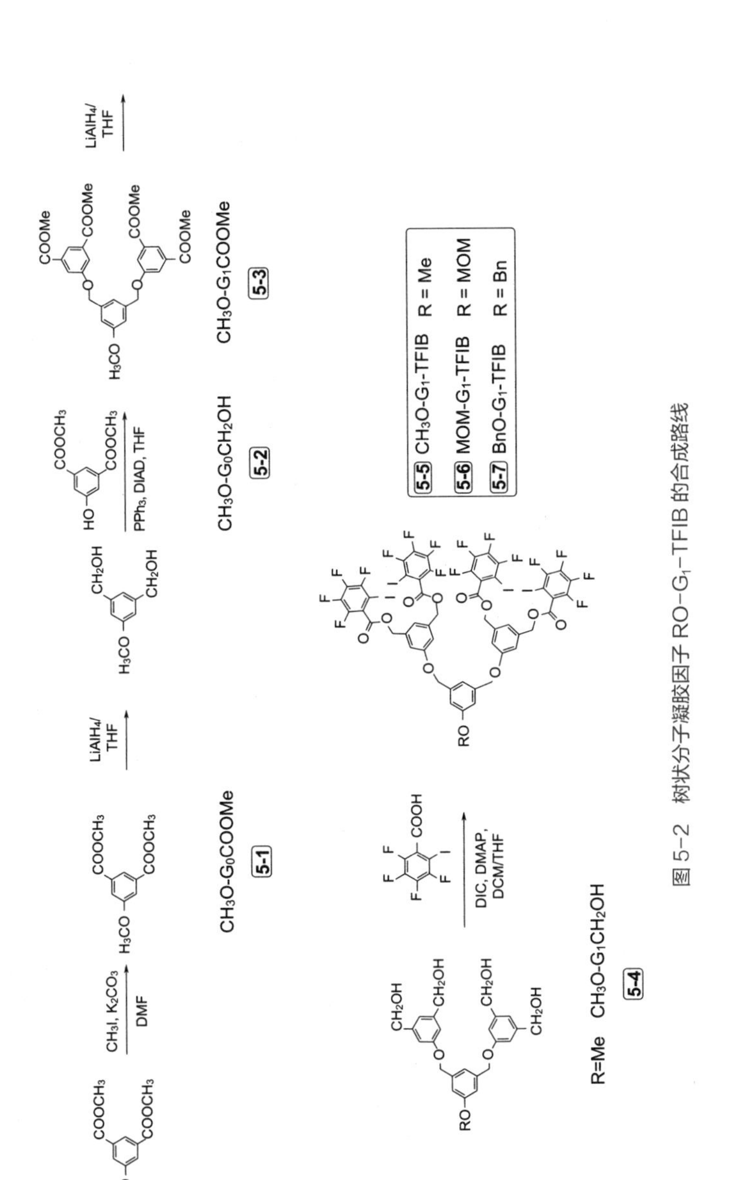

图 5-2 树状分子凝胶因子 RO-G$_1$-TFIB 的合成路线

CH_3O, 3H），4.46（d, J=5.7Hz, ArCH_2OH, 8H），5.07（s, ArCH_2OAr, 4H），5.17（t, J=5.9Hz, $ArCH_2OH$, 4H），6.85（s, ArH, 4H），6.87（s, ArH, 2H），6.98（s, ArH, 2H），7.12（s, ArH, 1H）。^{13}C NMR（75MHz，氘代二甲亚砜）δ：159.4，158.3，143.9，139.0，118.5，116.9，112.3，110.1，68.8，62.8，55.1。HRMS-ESI（m/z）: $[M+Na]^+$，$C_{25}H_{28}O_7Na$，理论值 463.17272，实测值 463.17218。

化合物 5-3：于装有搅拌磁子的 100mL 圆底烧瓶中，依次加入化合物 CH_3O-G_0CH_2OH（1.100g，6.540mmol）、5-羟基间苯二甲酸二甲酯（2.884g，13.733mmol）、三苯基膦（PPh_3，5.140g，19.618mmol）和 60mL 无水四氢呋喃（THF），在冰浴条件下用注射器缓慢加入偶氮二甲酸二异丙酯（DIAD，3.963g，19.618mmol，4.0mL），加完后继续搅拌 10min，反应体系恢复至室温后，氮气保护下搅拌过夜，TLC 检测，反应完全后，依次加入 200mL 乙醚和 200mL 甲醇沉淀，过滤，真空干燥后得到白色粉末状固体 2.756g，产率 76%。^{1}HNMR（300MHz，氘代氯仿）δ: 3.85（s, CH_3O, 3H），3.94（s, COOCH_3, 12H），5.14（s, ArCH_2O, 4H），6.97（s, ArH, 2H），7.11（s, ArH, 1H），7.84（d, J=1.2Hz, ArH, 4H），8.30（s, ArH, 2H）。^{13}C NMR（75MHz，氘代氯仿）δ：166.0，160.2，158.6，138.1，131.9，123.3，120.1，118.5，112.7，70.1，55.4，52.4。HRMS-ESI（m/z）: $[M+Na]^+$，$C_{29}H_{28}O_{11}Na$，理论值 575.15238，实测值 575.15180。

树状分子酯分反应的通用步骤（**5-5**、**5-6**、**5-7** 的合成）：于装有搅拌磁子的 100mL 圆底烧瓶中，依次加入 2,3,4,5-四氟-6-碘苯甲酸[31]（4.1equiv）、树状分子醇（1.0equiv）、4-二甲氨基吡啶（DMAP,0.4equiv）和 60mLTHF/DCM（1/2，体积比）混合溶剂，在冰浴条件下用注射器缓慢加入 N,N-二异丙基碳二亚胺（DIC,4.1equiv），加完后继续搅拌 10min，反应体系恢复至室温后，氮气保护下搅拌过夜，TLC 检测，反应完全后，加入饱和的氯化铵溶液淬灭反应，再用 DCM（3 × 50mL）萃取三次，合并的有机相用饱和氯化钠（NaCl）溶液洗涤一次，加入无水硫酸钠（Na_2SO_4）干燥 0.5h，过滤，旋干。柱色谱分离纯化得白色固体产物。

化合物 5-5：产率 56%。^{1}H NMR（300MHz，氘代氯仿）δ：3.82（s, CH_3O, 3H），5.07（s, ArCH_2O, 4H），5.39（s, ArCH_2O, 4H），6.85（s, ArH, 4H），6.92（s, ArH, 2H），7.05（s, ArH, 5H），7.13（s, ArH, 2H）。^{13}C NMR（75MHz，$CDCl_3$）δ：162.4，160.2，159.1，149.6，149.5，147.0，146.8，146.3，146.2，143.6，143.4，142.8，142.6，142.4，142.2，139.3，139.2，139.0，138.9，138.8，138.5，136.5，123.7，123.7，123.5，123.4，121.2，118.3，115.3，112.5，74.9，74.5，69.9，68.2，55.4。^{19}F NMR（150MHz，氘代氯仿）δ：–112.7（m, 1F），–136.5（m, 1F），–149.1（m, 1F），–152.0（m, 1F）。HRMS-ESI（m/z）: $[M+Na]^+$，$C_{53}H_{24}O_{11}F_{16}I_4Na$，理论值 1670.71341，实测值 1670.71216。元素分析（%）: $C_{53}H_{24}F_{16}I_4O_{11}$，C 38.62,H 1.47（理论值），C 38.59，H 1.53（实测值）。

化合物 5-6： 产率 58%。^{1}H NMR（300MHz，氘代氯仿）δ：3.48（s, CH_3OCH_2O, 3H），5.07（s, $ArCH_2O$, 4H），5.19（s, CH_3OCH_2O, 2H），5.39（s, $ArCH_2O$, 8H），7.05（s, ArH, 4H），7.07（s, ArH, 2H），7.13（s, ArH, 3H）。^{13}C NMR（75MHz，氘代氯仿）δ：149.5，147.0，146.8，146.3，146.3，146.2，146.2，143.6，143.4，142.8，142.8，142.7，142.6，142.5，142.4，142.4，142.2，139.4，139.3，139.2，139.1，139.1，139.0，138.9，138.7，138.6，136.5，123.7，123.5，123.4，121.2，119.5，115.3，114.8，94.5，74.9，74.5，69.8，68.2，56.2。^{19}F NMR（150MHz，氘代丙酮）δ：–115.6（m, 1F），–139.6（m, 1F），–152.3（m, 1F），–155.0（m, 1F）。HRMS-ESI（m/z）：$[M+Na]^+$，$C_{54}H_{26}O_{12}F_{16}I_4Na$，理论值 1700.72397，实测值 1700.72304。元素分析（%）：$C_{54}H_{26}F_{16}I_4O_{12}$，C 38.64，H 1.56（理论值）；C 38.75，H 1.52（实测值）。

化合物 5-7： 产率 66%。^{1}H NMR（300MHz，氘代氯仿）δ：5.07（s, $ArCH_2O$, 4H），5.38（s, $ArCH_2O$, 8H），7.01～7.07（m, ArH, 7H），7.13（s, ArH, 2H），7.32～7.42（m, PhH, 5H）。^{13}CNMR（75MHz，氘代氯仿）δ：159.1149.6，149.5，147.0，146.8，146.3，146.2，143.6，143.4，142.9，142.8，142.7，142.5，142.4，142.2，139.4，139.3，139.2，139.1，139.0，139.0，138.7，138.6，138.4，136.5，128.6，128.1，127.5，123.7，123.7，123.5，123.4，121.2，118.5，115.3，113.4，74.9，74.6，70.1，69.9，68.2。^{19}FNMR（150MHz，氘代氯仿）δ：–112.7（m, 1F），–136.5（m, 1F），–149.1（m, 1F），–152.0（m, 1F）。HRMS-ESI（m/z）：$[M+Na]^+$，$C_{59}H_{28}O_{11}F_{16}I_4Na$, 理论值 1746.74471，实测值 1746.74225。元素分析（%）：$C_{59}H_{28}F_{16}I_4O_{11}$，C 41.09，H 1.64（理论值）；C 41.34，H 1.69（实测值）。

（2）MOM-G_1-PFB 的合成及表征

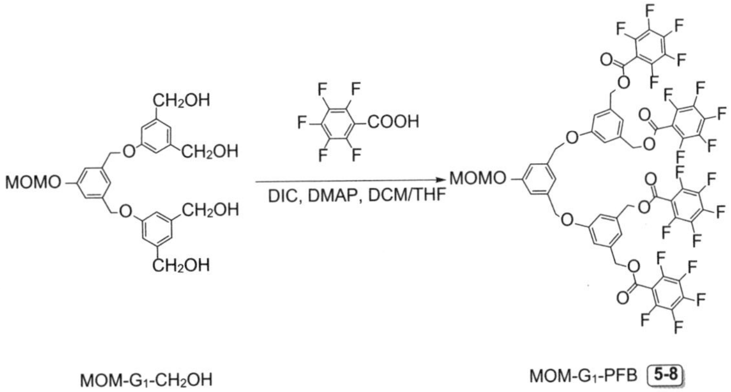

MOMO — MOM-G_1-CH_2OH (CH₂OH ×4) → [pentafluorobenzoic acid (F, COOH); DIC, DMAP, DCM/THF] → MOM-G_1-PFB **5-8**

图 5-3 树状分子凝胶因子 MOM-G_1-PFB 的合成路线

化合物 5-8： 操作步骤同 **5-5**，产率 61%。^{1}H NMR（300MHz，氘代氯仿）δ：3.48（s,

CH_3OCH_2O, 3H），5.06（s, ArCH_2O, 4H），5.19（s, CH_3OCH_2O, 2H），5.38（s, ArCH_2O, 8H），7.02（s, Ar*H*, 4H），7.08（s, Ar*H*, 4H），7.15（s, Ar*H*, 1H）。^{13}C NMR（75MHz, 氘代氯仿）δ：159.2，158.8,157.9，147.4，145.1，143.9，141.6，139.4，138.5，136.7，136.3，136.1，136.0，120.2，119.7，114.9，114.7，94.5，69.8，67.8，56.1。^{19}F NMR（150MHz，氘代氯仿）δ：–137.8（m, 2F），–148.1（m, 1F），–160.3（m, 2F）。HRMS-ESI（*m*/*z*）: $[M+Na]^+$，$C_{54}H_{26}O_{12}F_{20}Na$，理论值 1269.09977，实测值 1269.09895。元素分析（%）: $C_{54}H_{26}F_{20}O_{12}$，C 52.02，H 2.10（理论值）; C 51.88，H 2.09（实测值）。

（3）HO-G_1-TFIB 的合成及表征

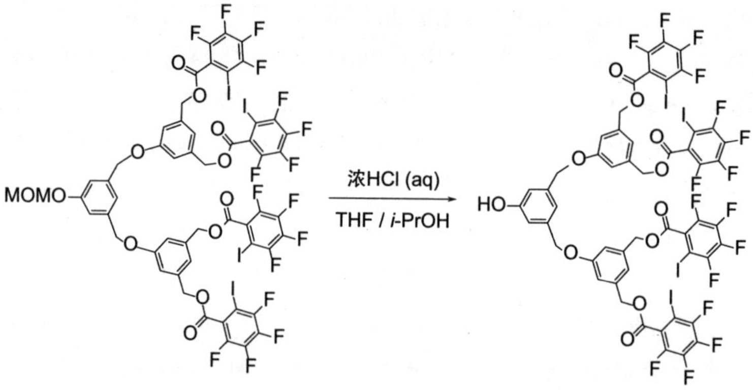

图 5-4　树状分子凝胶因子 HO-G_1-TFIB 的合成路线

化合物 5-9：于装有搅拌磁子的 250mL 圆底烧瓶中，在搅拌条件下，将溶于 20mL 四氢呋喃（THF）的浓盐酸（5mL）溶液缓慢滴到溶于 THF/*i*-PrOH（6/1, 体积比）混合溶剂（80mL）的 MOM-G_1-TFIB（5.642g，9.685mmol）的溶液中，维持反应温度在 0℃左右。滴加完毕后，加热回流 3h；TLC 检测，反应完毕后，柱色谱分离纯化得淡黄色油状液体，再用甲醇（CH_3OH）沉淀，得白色固体 0.889g, 产率 89%。^{1}H NMR（300MHz, 氘代氯仿）δ: 5.05（s, ArCH_2O, 4H），5.38（s, ArCH_2O, 8H），6.86（s, Ar*H*, 2H），7.02～7.07（m, Ar*H*, 5H），7.13～7.15（m, Ar*H*, 2H）。^{13}C NMR（75MHz，氘代氯仿）δ：162.5，159.0，156.4，149.6，149.5，147.0，146.9，146.4，146.2，143.6，143.4，142.9，142.6，142.4，142.1，139.3，139.1，138.9，138.8，136.5，123.6，123.6，123.4，123.4，121.2，118.2，115.3，115.2，114.0，74.9，74.5，69.7，68.2。^{19}F NMR（150MHz，氘代氯仿）δ: −112.7（m, 1F），−136.5（m, 1F），−149.0（m, 1F），−152.0（m, 1F）。HRMS-ESI（*m*/*z*）: $[M+Na]^+$，$C_{52}H_{21}O_{11}F_{16}I_4Na$, 理论值 1632.70016，实测值 1632.70032。元素分析（%）: $C_{52}H_{22}F_{16}I_4O_{11}$，C 38.22，H 1.36（理论值）; C 38.14，H 1.42（实测值）。

5.2 碘代氟苯功能化的聚芳醚型树状分子成凝胶性能、凝胶微观形貌研究

5.2.1 成凝胶性能研究

我们首先研究了树状分子凝胶因子 MOM-G_1-TFIB 的成胶性能（表 5-1），研究发现该类树状分子无论是在单一溶剂还是混合溶剂中，经过传统的加热溶解，自然冷却至室温的制胶方法，均得不到稳定的超分子凝胶；而是析出沉淀或者转变成澄清溶液。然而，经过短暂的超声刺激后，在醇类有机溶剂及混合溶剂中却可以形成稳定的浑浊凝胶。

◆ 表 5-1 树状分子凝胶因子凝胶性能测试[①]

编号	溶剂	MOM-G_1-TFIB 5-6	CH_3O-G_1-TFIB5-5	Bn-G_1-TFIB 5-7	HO-G_1-TFIB 5-9	MOM-G_1-PFB 5-8
1	甲苯	S	S	S	S	S
2	苯甲醚	S	S	S	S	S
3	吡啶	S	S	S	S	S
4	乙酸乙酯	S	S	S	S	S
5	丙酮	S	S	S	S	S
6	环己酮	S	S	S	S	S
7	乙二醇单甲醚	S	G（37.0）	S	S	P
8	苯甲醇	S	G（41.3）	S	S	P
9	乙腈	S	S	S	S	P
10	苄腈	S	S	S	S	S
11	1,2- 二氯乙烷	S	S	S	S	S
12	四氯甲烷	S	G（23.3）	S	G（11.7）	P
13	甲醇	G（3.3）	I	P	G（51.5）	I
14	乙醇	G（4.4）	G（5.0）	P	S	P
15	异丙醇	G（6.5）	G（4.9）	P	O	P
16	1- 丁醇	G（9.3）	G（4.4）	P	O	P
17	甲苯 / 己烷 =1/3	G（6.9）	G（13.7）	O	G（10.9）	P
18	苯甲醚 / 己烷 =1/3	G（7.5）	S	S	S	P
19	丙酮 / 己烷 =1/8	G（9.4）	G（8.4）	S	S	P
20	2- 己酮 / 己烷 =1/3	G（7.5）	G（6.2）	S	S	P
21	二氯甲烷 / 己烷 =1/3	G（7.3）	G（23.3）	O	P	P

续表

编号	溶剂	MOM-G_1-TFIB 5-6	CH_3O-G_1-TFIB5-5	Bn-G_1-TFIB 5-7	HO-G_1-TFIB 5-9	MOM-G_1-PFB 5-8
22	二氯乙烷 / 己烷 =1/3	G（5.7）	G（8.1）	O	G（21.6）	P
23	乙酸乙酯 / 己烷 =1/3	G（6.6）	G（13.6）	S	S	P
24	四氢呋喃 / 己烷 =1/8	G（8.7）	G（7.6）	S	S	P

① 在起始冷却过程中施加了一定时间的超声刺激（0.40W/cm^2，40kHz，1 ～ 5min），倒置法判断是否形成凝胶。

注：括号中的数值为临界凝胶因子浓度，单位为 mg/mL。

G—凝胶；P—析出沉淀；S—澄清溶液；I—开始加热时不溶。详见 3.1.2 节。

由于外围氟碘代芳香环较好的脂溶性，使得 MOM-G_1-TFIB 在某些极性溶剂（如丙酮、乙酸乙酯等）和弱极性溶剂（如甲苯）中，均表现出良好的溶解性能，而不能形成凝胶；但是在极性质子溶剂（如甲醇、乙醇等）中，经过超声刺激后，则可以形成稳定的浑浊凝胶。发现随着醇类溶剂极性的增大，其临界凝胶因子浓度逐渐减小，并且其临界凝胶因子浓度均小于 10mg/mL，在甲醇中最低，可达 1.97×10^{-3}mol/L，相当于一个树状分子可以固定大约 1.3×10^4 个溶剂分子，表明这类树状分子达到了小分子凝胶因子较好的水平。进一步研究发现，其在许多混合溶剂中同样能够形成稳定的凝胶，且其临界凝胶因子浓度均低于 10mg/mL。随后考察了核心为甲基保护基的树状分子 CH_3O-G_1-TFIB 的成胶性能，发现无论是成胶溶剂种类还是临界凝胶因子浓度，均跟 MOM-G_1-TFIB 表现出几乎相当的效果。但是有意思的是，当把甲氧甲基变成苯基后，树状分子 BnO-G_1-TFIB 成胶性能急剧下降，在我们测试的所有单一溶剂及混合溶剂中都不能成凝胶，这可能是由于苯基的引入导致树状分子组装的某些作用力（如 π-π 堆积作用）被破坏，进而不能形成凝胶。当把甲氧甲基保护基脱掉后，树状分子 HO-G_1-TFIB 成胶溶剂种类变少，只能在四种溶剂体系中成凝胶，其临界凝胶因子浓度甚至高达 50mg/mL。而把外围的官能团改成五氟苯后，树状分子 MOM-G_1-PFB 倾向于析出沉淀，在很多有机溶剂体系中，均以沉淀的形式析出。

5.2.2 凝胶微观形貌研究

超分子凝胶的微观形貌同样是超分子凝胶研究的重点之一。超分子凝胶的微观结构通常是由凝胶因子在弱相互作用力的驱动下，形成一维的组装体，然后再相互交联形成三维网络状结构。其中凝胶因子的结构和溶剂等因素对其微观形貌有着直接的影响。

（1）超声时间对树状分子凝胶微观形貌的影响

在凝胶性能测试研究中发现，超声刺激对这类树状分子的成胶过程发挥了至关重要的作用，对此我们也产生了浓厚的兴趣，随后以 MOM-G_1-TFIB 在乙醇中成凝胶过程为例，通过 SEM 研究了超声时间对其成胶过程以及微观形貌的影响（图 5-5）。从图 5-5 可以看出，MOM-G_1-TFIB 在乙醇中加热至完全溶解，直接冷却至室温（0s），形成直径在 1 ～ 4μm 的球形聚集体；超声刺激 30s 后，球形聚集体逐渐分裂变成直径在 500nm ～ 1.5μm 的小球形组装体；随着超声时间的进一步延长（60s），小球形组装体进一步相互聚集，形成如图 5-5 所示的花型聚集体；进一步延长超声刺激时间（90s），花型聚集体之间相互交联，形成由直径在 1μm 左右的巨型“纤维”组装而成的松散网络状结构，宏观上伴随着半透明不稳定的凝胶形成；超声 120s 后，直径为 1μm 左右的巨型“纤维”逐步分裂形成直径为几百纳米的更细、更长纤维，纤维彼此之间相互交联，形成致密的三维网络状形貌，此时形成较稳定的凝胶；进一步延长超声时间（180s），直径在 1μm 左右的巨型“纤维”完全分裂形成直径在 100 ～ 300nm，长度在几十微米的细长纤维，其彼此相互交联、缠绕，形成三维网络状骨架，从而“固定”溶剂，形成稳定凝胶。因此可以看出，超声刺激有利于树状分子组装形成细长纤维相互缠绕的三维网络状形貌，从而有效“固定”溶剂分子形成凝胶。在其他溶剂中我们也观察到了类似的实验现象。我们猜测可能的原因是超声刺激能够促进形成大量细小晶核，进而导致细小的晶核之间相互作用，形成了细长且交联度高的纤维状结构，从而促进凝胶的形成。

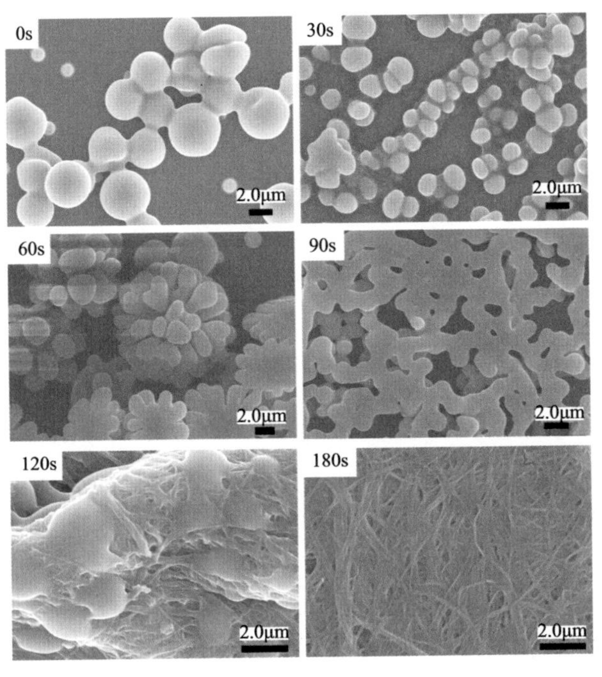

图 5-5　SEM 表征超声时间对树状分子 MOM-G_1-TFIB 凝胶微观形貌的影响

（2）不同种类树状分子在乙醇溶剂中的微观形貌

从图 5-6 可以看出，MOM-G_1-PFB 在乙醇溶剂中形成直径在 500 ～ 1500nm，长度在 1 ～ 3μm 的短而粗的棒状组装体，因此以沉淀的形式析出，而不能形成稳定的凝胶［图 5-6（A）］；而 MOM-G_1-TFIB 则形成直径在 100 ～ 300nm，长度在几十微米的细长纤维，其彼此相互交联缠绕，形成致密的三维网络状微观形貌［图 5-6（B）］；CH_3O-G_1-TFIB 的微观形貌跟 MOM-G_1-TFIB 相类似［图 5-6（C）］，然而其纤维的尺寸略大，直径在 100 ～ 500nm，长度在几十微米，这进一步解释了其成胶性能略差于 MOM-G_1-TFIB 这一实验现象；HO-G_1-TFIB 则形成直径在 500 ～ 1500nm 左右，细且直的带状结构［图 5-6（D）］。

图 5-6　SEM 表征不同种类树状分子 MOM-G_1-PFB（A）、MOM-G_1-TFIB（B）、CH_3O-G_1-TFIB（C）、HO-G_1-TFIB（D）在乙醇中干胶的微观形貌

（3）树状分子 MOM-G_1-TFIB 在不同有机溶剂中的微观形貌

鉴于 MOM-G1-TFIB 在醇类有机溶剂以及混合溶剂中表现出的优异成胶性能，进一步通过 SEM 和 TEM 研究了其在不同溶剂中的微观形貌，从图 5-7、图 5-8 可以看出，不管在醇类溶剂还是在混合溶剂中，都形成了由细长纤维相互交联、缠绕而成的三维网络状微观形貌。但是在醇类溶剂中倾向于形成更细、更长的纤维，其直径大概在 100 ～ 200nm，长度在几十微米；而在混合溶剂中，以甲苯 / 正己烷（1/3, 体积比）为例，则形成细长而笔直的纤维，直径在 300 ～ 1000nm 左右，且其相互交联度较差，因而导致其成胶效果也略差一些（图 5-7）。从 TEM 照片也同样观察到了三维的网络状微观结构，但是由于溶剂的种类不同，其组成网络的纤维尺寸也不尽相同（图 5-8）。

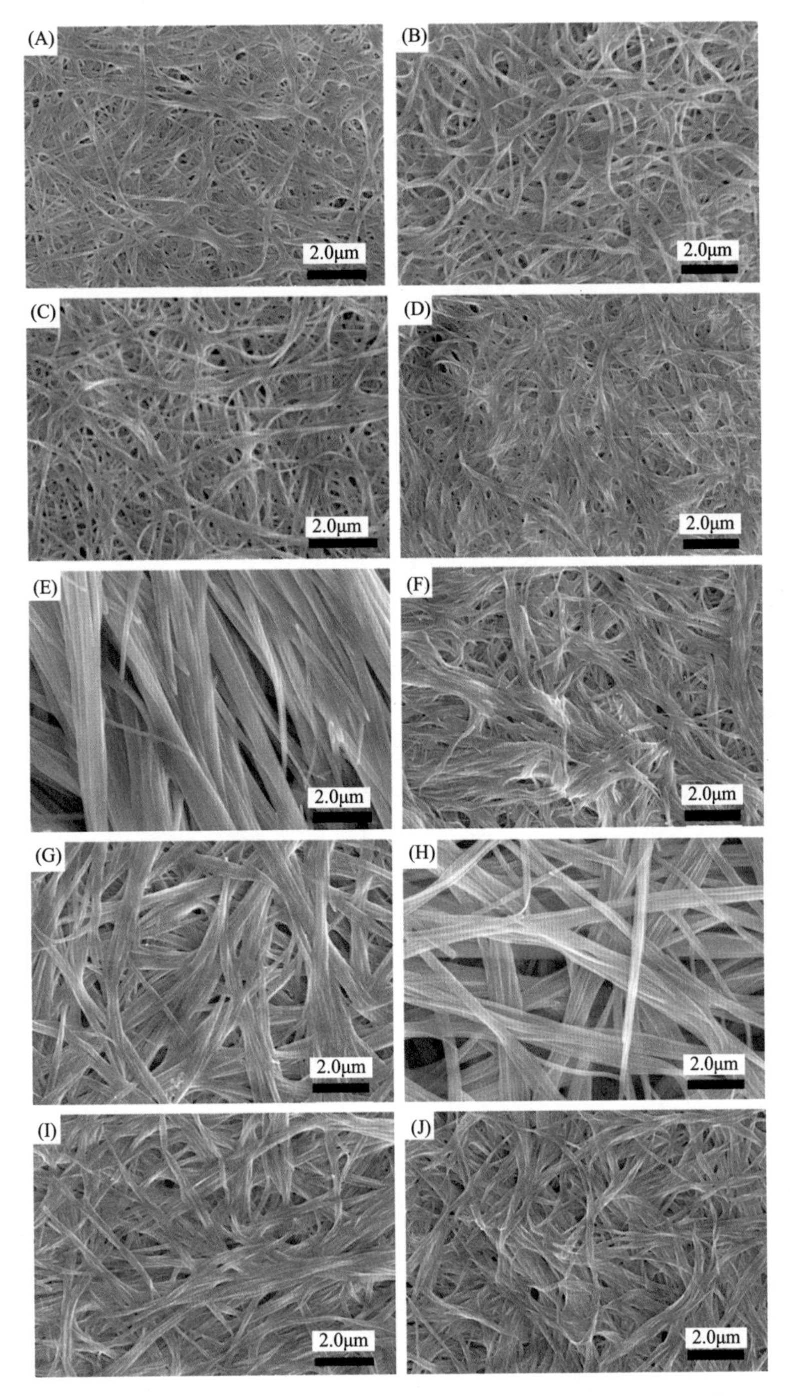

图 5-7　树状分子 MOM-G_1-TFIB 在不同有机溶剂中干凝胶的 SEM 照片

（A）甲醇；（B）乙醇；（C）异丙醇；（D）正丁醇；（E）甲苯 / 正己烷（1/3，体积比）；（F）丙酮 / 正己烷（1/8，体积比）；（G）2- 己酮 / 正己烷（1/3, 体积比）；（H）二氯甲烷 / 正己烷（1/3, 体积比）；（I）1,2- 二氯乙烷 / 正己烷（1/3, 体积比）；（J）乙酸乙酯 / 正己烷（1/3, 体积比）

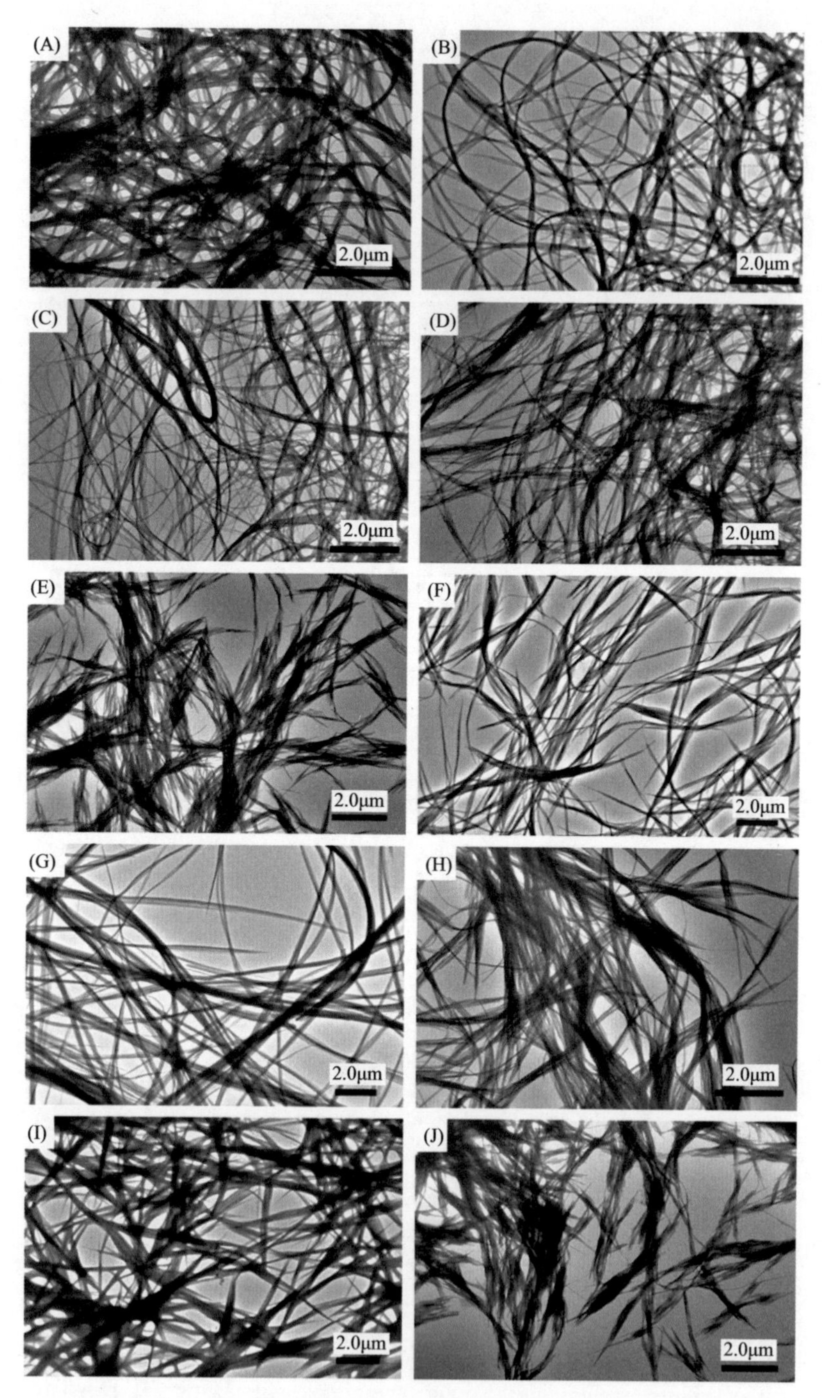

图 5-8 树状分子 MOM-G_1-TFIB 在不同有机溶剂中干凝胶的 TEM 照片

（A）甲醇；（B）乙醇；（C）异丙醇；（D）正丁醇；（E）丙酮 / 正己烷（1/3，体积比）；（F）1,2- 二氯乙烷 / 正己烷（1/3，体积比）；（G）二氯甲烷 / 正己烷（1/3, 体积比）；（H）乙酸乙酯 / 正己烷（1/3, 体积比）；（I）2- 己酮 / 正己烷（1/3, 体积比）；（J）四氢呋喃 / 正己烷（1/8, 体积比）

随后，我们研究了这类树状分子凝胶的热稳定性，从图 5-9 可以看出，随着凝胶因子的浓度增加，其凝胶 - 溶胶的相变温度（T_{gel}）逐渐升高，最后趋于稳定。表明该类树状分子具有很好的热力学稳定性。

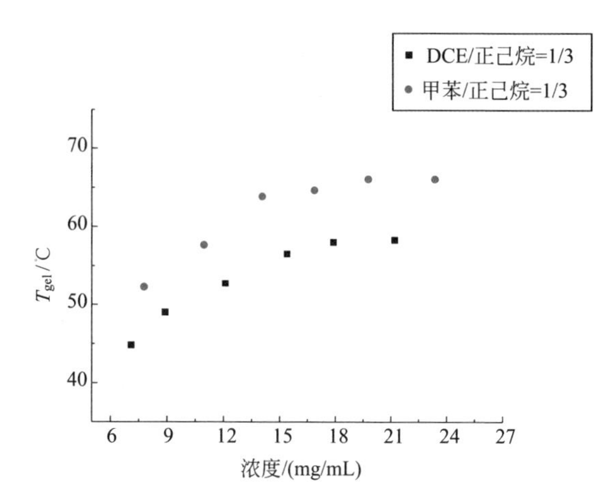

图 5-9　树状分子凝胶因子 MOM-G_1-TFIB 在不同有机溶剂中的凝胶 - 溶胶转变温度（T_{gel}）随浓度的变化关系

5.3　碘代氟苯功能化的聚芳醚型树状分子成凝胶驱动力研究

通过前面的研究发现这类树状分子在醇类溶剂和混合溶剂中显现出了很好的成胶性能，因此使得我们对其成胶的驱动力也产生了浓厚的兴趣。根据文献报道，发现五氟苯类化合物和其他富电子的芳香化合物之间存在强烈的 π-π 堆积作用以及 C—F⋯H 弱氢键以及其他的弱相互作用 [26-29]。借鉴我们前面研究外围修饰有间苯二甲酸二甲酯官能化树状分子成胶驱动力研究经验，我们通过基于浓度、温度变化的核磁共振氢谱以及粉末 X 射线衍射等手段进一步研究了成胶机理。

5.3.1　溶剂滴定实验

通过疏溶剂效应研究，发现随着不良溶剂 CCl_4 的比例增大，化合物各个质子的特征吸收峰裂分峰变宽，表明树状分子之间发生了组装，同时，其内层相对富电子的芳香环上的质子（H_a ～ H_d）的特征吸收峰均明显地向高场发生位移（图 5-10），且变化幅度很大，与此同时，与外围 2,3,4,5- 四氟 -6- 碘缺电子芳香环相连的苄基 CH_2（H_e）特征峰同样明显地向高场位移，而其他特征峰（H_f 和 H_g）的位移并不明显（图 5-11）。表明强的疏溶剂效应能够促进分子之间的 π-π 堆积作用。

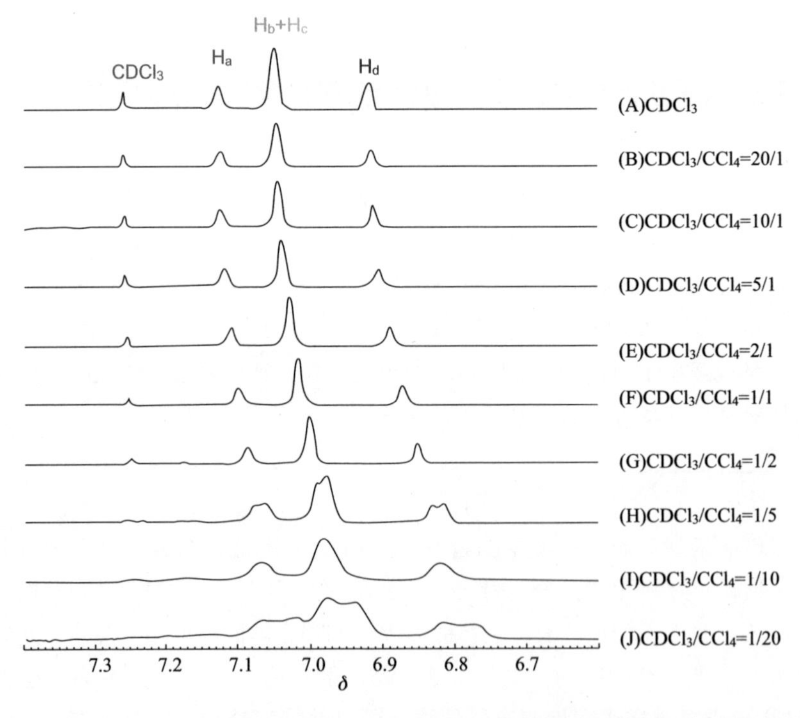

图 5-10 树状分子 CH_3O-G_1-TFIB 在 $CDCl_3/CCl_4$（体积比）混合溶剂中随着 CCl_4 比例变化的芳香区 ^1H NMR（TMS 作为内标）。其中 CH_3O-G_1-TFIB 浓度为 24mg/mL，(I)形成稳定凝胶

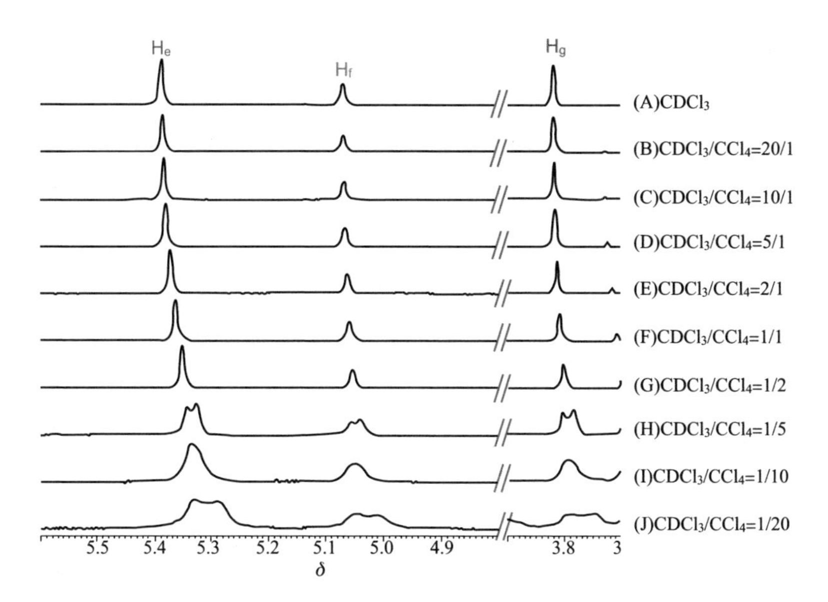

图 5-11 树状分子 CH_3O-G_1-TFIB 在 $CDCl_3/CCl_4$（体积比）混合溶剂中随着 CCl_4 比例变化的烷基区 ^{1}HNMR（TMS 作为内标）。其中 CH_3O-G_1-TFIB 浓度为 24mg/mL，（I）形成稳定凝胶

5.3.2 基于浓度和温度变化的核磁共振氢谱

（1）基于浓度变化的核磁共振氢谱

同时我们也研究了 CH_3O-G_1-TFIB 在 $CDCl_3/CCl_4$（1/9, 体积比）混合溶剂中基于浓度梯度的核磁共振氢谱（图 5-12）。通过研究发现，随着浓度从 0.3mg/mL 增加到 41.0mg/mL 时，其内层富电子芳香环上质子（H_a ～ H_d）的特征峰明显变宽且均向高场发生位移，说明树状分子随着浓度的增加在 π-π 堆积作用的驱使下发生组装。

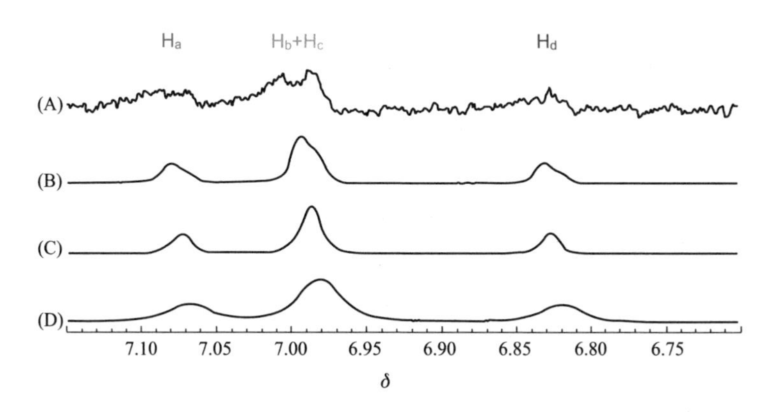

图 5-12 不同浓度树状分子 CH_3O-G_1-TFIB 凝胶在芳香区的 ^{1}H NMR［300MHz，$CDCl_3/CCl_4$（1/9, 体积比）］

（A）0.3mg/mL；（B）9.4mg/mL；（C）26.2mg/mL；（D）41.0mg/mL（形成稳定凝胶）

（2）基于温度变化的核磁共振氢谱

随后，通过对其基于温度变化的 ^{1}H NMR 研究发现（图 5-13），随着温度从 278K 升高至 328K 过程中，其内层富电子芳环上质子（H_a ～ H_d）的特征峰均变窄，裂分峰明显，表明随着温度的升高组装体逐渐被破坏，变成游离的自由分子；芳香环上的特征吸收峰都明显向低场位移。这也充分说明芳环之间的 π-π 堆积作用是其成胶的主要驱动力之一。

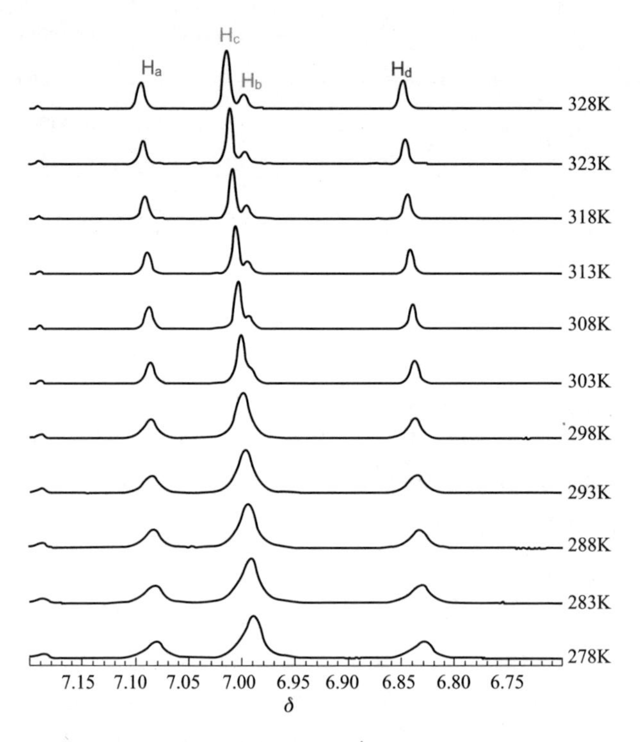

图 5-13　树状分子 CH_3O-G_1-TFIB 凝胶在芳香区的变温 ^{1}H NMR［600MHz，$CDCl_3/CCl_4$（1/9，体积比），29.0mg/mL］，其中该凝胶在 313K 时，变成澄清溶液

5.3.3　广角 X 射线粉末衍射实验

随后，我们利用广角 X 射线粉末衍射研究了树状分子 MOM-G_1-TFIB 在混合溶剂二氯甲烷/正己烷（1/3，体积比）中形成干胶的π-π 相互作用力，从图 5-14 可以看出，其干胶在 2θ=24.4° 左右有一个明显的衍射峰，其对应的距离为 3.6Å，刚好是 π-π 相互作用力的有效范围，这也进一步证明 π-π 堆积作用是成胶的主要驱动力之一。

总之，通过基于浓度和温度变化的核磁共振氢谱和 X 射线粉末衍射等实验研究表明：树状分子多重芳环之间多重的 π-π 相互作用力以及疏溶剂效应是树状分子成胶的主要驱动力。

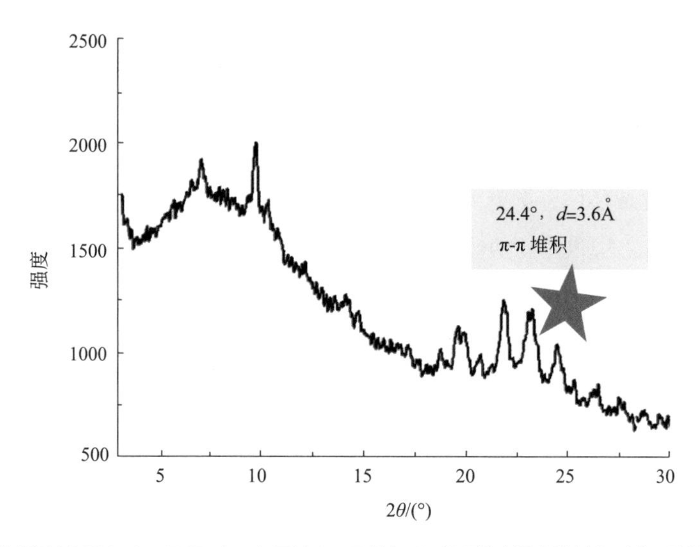

图 5-14 树状分子 MOM-G_1-TFIB 在二氯甲烷 / 正己烷（1/3, 体积比）混合溶剂中形成干胶的 XRD 光谱图

5.3.4 树状分子自组装模型

为了进一步了解 CH_3O-G_1-TFIB 自组装过程，通过小角 X 射线散射研究了 CH_3O-G_1-TFIB 在甲苯 / 正己烷混合溶剂（1/3，体积比）（20mg/mL）中形成的干凝胶网络的结构和尺寸。从图 5-15 可以看出，其 XRD 衍射峰对应的层间距（d）分别为：5.46nm、3.85nm、2.78nm、2.48nm、1.71nm、1.32nm 和 1.23nm，其比率为 1 ∶ $1/\sqrt{2}$ ∶ 1/2 ∶ $1/\sqrt{5}$ ∶ $1/\sqrt{10}$ ∶ 1/4 ∶ $1/\sqrt{20}$，这与柱状方形结构堆积方式的参数是一致的，其柱的直径为 5.43nm。假设在柱状方形结构中两个紧密堆积的 CH_3O-G_1-TFIB 分子之间的堆积距离为 3.7Å 且干凝胶的密度 ρ=1.6g/cm^3，可以计算出单层柱中树枝状分子的平均数量约为 6 个。

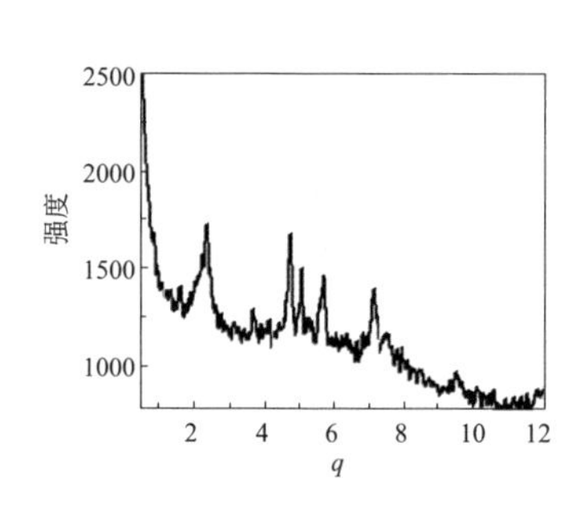

序号	q	d_{obs}/nm	d_{cal}/nm	hkl
1	1.15	5.46	5.43	010
2	1.63	3.85	3.84	011
3	2.26	2.78	2.72	020
4	2.53	2.48	2.43	021
5	3.67	1.71	1.72	031
6	4.76	1.32	1.36	040
7	5.10	1.23	1.21	042
8	5.73	1.10	1.09	050
9	6.84	0.92	0.91	060
10	7.16	0.88	0.89	061

图 5-15 树状分子 CH_3O-G_1-TFIB 在甲苯 / 正己烷混合溶剂（1/3，体积比）（20mg/mL）中干凝胶的 SAXD 光谱图

5.4 触变响应性能

进一步研究发现树状分子 MOM-G_1-TFIB 凝胶具有很好的触变响应性能，这类凝胶被用力振荡破坏后，形成浑浊的黏流体，而静置一段时间后，可以自行恢复重新形成稳定凝胶。这种过程可以重复多次而没有明显的损耗。

随后，进一步通过流变力学实验对 MOM -G_1-TFIB（异丙醇，20mg/mL）凝胶体系的触变响应性能进行了详细的研究。首先考察这类树状分子凝胶的线性区域，通过对该凝胶体系进行应变扫描，从上述结果[图 5-16（A）]可以看出，当应变小于 1.0% 时，弹性模量 G'（约 1.0×10^4Pa）显著大于黏性模量 G''（约 2.4×10^3Pa），该凝胶体系表现出了显著的黏弹性；随着应变的进一步增大，弹性模量 G' 和黏性模量 G'' 随着应变的增大而迅速减小，表明该凝胶体系已经被部分破坏，且当应变增大到 11.0% 时，弹性模量 G' 小于黏性模量 G''，表明该凝胶体系被完全破坏，表现出了黏性特征。

为了进一步考察这类树状分子凝胶的触变响应性能，在上述应变扫描结束后，立即对上述体系进行时间扫描[图 5-16（B）]，可以看出，撤掉应变后，该树状分子凝胶立刻表现出了很好的黏弹性，即弹性模量 G'（约 8.8×10^3Pa）明显大于黏性模量 G''（约 1.9×10^3Pa）。事实上，即使用远远超过线性范围的剪切应变（100%）作用于该凝胶体系 1min [图 5-16（C）]，弹性模量 G'（约 1.0×10^2Pa）始终小于黏性模量 G''（约 3.0×10^2Pa），表明凝胶体系被完全破坏，转化成溶胶；然后撤去外力并立即开始监测体系弹性模量 G' 和黏性模量 G'' 随时间的变化[图 5-16（D）]，可以看出，同样在刚撤掉应变的瞬间，凝胶体系的弹性模量 G'（约 7.8×10^3Pa）大于黏性模量 G''（约 2.2×10^3Pa），表现出了显著的黏弹性。进一步延长恢复时间到 30min 时，凝胶的强度可以恢复到凝胶被破坏前强度的 90% 左右。

为了进一步验证这类树状分子凝胶触变响应的重复性，我们进行了振荡扫描实验[图 5-16（E）]，从图 5-16（E）可以看出，在大应变剪切（100%）作用 10s 时，弹性模量 G'（约 1.0×10^2Pa）小于黏性模量 G''（约 3.0×10^2Pa），表明该凝胶体系被破坏，由凝胶变成了溶胶；而在小应变剪切（0.05%）作用 20s 时，弹性模量 G'（约 7.5×10^3Pa）立刻大于黏性模量 G''（约 2.0×10^3Pa），表现出了很好的弹性特征，表明体系又从溶胶变成了凝胶。而且上述过程可以重复多次而没有明显的损耗。

在流变力学测量中，频率扫描是检测凝胶体系对振荡作用耐受能力的一种手段。在线性范围内选取较小的剪切应变（0.1%）对初始树状分子凝胶和恢复后的树状分子凝胶进行频率扫描，根据图 5-16（F）的结果，在所测试的频率范围内，不管是初始状态的凝胶（G' 和 G''）还是恢复后的凝胶（G_R' 和 G_R''），弹性模量 G

(G_R') 远大于黏性模量 G'' (G_R'')，表明体系具有显著的黏弹性；当频率从 100rad/s 减小到 0.1rad/s 时，弹性模量 G' 和黏性模量 G'' 有微弱的减小，这正是超分子凝胶的一种典型的特征。同时也说明，这类树状分子凝胶以及恢复后的凝胶体系均对外力有很好的耐受性。

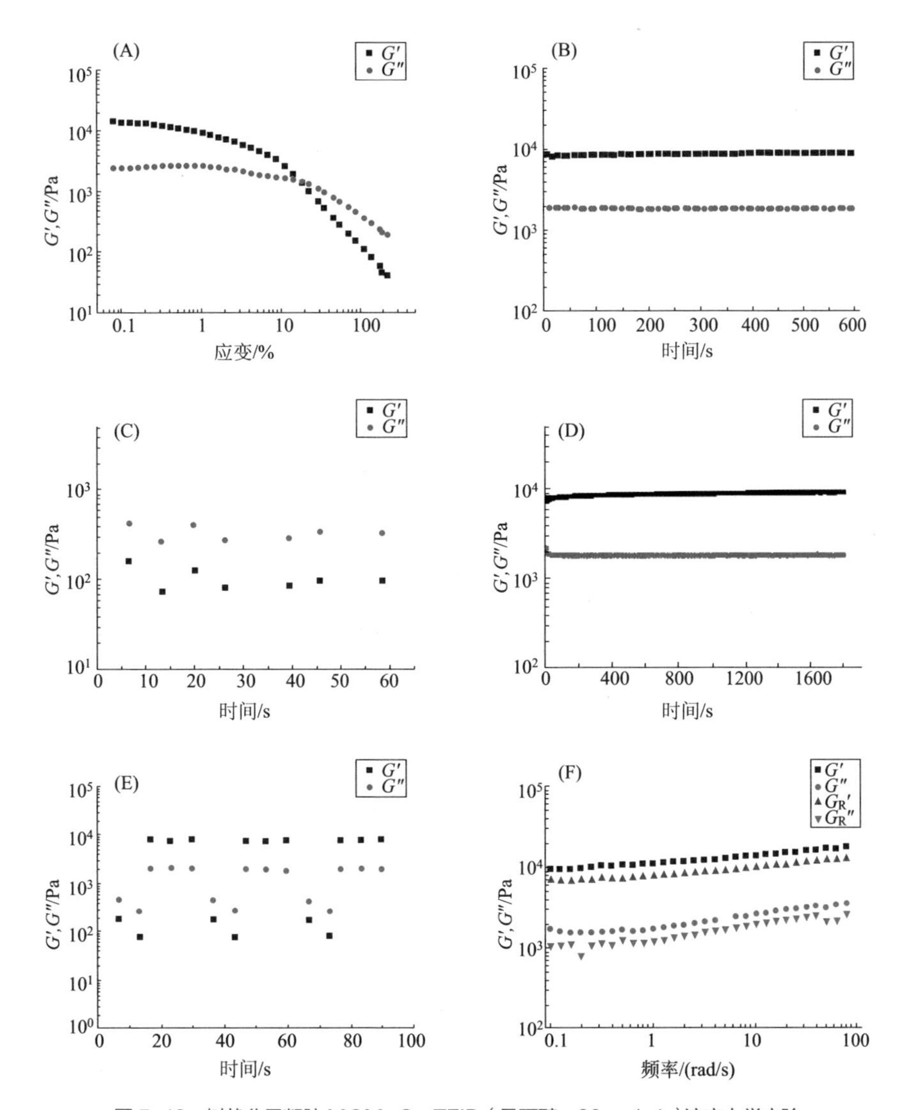

图 5-16　树状分子凝胶 MOM-G_1-TFIB（异丙醇，20mg/mL）流变力学实验

（A）应变扫描；（B）过程 A 结束后的时间扫描；（C）在 100% 应变作用下的时间扫描；（D）在 0.05% 应变作用下的时间扫描；（E）振荡扫描；（F）频率扫描

随后我们也进一步考察了在其他溶剂体系［甲苯 / 正己烷，（1/3, 体积比）］中形成的凝胶的触变响应性能（图 5-17），发现具有与上面相类似的流变力学特征。

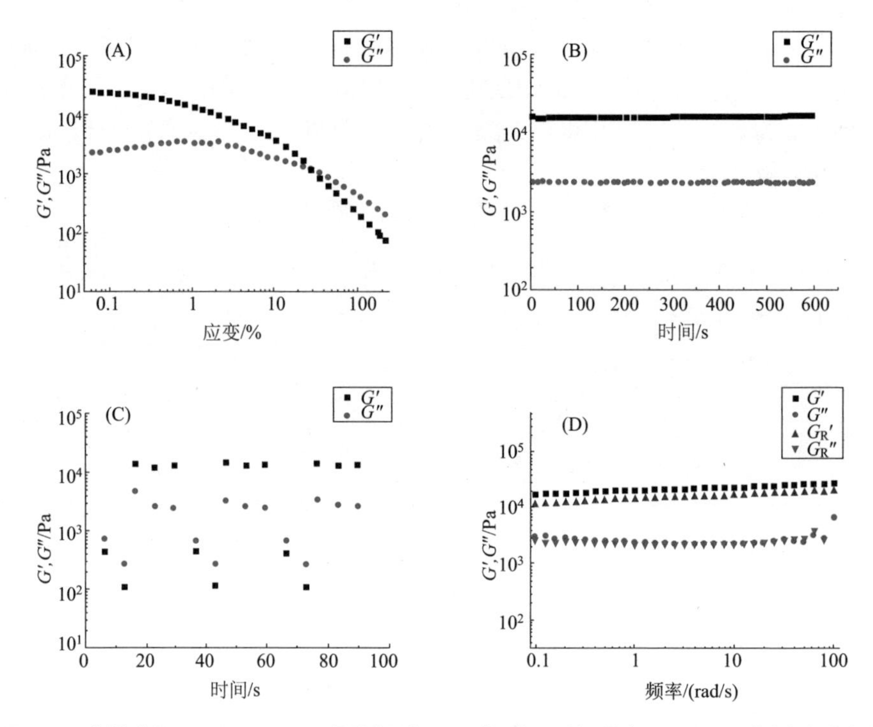

图 5-17　树状分子 MOM-G_1-TFIB 凝胶［甲苯/正己烷，(1/3，体积比)，20mg/mL］流变力学实验

(A) 应变扫描；(B) 时间扫描；(C) 振荡扫描；(D) 频率扫描

通过上述流变力学实验可以看出，该类树状分子凝胶不仅表现出了超分子凝胶所具有的黏弹性，而且也表现出了很好的触变响应性，该触变响应性能够重复多次而没有明显的损耗。

5.5　可视化识别氯离子

外围功能化的树状分子凝胶是凝胶因子在多重弱相互作用力（如疏溶剂效应、π-π 堆积作用等弱相互作用）作用下，组装形成一维的纤维，进而相互交联、缠绕形成三维的网络状结构，进而"固定"溶剂分子，形成宏观上类似于固体的弹性软材料，因此在体系中引入某些可以形成竞争性作用力（如卤键等）的客体分子，由于树状分子和客体分子之间强烈的识别作用，一方面可能使得分子的构型、极性等理化性质发生改变；另一方面，可能会破坏树状分子组装的作用力（如疏溶剂效应、π-π 堆积作用等弱相互作用），从而导致凝胶和溶液相态之间的变化。由于各种客体分子与树状分子之间的识别作用力强弱不同，因而可能实现对某种客体分子的可视化识别。

5.5.1 卤素离子识别行为研究

我们首先通过在 5.0mL 的螺口白小瓶中加入 12mg MOM-G_1-TFIB 树状分子凝胶因子和 1.0mL 丙酮 / 正己烷（1/8，体积比）混合溶剂，加热完全溶解后，超声刺激使其形成稳定的凝胶，然后将不同当量的氯化正丁铵盐溶于 0.05mL 丙酮中，小心滴到凝胶的上面，静置观察凝胶的变化（图 5-18）。

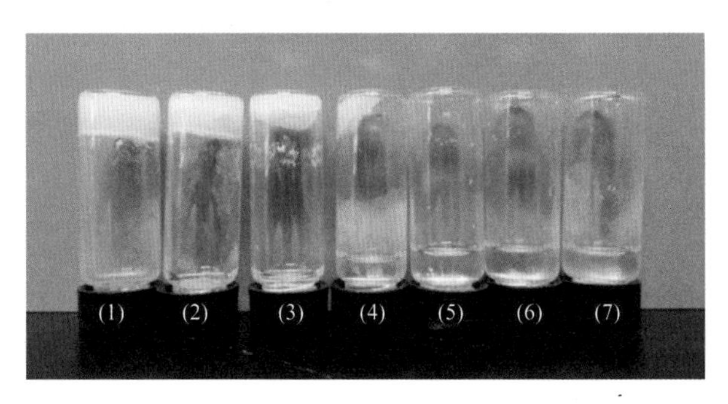

图 5-18 树状分子凝胶 MOM-G_1-TFIB 添加不同当量四正丁基氯化铵后，静置 48h 后凝胶变化图片

从左到右：（1）0equiv；（2）0.1equiv；（3）0.2equiv；（4）0.5equiv；（5）0.8equiv；（6）1.0equiv；（7）5.0equiv

添加 1.0equiv 氯化正丁铵盐后，随着氯离子的渗透，凝胶自上而下逐渐被破坏，10min 后变成澄清溶液。从 SEM 可以看出，添加氯离子之前，呈现的是直径在 100 ～ 300nm，长达几十微米，细长的柔性纤维，这些纤维进一步相互缠绕交联形成三维网络状的微观形貌；而添加氯离子且凝胶被破坏后，细长的纤维状结构被破坏，取而代之的是形成如图 5-19 所示的无规微观形貌。

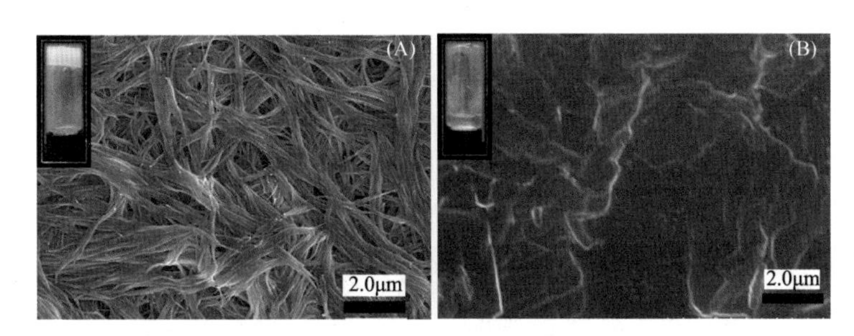

图 5-19 树状分子凝胶 MOM-G_1-TFIB 添加四正丁基氯化铵前（A）后（B）凝胶变化 SEM 图片

随后研究了不同阴离子对凝胶体系凝胶态和溶液态转变的影响，发现同样添加 1.0equiv 的其他不同类型阴离子（溴离子、碘离子、硫酸氢根离子、硝酸根离子以及氰根离子）后（阳离子均为正丁铵阳离子），发现添加溴离子后，即使静置过夜，也只有部分凝胶被破坏；添加碘离子或者其他的酸根离子（如氰根离子、硝酸根离子以及硫酸氢根离子）凝胶体系即使放置数天，也几乎没有明显变化（图 5-20 ～图 5-22）。

图 5-20　树状分子凝胶 MOM-G_1-TFIB 添加不同当量四正丁基溴化铵后，静置 48h 后凝胶变化图片

从左到右：（1）0equiv；（2）0.1equiv；（3）0.5equiv；（4）1.0equiv；（5）2.0equiv；（6）5.0equiv

图 5-21　树状分子凝胶 MOM-G_1-TFIB 添加不同当量四正丁基碘化铵后凝胶变化图片

从左到右：（1）0equiv；（2）0.1equiv；（3）0.5equiv；（4）1.0equiv；（5）5.0equiv；（6）10.0equiv

图 5-22　树状分子凝胶 MOM-G_1-TFIB 添加不同当量四正丁基硫酸氢铵后凝胶变化图片

从左到右：（1）0equiv；（2）1.0equiv；（3）5.0equiv；（4）10.0equiv

进一步研究发现，影响凝胶体系凝胶态和溶液态转变快慢的因素还有阴离子浓度、成胶溶剂等。研究结果表明阴离子的浓度越大，其相态之间的转变也越快，例如添加 5.0equiv 氯离子后，凝胶体系在 10s 内完全变成澄清溶液；而添加 1.0equiv

后，需要将近 10min 凝胶体系才能完全被破坏，随着氯离子浓度的减小，转变时间变长且凝胶不能完全转变形成溶液（图 5-18）。事实上，添加 5.0equiv 的溴离子同样能促使凝胶体系完全转变成溶液（图 5-20），而添加 10equiv 的碘离子后，凝胶体系同样可以被完全破坏（图 5-21），但是即使添加 10.0equiv 的酸根离子（例如硫酸氢根离子、氰根离子或者硝酸根离子）凝胶体系也能稳定保持（图 5-22）。另外研究发现，在醇类溶剂中，同样添加 1.0equiv 氯离子后，凝胶体系的凝胶态不能被破坏。

通过上面的分析可以看出，在该类凝胶体系中添加相同当量的不同阴离子后，可以选择性识别某种或者某一类阴离子，而对其他阴离子却没有识别效果；这刺激我们对其识别的机理产生了浓厚的研究兴趣。

5.5.2 氯离子识别机理

随后我们进一步通过核磁滴定实验研究了该类树状分子和阴离子之间识别的作用方式。考虑到凝胶体系本身的复杂性，尤其是在核磁表征方面的局限性，我们通过核磁共振氟谱研究了溶液状态下该类树状分子和负离子在氘代丙酮中的作用模式。

从图 5-23 可以看出，随着卤键受体分子（四正丁基氯化铵）浓度的增加，树状分子凝胶因子外围芳环上氟原子的四组特征吸收峰（F_1 ～ F_4）均明显地向高场位移，而这恰好是外围芳香环上的碘和氯离子形成卤键的特征变化。因此，该树状分子和氯离子二者之间形成了卤键。

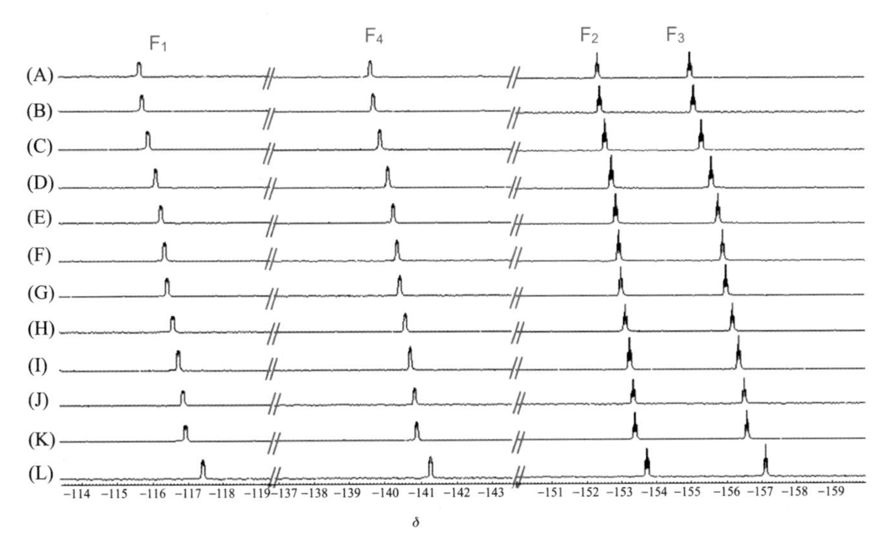

图 5-23　树状分子 MOM-G_1-TFIB 凝胶添加不同当量四正丁基氯化铵后 ^{19}F NMR（500MHz, 氘代丙酮，6.72×10^{-4}mol/L）的变化

从上到下：（A）0 equiv；（B）0.2 equiv；（C）0.4 equiv；（D）1.0 equiv；（E）1.4 equiv；（F）1.8 equiv；（G）2.0 equiv；（H）3.0 equiv；（I）4.0 equiv；（J）5.0 equiv；（K）6.0 equiv；（L）20.0 equiv

随后研究了随着其他阴离子（溴离子、碘离子、硫酸氢根离子、氰根离子以及硝酸根离子）浓度增大，其氟谱特征峰的位移变化，发现添加溴离子或者碘离子后，其氟谱特征峰的位移变化趋势跟添加氯离子后的相同，但是化学位移变化逐渐减小；而对于酸根离子（硫酸氢根离子、氰根离子以及硝酸根离子）则没有明显的位移变化。另外也可以看出（图 5-24），添加相同当量的卤素阴离子后，氯离子的氟谱（F_1）化学位移变化最明显，次之为溴离子，碘离子的位移变化较小，含氧酸根离子（如硫酸氢根离子、硝酸根离子）以及氰根离子几乎没有变化。表明该树状分子和上述阴离子形成的卤键强弱顺序为：$Cl^- > Br^- > I^- >> HSO_4^- \approx NO_3^- \approx CN^-$。

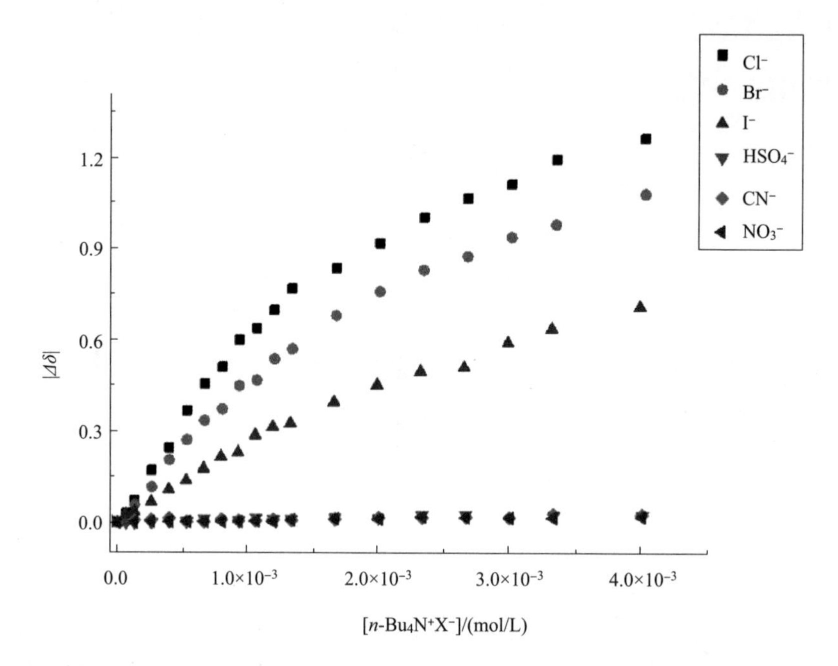

图 5-24　树状分子 MOM-G_1-TFIB 添加不同当量不同阴离子后（阳离子均为正丁铵阳离子）^{19}F NMR（500MHz，d_6- 丙酮，6.72×10^{-4}mol/L）位移变化图

其中纵坐标表示 F_1 的化学位移变化值，横坐标表示阴离子的浓度

在上面研究基础上，通过氟谱滴定实验，测定了该类树状分子和卤阴离子之间的络合比，考虑到添加氯离子后，其氟谱的位移变化最明显，我们以氯离子为例，测定了二者之间的 Job 曲线，从图 5-25 可以看出，该类树状分子和氯离子形成了 1 ∶ 1 的络合物。

随后，进一步通过 HRMS - ESI 证实了该类树状分子和氯离子形成了 1 ∶ 1 的络合物，通过测试 CH_3O-G_1-TFIB 和 5equiv 的四丁基氯化铵溶解于乙腈中形成溶液的 HRMS - ESI，在 *m/z*1712.70671 处检测到质谱中的最高强度峰，恰好对应于络合物［M+Cl］$^-$ 的荷质比（图 5-26）。

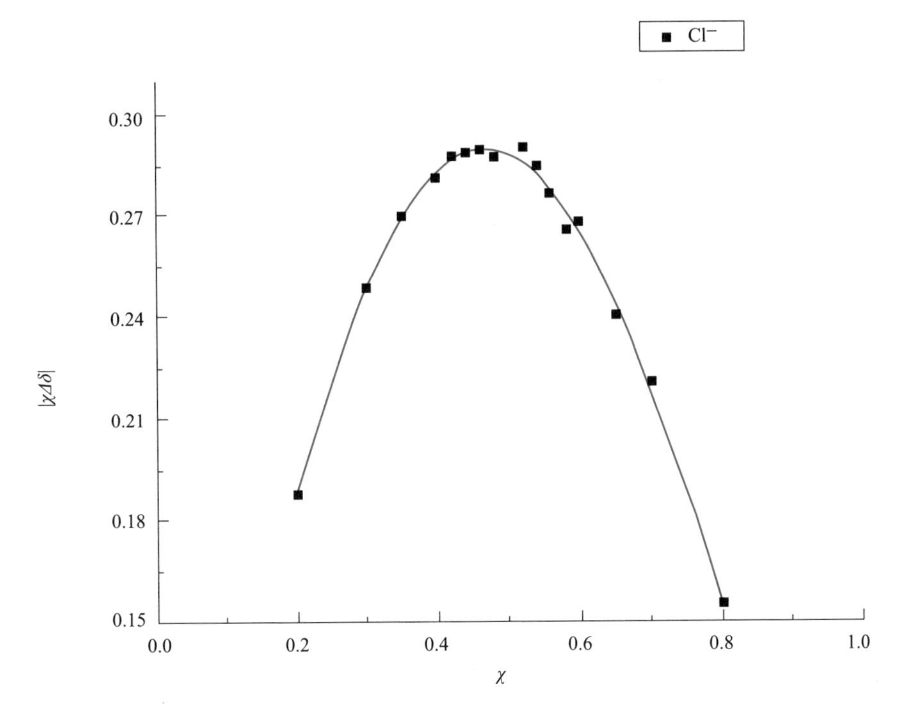

图 5-25　树状分子 MOM-G_1-TFIB 与氯离子形成络合物的 Job 曲线（d_6- 丙酮，298K，[MOM-G_1-TFIB+Bu_4NCl] =2.0mmol/L ）

其中横坐标为氯离子的摩尔分数

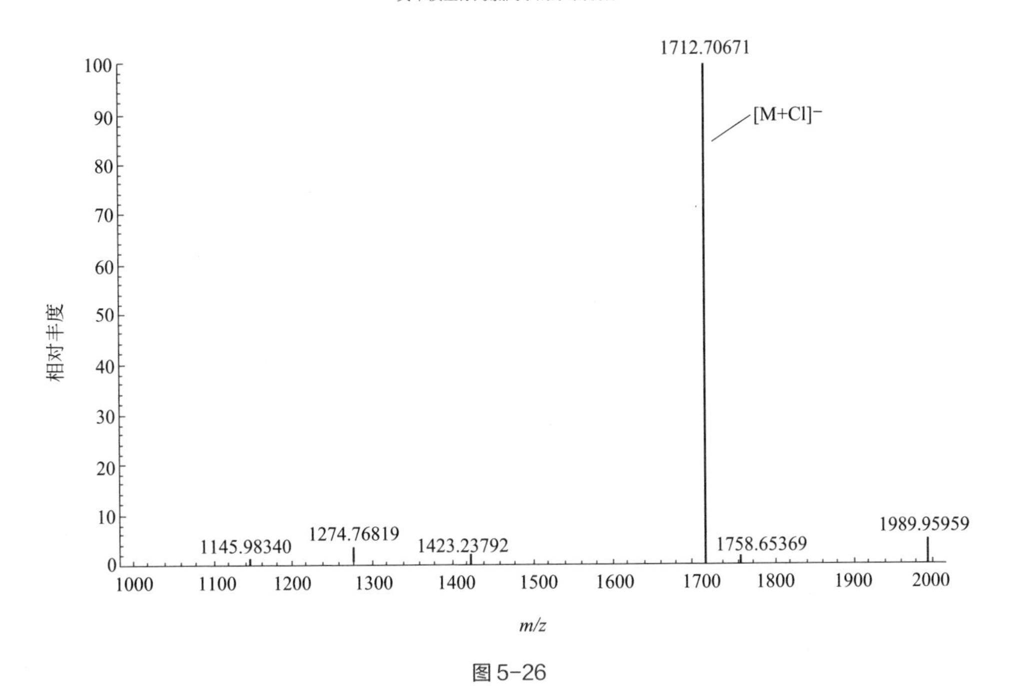

图 5-26

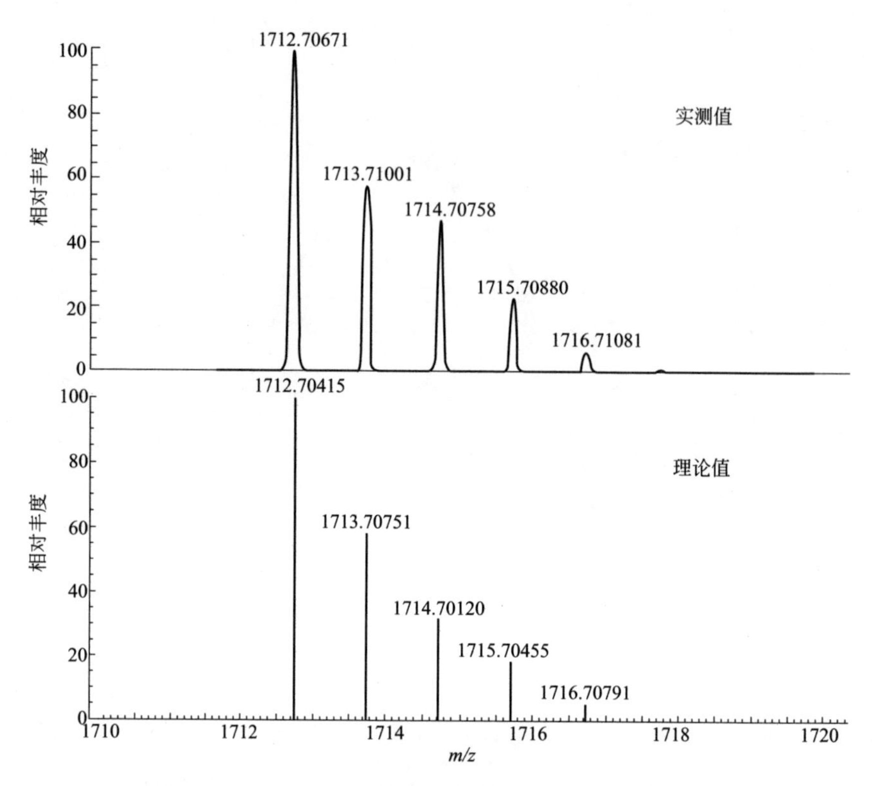

图 5-26　树状分子 CH_3O-G_1-TFIB 与氯离子形成络合物的 HRMS - ESI 谱图

在上述一系列研究的基础上，我们通过 Matlab 拟合方法[32]，测定了其与不同阴离子之间的络合常数（表 5-2）。

◆　表 5-2　树状分子 MOM-G_1-TFIB 与阴离子的络合常数①

编号	X^-	K_a/(L/moL)^a
1	Cl	6.5×10^2
2	Br	3.9×10^2
3	I	1.4×10^2
4	HSO_4^-	< 10
5	NO_3^-	< 10
6	CN^-	< 10

①络合常数 K_a 是通过氟谱滴定实验和 Job 曲线拟合得出的，其误差不超过 ±10%。

从表 5-2 可以看出，MOMO-G_1-TFIB 与氯离子的络合常数最大，为 6.5×10^2L/moL，溴离子次之，为 3.9×10^2L/moL，碘离子的较小，为 1.4×10^2L/moL，与其他酸根离子的络合常数很小，通过氟谱滴定实验，几乎检测不出来。

这也很好地解释了该类树状分子凝胶通过卤键对卤素阴离子可以进行选择性识别，从而导致凝胶凝胶态和溶液态相互变化的灵敏性依次为：$Cl^- > Br^- > I^- >>$ $HSO_4^- \approx NO_3^- \approx CN^-$。

为了更深地理解该类树状分子和氯离子的络合作用，我们采用计算模拟方法（密度泛函，PBE0-D3/def2-SVP）研究了树状分子 CH_3O-G_1-TFIB 与氯离子的络合行为，通过模拟计算，CH_3O-G_1-TFIB 外围的四氟碘苯官能团通过构象优化，会在树状分子的几何中心形成一个缺电子的区域［图 5-27（B）］，该缺电子区域能够通过卤键与氯离子结合，CH_3O-G_1-TFIB 与氯离子形成 1 ∶ 1 的络合物，氯离子与外围四个芳香环上碘原子以 $Cl^-\cdots I$ 卤键结合，其中 $I\cdots Cl^-$ 距离为 3.08Å，C—I—Cl^- 角约为 170° ［图 5-27（A）］，进一步证实了 CH_3O-G_1-TFIB 与氯离子通过 $I\cdots Cl^-$ 卤键形成了 1 ∶ 1 的络合物。

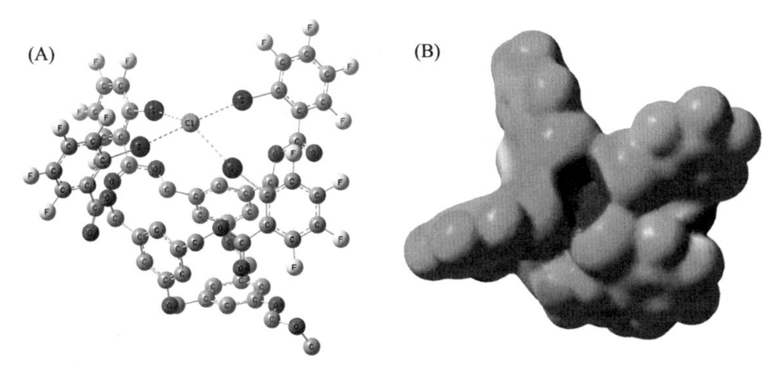

图 5-27 （A）树状分子 CH_3O-G_1-TFIB 与氯离子形成的络合物结构图；（B）树状分子 CH_3O-G_1-TFIB 的静电电位面（氯化物结合构象，蓝色表示部分正电荷位置，红色表示部分负电荷位置）

该类树状分子凝胶对氯离子可视化识别主要包括两个阶段：①树状分子凝胶因子通过 π-π 堆积作用自组装形成凝胶；②氯离子与凝胶因子通过卤键作用，破坏了凝胶因子之间的相互作用，导致凝胶崩塌。在自组装阶段，对于树状分子凝胶的分级自组装过程，在冷却含有树状分子凝胶因子的溶液时，6 个树状分子相互结合形成一个单层盘状聚集体，盘状聚集体在 π-π 堆积作用下相互堆叠形成了柱状聚集体，柱状聚集体相互结合形成细长的纤维，纤维之间进一步相互交联形成三维网络状结构，进而使溶剂凝胶化；在氯离子识别阶段，加入氯离子后，氯离子和树状分子凝胶因子上面的碘原子形成 $I\cdots Cl^-$ 卤键，卤键作用促使树状分子凝胶因子和氯离子形成 1 ∶ 1 的络合物，氯离子与外围四个芳香环上碘原子以 $Cl^-\cdots I$ 卤键结合，C—I—Cl^- 角约为 170° ，导致树状分子的构象发生变化，由平面结构转变为扭曲构象，导致树状分子芳香环之间的 π-π 堆积作用被破坏，宏观上伴随着凝胶 - 溶液转变，进而实现了对氯离子的可视化识别。

在此，我们成功构建了一类外围修饰有阴离子受体的树状分子凝胶因子，可以通过卤键对卤素阴离子进行选择性识别，发展了一种简单的、只需通过裸眼观察即可识别某种阴离子的新方法。

参考文献

[1] Metrangolo P, Neukirch H, Pilati T, Resnati G. Halogen Bonding Based Recognition Processes：A World Parallel to Hydrogen Bonding. *Acc. Chem Res* **2005,** *38*(5): 386-395.

[2] Legon A C. π-Electron “Donor–Acceptor” Complexes B···ClF and the Existence of the “Chlorine Bond”. *ChemEur J* **1998,** *4*(10): 1890-1897.

[3] Legon A C. Prereactive Complexes of Dihalogens XY with Lewis Bases B in the Gas Phase：A Systematic Case for the Halogen Analogue B···XY of the Hydrogen Bond B···HX. *AngewChemIntChem* **1999,***38*(18): 2686-2714.

[4] Politzer P, Murray J S, Clark T. Halogen Bonding：an Electrostatically-Driven Highly Directional Noncovalent Interaction. *Phys Chem Chem Phys* **2010,** *12*(28): 7748-7757.

[5] Mulliken R S. Stucture of Complexes Formed by Halogen Molecules with Aromatic and with Oxyenated Solvents. *J Am Chem Soc* **1950,***72*(1): 600-608.

[6] Clark T, Hennemann M, Murray J S, Politzer P. Halogen bonding：the sigma-hole. *J Mol Model* **2007,***13*(2): 291-296.

[7] Riley K E, Murray J S, Fanfrlik J, Rezac J, Sola R J, Concha M C, Ramos F M, Politzer P. Halogen bond tunability I：the effects of aromatic fluorine substitution on the strengths of halogen-bonding interactions involving chlorine, bromine, and iodine. *J Mol Model* **2011,** *17*(12): 3309-3318.

[8] Lu Y, Li H, Zhu X, Zhu W, Liu H. How Does Halogen Bonding Behave in Solution? A Theoretical Study Using Implicit Solvation Model. *J Phys Chem A* **2011,***115*(17): 4467-4475.

[9] Bondi A. Van Der Waals Volumes and Radii. *J Phys Chem* **1964,** *68*(3): 441-&.

[10] Auffinger P,Hays F A,Westhof E, Ho P S. Halogen Bonds in Biological Molecules. *Proc Natl AcadSci USA* **2004,***101*(48): 16789-16794.

[11] Priimagi A,C avallo G, Metrangolo P, Resnati G. The Halogen Bond in the Design of Functional Supramolecular Materials：Recent Advances. *Acc Chem Res* **2013,** *46*(11): 2686-2695.

[12] Politzer P, Murray J S, Concha M C. Halogen Bonding and the Design of New Materials：Organic Bromides, Chlorides and Perhaps Even Fluorides As Donors. *J Mol Model* **2007,***13*(6-7): 643-650.

[13] Carlsson A-C C, Grafenstein J, Budnjo A, Laurila J L, Bergquist J, Karim A, Kleinmaier R, Brath U, Erdelyi M. Symmetric Halogen Bonding Is Preferred in Solution. *J Am Chem Soc* **2012,** *134*(12): 5706-5715.

[14] Beale T M, Chudzinski M G,Sarwar M G, Taylor M S. Halogen Bonding in Solution：Thermodynamics and Applications. *Chem Soc Rev* **2013,** *42*(4): 1667-1680.

[15] Mele A, Metrangolo P, Neukirch H, Pilati T, Resnati G. A halogen-bonding-based heteroditopic receptor for alkali metal halides. *J Am Chem Soc* **2005,** *127*(43): 14972-14973.

[16] Sarwar M G, Dragisic B, Sagoo S, Taylor M S. A Tridentate Halogen-Bonding Receptor for Tight Binding of Halide Anions. *Angew Chem Int Ed* **2010,** *49*(9): 1674-1677.

[17] Dimitrijevic E, Kvak O, Taylor M S. Measurements of Weak Halogen Bond Donor Abilities with Tridentate Anion Receptors. *ChemCommun* **2010,** *46*(47): 9025-9027.

[18] Chudzinski M G, McClary C A, Taylor M S. Anion Receptors Composed of Hydrogen- and Halogen-Bond Donor

Groups：Modulating Selectivity With Combinations of Distinct Noncovalent Interacitons. *J Am Chem Soc* **2011,** *133*(27): 10559-10567.

[19] Caballero A, White N G, Beer P D. A Bidentate Halogen-Bonding Bromoimidazoliophane Receptor for Bromide Ion Recognition in Aqueous Media. *Angew Chem Int Ed* **2011,** *50*(8): 1845-1848.

[20] Walter S M, Kniep F, Rout L, Schmidtchen F P, Herdtweck E, Huber S M. Isothermal Calorimetric Titrations on Charge-Assisted Halogen Bonds：Role of Entropy, Counterions, Solvent, and Temperature. *J Am Chem Soc* **2012,** *134*(20): 8507-8512.

[21] Cametti M, Raatikainen K, Metrangolo P, Pilati T, Terraneo G, Resnati G. 2-Iodo-Imidazolium Receptor Binds Oxoanions via Charge-Assisted Halogen Bonding. *Org Biomol Chem* **2012,** *10*(7): 1329-1333.

[22] Zapata F, Caballero A, White N G, Claridge T D W, Costa P J, Felix V, Beer P D. Fluorescent Charge-Assisted Halogen-Bonding Macrocyclic Halo-Imidazolium Receptors for Anion Recognition and Sensing in Aqueous Media. *J Am Chem Soc* **2012,** *134*(28): 11533-11541.

[23] Chudzinski M G, McClary C A, Taylor M S. Anion Receptors Composed of Hydrogen- and Halogen-Bond Donor Groups：Modulating Selectivity With Combinations of Distinct Noncovalent Interactions. *J Am Chem Soc* **2011,** *133*(27): 10559-10567.

[24] Meazza L, Foster J A, Fucke K, Metrangolo P, Resnati G, Steed J W. Halogen-bonding-triggered supramolecular gel formation. *Nature Chem* **2013,** *5*(1): 42-47.

[25] Vangala V R, Nangia A, Lynch V M. Interplay of phenyl-perfluorophenyl stacking, C-HF, C-F [small pi] and FF interactions in some crystalline aromatic azines. *Chem Commun* **2002,** (12): 1304-1305.

[26] Hyla-Kryspin I, Haufe G, Grimme S. Weak Hydrogen Bridges：A Systematic Theoretical Study on the Nature and Strength of C—H···F—C Interactions. *Chem Eur J* **2004,** *10*(14): 3411-3422.

[27] Lommerse J P M, Stone A J, Taylor R, Allen F H. The Nature and Geometry of Intermolecular Interactions between Halogens and Oxygen or Nitrogen. *J Am Chem Soc* **1996,** *118*(13): 3108-3116.

[28] Thalladi V R, Weiss H C, Bläser D, Boese R, Nangia A, Desiraju G R. C—H···F Interactions in the Crystal Structures of Some Fluorobenzenes. *J Am Chem Soc* **1998,** *120*(34): 8702-8710.

[29] Liu Z-X, Sun Y, Feng Y, Chen H, He Y-M, Fan Q-H. Halogen-bonding for visual chloride ion sensing：a case study using supramolecular poly (aryl ether) dendritic organogel systems. *Chem Commun* **2016,** *52*(11): 2269-2272.

[30] 刘志雄 . 功能化聚苄醚型树状分子凝胶因子的设计合成及性能研究 . 北京：中国科学院大学 , 2014.

[31] Richardson R D, Zayed J M, Altermann S, Smith D, Wirth T. Tetrafluoro-IBA and-IBX：Hypervalent Iodine Reagents. *Angew Chem Int Ed* **2007,** *46*(34): 6529-6532.

[32] Freye S, Michel R, Stalke D, Pawliczek M, Frauendorf H, Clever G H. Template Control over Dimerization and Guest Selectivity of Interpenetrated Coordination Cages. *J Am Chem Soc* **2013,** *135*(23): 8476-8479.

第6章 双功能化环境敏感型聚芳醚树状分子凝胶

树状分子由于其特殊的结构组成、丰富的官能团和灵活多变的修饰位点，使其在构建环境敏感型超分子凝胶，尤其是多重外界刺激响应性凝胶方面，显现出了独特的优势。一方面，树状分子众多支化单元提供的多重弱相互作用力有利于形成高强度的凝胶体系，因此即使在其上面修饰某些对外界变化敏感的官能团后，依然能够形成稳定凝胶；另一方面，树状分子多层次的分子结构（核心、枝上、外围等不同结构）有利于修饰不同的功能基团，进而发展出集多种功能于一体的多功能化树状分子凝胶材料；最后灵活多变的可修饰位点以及树状分子的代数效应又为研究构效关系提供了便利条件。

6.1 核心修饰喹啉官能团的聚芳醚型树状分子凝胶

首先，喹啉官能团具有芳环结构，含有喹啉树状分子存在非常强的π-π堆积作用，有利于形成稳定凝胶；其次，形成凝胶后，树状分子组装形成的3D网状结构含有丰富的空腔，表现出大的比表面积；再次，树状分子含有大量的配位官能团（含氧、氮、硫、磷等配位官能团），可以提供大量的活性吸附位点，进而吸附大量金属离子以及有机染料分子[1-5]。Liu等人[6,7]设计合成了一类核心修饰有喹啉官能团的聚芳醚型树状分子，并对其结构进行了详细表征；随后研究了该类树状分子凝胶因子在不同有机溶剂以及离子液体中的成凝胶性能、微观形貌以及成凝胶驱动力；研究了这类树状分子凝胶对外界多重刺激（如温度变化、超声和触变等）的智能响应性能；最后研究了该类树状分子凝胶对金属离子（如Ag^{+}、Pb^{2+}和Cu^{2+}）和有机染料分子（如罗丹明B）的吸附行为。

6.1.1 喹啉功能化聚芳醚型树状分子合成及表征

核心修饰喹啉官能团树状分子凝胶因子的合成路线见图 6-1 与图 6-2。

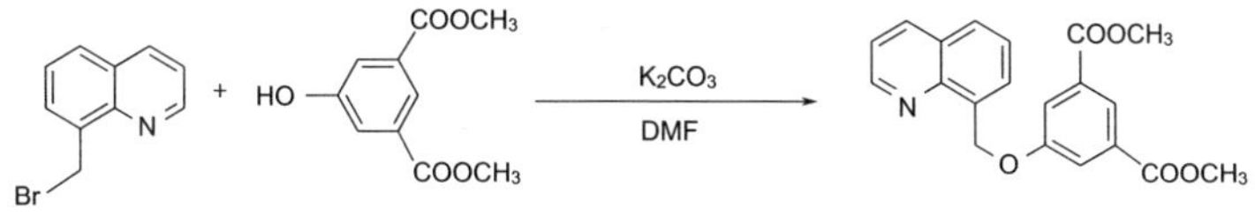

6-1

Q-G_1COOMe

图 6-1 树状分子凝胶因子 Q-G_1COOMe 合成路线

Q-G_1COOMe 凝胶因子的合成步骤及表征数据：于 50mL 圆底烧瓶中放入搅拌磁子，分别将碳酸钾（K_2CO_3）（3.595g，26.011mmol）、8- 溴甲基喹啉（2.0g，9.006mmol）、5- 羟基间苯二甲酸二甲酯（1.893g，9.007mmol）以及 9mL *N,N*- 二甲基甲酰胺（DMF）依次加入瓶中，开始搅拌，搅拌 10h 后，薄层色谱法（TLC）检测反应进程，反应完成后，在反应体系中加入 70mLH_2O 和 70mLCH_2Cl_2 进行萃取，上层倒出的水相再用二氯甲烷萃取三次（3 × 70mL），接着用饱和氯化钠（NaCl）溶液洗涤合并的有机相三次，最后将无水硫酸钠（Na_2SO_4）加入有机相中，干燥，过滤。将制备的粗产物完全溶解在 10mL 二氯甲烷（CH_2Cl_2）中，将上述粗产物逐滴加入 200mL 甲醇中并搅拌 0.5h，抽滤，得到 1.231g 白色粉末状产物，产率 39%。

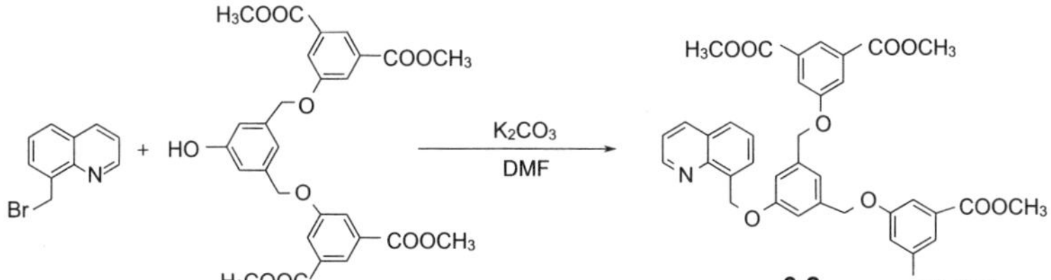

6-2

Q-G_2COOMe

图 6-2 树状分子凝胶因子 Q-G_2COOMe 合成路线

Q-G_1COOMe 结构表征数据：^{1}H NMR（600MHz，氘代氯仿）δ：3.93（s, COOC*H*$_3$, 6H），5.91（s, ArC*H*$_2$O, 2H），7.47（d, *J*=4.8Hz, Ar*H*, 1H），7.59（d, *J*=6.4Hz, Ar*H*, 1H），7.82（d, *J*=7.3Hz, Ar*H*, 1H），7.94（s, Ar*H*, 1H），7.98（s, Ar*H*, 2H），8.21（d, *J*=7.4Hz, Ar*H*, 1H），8.31（s, Ar*H*, 1H），8.97（s, Ar*H*, 1H）。^{13}C NMR（150MHz，氘代氯仿）δ：166.2，159.1，149.7，145.6，136.5，134.4，131.8，128.1，127.8，127.7，126.5，123.2，121.4，120.4，66.7，52.4。HRMS-ESI（*m/z*）：$[M+H]^+$，$C_{20}H_{18}NO_5$，理论值 352.11795，实测值 352.11853。

Q-G_2COOMe 凝胶因子的合成步骤：于 50mL 圆底烧瓶中放入搅拌磁子，分别将碳酸钾（K_2CO_3）（0.771g，5.578mmol）、8-溴甲基喹啉（0.453g，2.039mmol）、HO-G_1COOCH$_3$（1.005g，1.868mmol）以及10mLDMF依次加入瓶中，开始搅拌，反应10h后，薄层色谱法（TLC）检测反应进程。反应完成后，加入70mL H_2O和70mL CH_2Cl_2进行萃取，上层倒出的水相再用二氯甲烷萃取三次（3×70mL），接着用饱和氯化钠（NaCl）溶液洗涤合并的有机相两次，最后将无水硫酸钠（Na_2SO_4）加入有机相中静置，干燥，过滤。将制备的粗产物完全溶解在10mL二氯甲烷（CH_2Cl_2）中，将上述粗产物逐滴加入200mL甲醇中并搅拌0.5h，抽滤，得到1.025g白色粉末状产物，产率75.4%。

Q-G_2COOMe凝胶因子结构表征数据：^{1}H NMR（600MHz，氘代氯仿）δ：3.94（s, COOCH_3, 12H），5.14（s, ArCH_2O, 4H），5.90（s, ArCH_2O, 2H），7.13（s, ArH, 1H），7.19（s, ArH, 2H），7.49（s, ArH, 1H），7.60（d, J=8.0Hz, ArH, 1H），7.82（s, ArH, 5H），7.97（s, ArH, 1H），8.25（d, J=7.1Hz, ArH, 1H），8.29（s, ArH, 2H），8.97（s, ArH, 1H）。^{13}C NMR（150MHz，氘代氯仿）δ：166.1，159.5，158.7，149.6，145.5，138.1，136.5，134.8，131.8，128.1，127.5，127.5，126.5，123.3，121.3，120.1，118.7，113.8，70.1，66.3，52.5。HRMS-ESI（m/z）：$[M+H]^+$，$C_{38}H_{34}NO_{11}$，理论值680.21264，实测值680.21143。

6.1.2 喹啉功能化聚芳醚型树状分子成凝胶性能及微观形貌

（1）喹啉功能化聚芳醚型树状分子凝胶性能测试

通过倒置法研究了Q-G_1COOMe和Q-G_2COOMe在常见有机溶剂中的成凝胶行为，从表6-1中可以看出Q-G_1COOMe和Q-G_2COOMe在大部分有机溶剂和混合溶剂中都能够形成稳定凝胶。Q-G_2COOMe在甲醇和乙醇中析出沉淀，不能形成凝胶，随着醇类溶剂极性减小其成凝胶浓度反而降低，其在异丙醇中的最低成凝胶浓度为60mg/mL，而在正丁醇中的最低成凝胶浓度为24mg/mL；Q-G_1COOMe也表现出了类似规律，但是跟Q-G_2COOMe相比，Q-G_1COOMe树状分子在醇类溶剂中显示出了更好的成凝胶性能。Q-G_2COOMe树状分子在所测试的极性溶剂中也能形成稳定凝胶，其在1,2-二氯乙烷、丙酮、乙酸乙酯、乙腈和DMSO中的最低成凝胶浓度分别为60mg/mL、20mg/mL、15mg/mL、24mg/mL和8mg/mL，这就意味着一个树状分子能够束缚1.2×10^3个DMSO分子，表现出了较优的成凝胶性能。Q-G_1COOMe在上述所测试的有机溶剂中同样可以形成稳定凝胶；Q-G_2COOMe树状分子在$CHCl_3/CCl_4$混合溶剂中形成稳定凝胶，而Q-G_1COOMe在$CHCl_3/CCl_4$混合溶剂中无法形成凝胶。值得一提的是，Q-G_1COOMe和Q-G_2COOMe树状分子能够凝胶化离子液体，其中Q-G_2COOMe树状分子在BMIMNTf$_2$、BPyBF$_4$和BMIMPF$_6$中的最低成凝胶浓度分别为5mg/mL，8mg/mL和4.8mg/mL，表现出了出色的成凝胶性能。

◆ 表6-1 Q-G_1COOMe和Q-G_2COOMe凝胶性能测试

溶剂	Q-G_1COOMe①	Q-G_1COOMe②	Q-G_2COOMe①	Q-G_2COOMe②
丙酮	G（12.0）	G（34.2）	G（20.0）	G（29.4）
乙酸乙酯	G（30.0）	G（85.4）	G（15.0）	G（22.1）
1,2-二氯乙烷	G（60.0）	G（170.8）	G（60.0）	G（88.3）
乙腈	G（4.8）	G（13.7）	G（24.0）	G（35.3）
二甲基亚砜	G（12.0）	G（34.2）	G（8.0）	G（11.8）
异丙醇	G（10.0）	G（28.5）	G（60.0）	G（88.3）
正丁醇	G（12.0）	G（34.2）	G（24.0）	G（35.3）
苯甲醚	G（60.0）	G（170.8）	G（60.0）	G（88.3）
二甲苯	G（7.5）	G（21.3）	G（12.0）	G（17.7）
甲苯	G（20.0）	G（56.9）	G（15.0）	G（22.1）
四氯化碳	G（12.0）	G（34.2）	G（24.0）	G（35.3）
$CHCl_3/CCl_4$（1/3）	S	S	G（24.0）	G（35.3）
$CHCl_3/CCl_4$（1/5）	S	S	G（8.0）	G（11.8）
1-丁基-3-甲基咪唑双三氟甲磺酰亚胺盐（$BMIMNTf_2$）	G（8.0）	G（22.8）	G（5.0）	G（7.4）
1-丁基-吡啶的硼氟酸盐（$BPyBF_4$）	G（6.0）	G（17.1）	G（8.0）	G（11.8）
1-丁基-3-甲基咪唑六氟磷酸盐（$BMIMPF_6$）	G（6.0）	G（17.1）	G（4.8）	G（7.1）

① 括号中的数值为临界凝胶因子浓度，单位为mg/mL。

② 括号中的数值为临界凝胶因子浓度，单位为mmol/L。

注：G—凝胶；S—澄清溶液。详见3.1.2节

（2）喹啉功能化聚芳醚型树状分子凝胶性能测试

通过SEM表征了树状分子Q-G_1COOMe和Q-G_2COOMe在不同有机溶剂中形成凝胶的微观形貌。Q-G_1COOMe和Q-G_2COOMe在甲醇中以沉淀的形式析出，其中Q-G_1COOMe树状分子在甲醇溶剂中，组装形成了直径为1～3μm，长度为几十微米的平直带状结构[图6-3（A）]，而Q-G_2COOMe树状分子则形成了0.1～1μm，长度为5～20μm的细而短的纤维组装体[图6-3（B）]；这两类树状分子在二氯

甲烷中具有很好的溶解性，Q-G_1COOMe 树状分子在二氯甲烷溶剂中形成了直径为 1 ～ 5μm，长度约 30μm 的均匀带状结构［图 6-3（C）］，而 Q-G_2COOMe 树状分子形成了直径为 0.5 ～ 2μm，长度为 2 ～ 10μm 短而直的扁平状组装体［图 6-3（D）］；该类树状分子在丙酮溶剂中可以形成稳定的白色凝胶，其微观形貌是由细长的纤维相互交联形成的三维网状结构，Q-G_2COOMe 形成的纤维直径为 0.1 ～ 1μm，长度为数十微米［图 6-3（F）］，而 Q-G_1COOMe 形成的纤维较粗，直径为 1 ～ 3μm，纤维之间高度交联［图 6-3（E）］。有意思的是，Q-G_1COOMe 在乙酸乙酯中组装形成的细长纤维呈螺旋结构，既有左螺旋结构也有右螺旋结构，同时发现纤维同时存在扁平带状结构、左螺旋结构和右螺旋结构［图 6-3（G）］，而 Q-G_2COOMe 在乙酸乙酯中则组装形成了直径分布不均，长度在数十微米的扁平带状结构，而并没有组装形成螺旋结构［图 6-3（H）］。随后我们也研究了 Q-G_1COOMe 和 Q-G_2COOMe 在苯甲醚、二甲苯和异丙醇中的微观形貌，呈现类似的微观形貌，细长纤维相互交联形成 3D 网络状结构，溶剂在毛细作用力作用下，被包裹在网络中的空隙处，进而呈现了宏观的凝胶态。

图 6-3　树状分子凝胶因子 Q-G_1COOMe 在甲醇（A）、二氯甲烷（C）、丙酮（E）、乙酸乙酯（G）、甲苯（L）中的干胶以及树状分子凝胶因子

Q-G_2COOMe 在甲醇（B）、二氯甲烷（D）、丙酮（F）、乙酸乙酯（H）、二甲苯（I）、异丙醇（J）、苯甲醚（K）中的干胶扫描电子显微镜图片

通过 TEM 表征树状分子 Q-G_1COOMe 和 Q-G_2COOMe 凝胶的微观形貌：从图 6-4 可以看出，Q-G_1COOMe 树状分子凝胶因子在甲苯中呈现刚性较强，长度

可达几十微米的带状结构[图 6-4（A）]，在丙酮中则呈现出细长柔性的纤维状结构，纤维与纤维进一步彼此缠绕交联形成了致密的 3D 网络状结构[图 6-4（B）]；Q-G_2COOMe 树状分子凝胶因子在甲苯中形成细长的柔性纤维[图 6-4（C）]，在丙酮中形成直径较大，长度达几十微米的带状结构[图 6-4（D）]。这与 SEM 观测的凝胶微观形貌相一致。

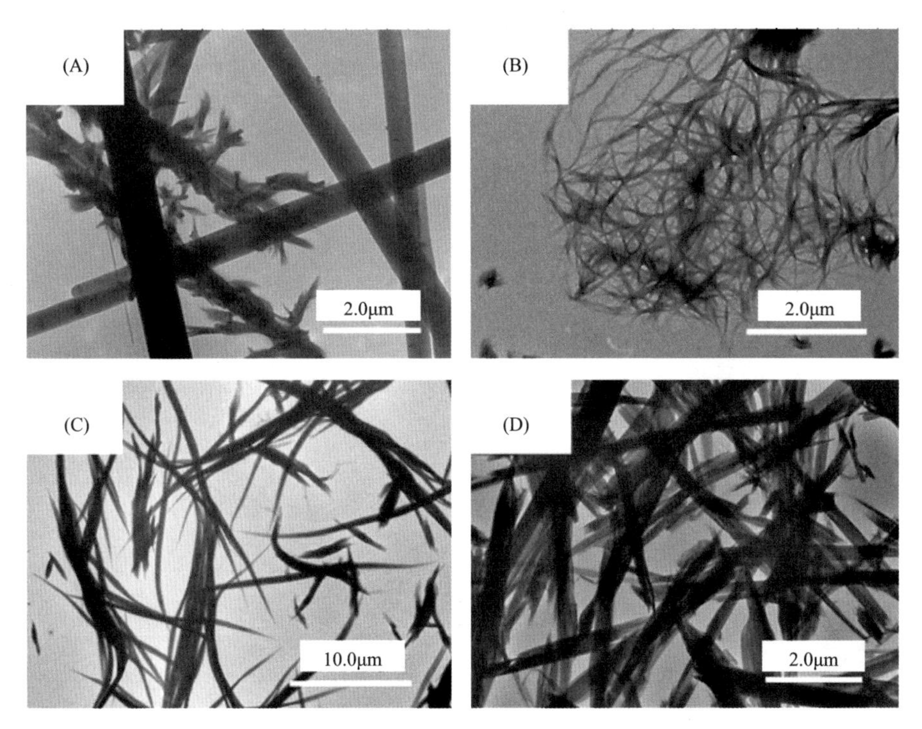

图 6-4　树状分子凝胶因子 Q-G_1COOMe 在甲苯（A）、丙酮（B）以及树状分子凝胶因子 Q-G_2COOMe 在甲苯（C）、丙酮（D）中干凝胶的透射电子显微镜图片

利用小角 X 射线粉末衍射对树状分子凝胶 Q-G_1COOMe 和 Q-G_2COOMe 的自组装模型进行了研究。以甲苯的干胶体系为研究对象，从图 6-5（A）和表 6-2 可以看出，Q-G_1COOMe 在 2θ = 4.66°（110），6.08°（200），7.40°（020），9.29°（220），12.26°（040），14.25°（400）和 25.17°（001）有很强的峰。通过计算，其正好符合矩形柱状相（Colr）结构，其中堆积参数为 a=2.89nm，b=2.41nm；相类似地，从图 6-5（B）和表 6-3 可以看出，Q-G_2COOMe 在 2θ = 3.01°（100），6.14°（200），6.90°（110），9.36°（300），12.19°（400），14.46°（220）和 25.71°（001）有很强的峰。通过计算，其在甲苯中也呈现了矩形柱状相（Colr）结构，其中堆积参数为 a=2.89nm，b=1.40nm。

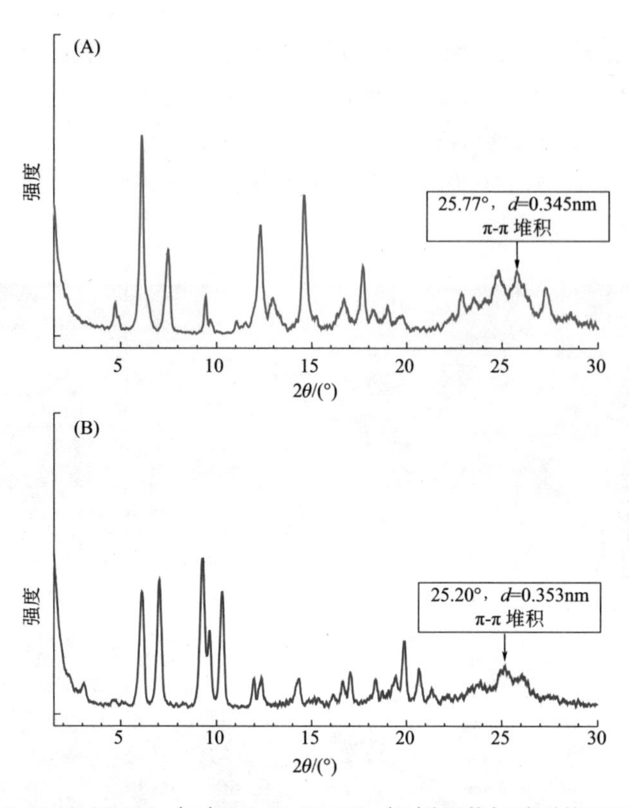

图 6-5 Q-G_1COOMe（A）和 Q-G_2COOMe（B）在甲苯中干凝胶的 XRD 谱图

◆ 表 6-2 Q-G_1COOMe 在甲苯中组装模型

序号	2θ/（°）	q	d_{cal}/nm	hkl
1	4.66	0.05	1.89	110
2	6.08	0.07	1.45	200
3	7.40	0.08	1.18	020
4	9.29	0.11	0.94	220
5	12.26	0.14	0.72	040
6	12.24	0.16	0.62	400
7	25.17	0.18	0.35	001

◆ 表 6-3 Q-G_2COOMe 在甲苯中组装模型

序号	2θ/（°）	q	d_{cal}/nm	hkl
1	3.01	0.03	2.90	100
2	6.14	0.07	1.44	200
3	6.90	0.08	1.26	110

续表

序号	2θ/（°）	q	d_{cal}/nm	hkl
4	9.36	0.10	0.95	300
5	12.19	0.14	0.73	040
6	14.46	0.16	0.62	220
7	25.71	0.29	0.35	001

6.1.3 喹啉功能化聚芳醚型树状分子成凝胶驱动力

首先通过核磁共振研究了 Q-G_2COOMe 在 $CDCl_3$/CCl_4 混合溶剂中的成胶驱动力，根据图 6-6，随着不良溶剂 CCl_4 比例的增加，凝胶因子 Q-G_2COOMe 芳香环上的质子化学位移都明显移向高场，且缺电子芳香环上的质子位移更加明显，其中 H_a 和 H_b 质子向高场分别位移了 0.14 和 0.12，而核心喹啉芳香环和富电子芳环上的质子也向高场位移了 0.10，这说明芳香环之间的 π-π 堆积作用是形成凝胶的主要驱动力。当 CCl_4 的体积占到混合溶剂的 4/5 时，可以发现其裂分峰宽度显著增加，表明在此条件下凝胶因子 Q-G_2COOMe 在 $CDCl_3$/CCl_4（体积比）混合溶剂中形成了稳定的凝胶，证明强的疏溶剂作用有利于喹啉芳环之间产生 π-π 堆积作用进而促进凝胶的形成。

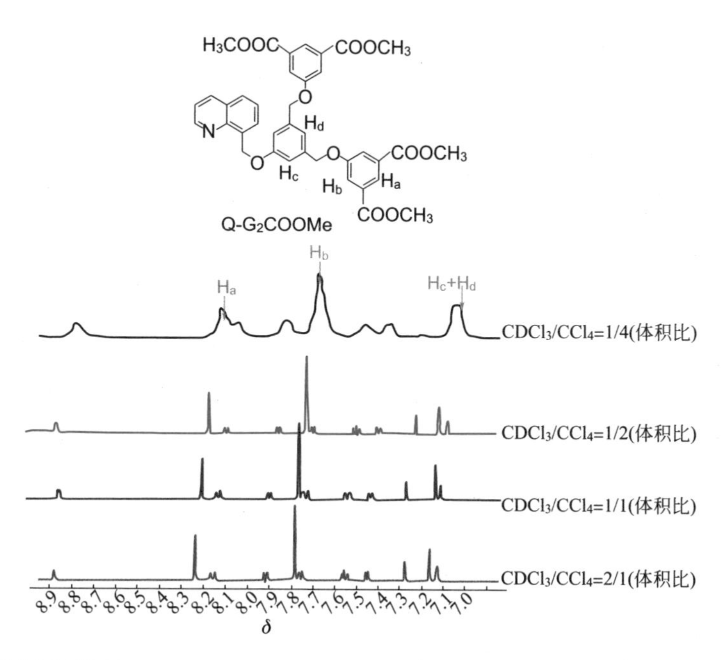

图 6-6 树状分子凝胶因子 Q-G_2COOMe 在 $CDCl_3$/CCl_4（体积比）混合溶剂中随着 CCl_4 比例变化的芳香区 ^{1}H NMR（TMS 作为内标），其中 Q-G_2COOMe 在 $CDCl_3$/CCl_4=1/4（体积比）的溶剂中形成稳定凝胶，成凝胶浓度为 5.57mg/mL

接着我们又研究了 Q-G_2COOMe 树状分子凝胶随温度变化的核磁共振氢谱，根据图 6-7，当温度从 298K 升至 358K 时，树状分子内层芳香环上的质子（H_c 和 H_d）和外层芳香环上的质子（H_a 和 H_b）化学位移都移向低场，这说明树状分子内层相对富电子芳环和外层缺电子芳环之间的 π-π 堆积作用对形成凝胶起到了至关重要的作用。

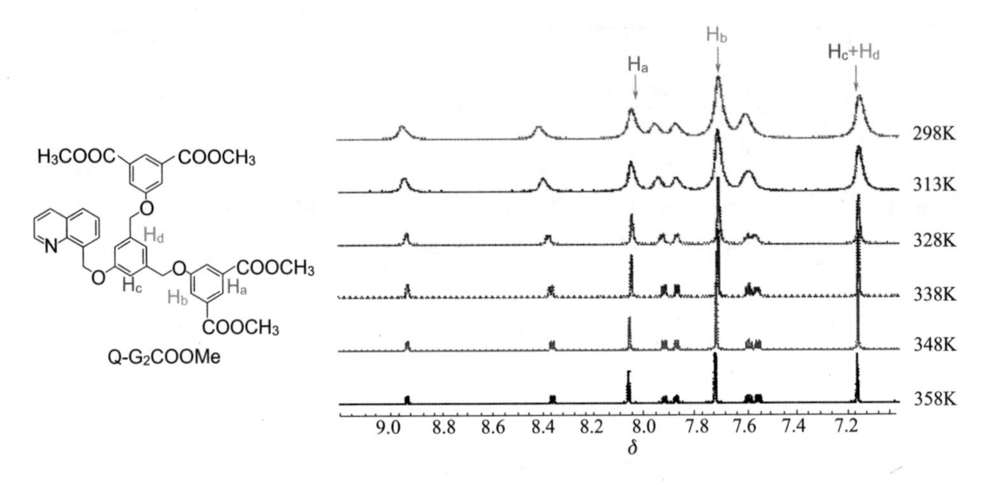

图 6-7　树状分子 Q-G_2COOMe 凝胶在芳香区的变温 ^{1}H NMR

最后，通过广角 X 射线粉末衍射研究了 Q-G_1COOMe 和 Q-G_2COOMe 树状分子凝胶因子在甲苯和乙酸乙酯中干凝胶下的组装模式以及成胶驱动力，根据图 6-5 能够发现，Q-G_1COOMe 和 Q-G_2COOMe 形成的干凝胶在 2θ=25.4º 左右出现了一个明显的衍射峰，其对应的距离正好是 3.5Å，刚好是 π-π 堆积作用所对应的有效距离，再次说明 π-π 相互作用力可以极大地促进凝胶的形成。

综上所述，基于温度和浓度变化的核磁共振氢谱以及广角 X 射线粉末衍射等实验表明，Q-G_1COOMe 和 Q-G_2COOMe 成胶的主要驱动力是多重芳香环之间的 π-π 堆积作用。

6.1.4　喹啉功能化聚芳醚型树状分子凝胶刺激响应性能

（1）超声响应性能

通过传统加热 - 冷却过程制备凝胶时，发现树状分子 Q-G_1COOMe 和 Q-G_2COOMe 无法凝胶化甲苯、乙酸乙酯、二甲苯等有机溶剂，但对这些体系施加短时间的超声作用后，混合体系就能转变为稳定的凝胶体系，这说明超声刺激可以促进凝胶体系的形成，具体超声多长时间是由树状分子的浓度和溶剂的类型来决定的。

通过 SEM 表征不同时间超声刺激后树状分子组装形成的微观形貌（图 6-8），结果发现树状分子 Q-G_2COOMe 在甲苯中加热完全溶解后，直接冷却至室温（超声 0s）形成了直径在 40 ～ 200nm，长度为 1μm 左右的短棒状组装体[图 6-8（A）、图 6-8（B）]；超声刺激 10s 后，开始形成了直径为数十纳米，长度为 1μm 左右的细而短的纤维结构[图 6-8（C）、图 6-8（D）]；随着超声时间的延长（超声 20s），细而短的纤维相互交联，形成了由直径为大约 100nm，长度为大约 1μm 纤维组成的网络结构[图 6-8（E）]；超声刺激 30s 后，纤维逐渐变长，形成了直径分布较宽（50 ～ 500nm），长度为数十微米相互交联的网状结构[图 6-8（F）、图 6-8（G）]；超声刺激 40s 后，该纤维聚集体形成了尺寸分布均一，长度在 4μm 左右，宽度在大约 50nm 的柔性纤维[图 6-8（H）、图 6-8（I）]，微观结构表现为这些纤维之间高度交联；当超声时间达到 50s 时，形成了细长柔性纤维，这些纤维之间彼此交联缠绕形成稀疏的网络状结构[图 6-8（J）]，此时形成的凝胶还不够稳定；超声 60s 后，形成了直径为数十纳米，长度为 10 ～ 100μm 的细长柔性纤维，细长的柔性纤维之间高度交联缠绕，形成了致密的三维网络状结构[图 6-8（K）、图 6-8（L）]，宏观上则对应形成了稳定的凝胶。

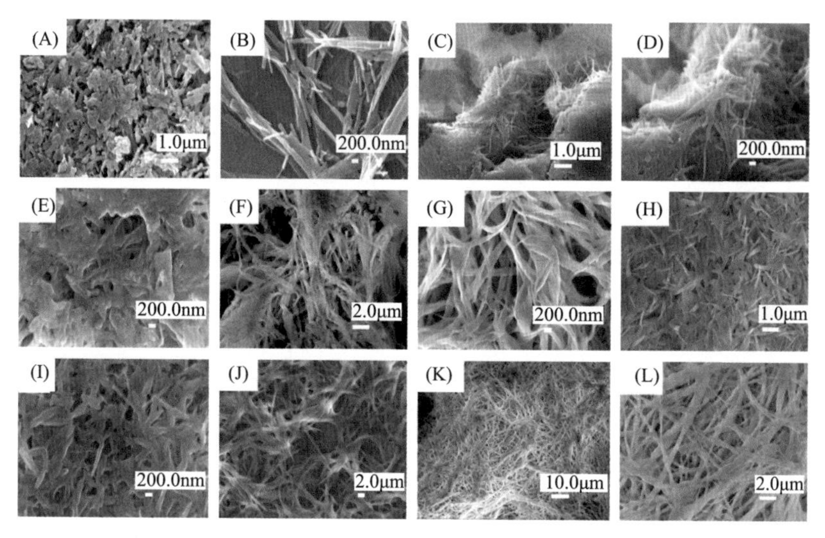

图 6-8　树状分子 Q-G_2COOMe 凝胶在不同时间超声刺激后的 SEM 照片

（A）、（B）0s；（C）、（D）10s；（E）20s；（F）、（G）30s；（H）、（I）40s；（J）50s；（K）、（L）60s

（2）触变响应性能

在实验过程中，我们发现树状分子 Q-G_1COOMe 和 Q-G_2COOMe 凝胶具有触变响应性能，他们利用流变仪详细研究了上述凝胶体系的触变响应性能。首先通过应变扫描确定了树状分子 Q-G_1COOMe 凝胶体系（甲苯，质量分数 5.42%）的线性区域，从图 6-9（A）能够发现，应变作用不超过 0.1% 时，黏性模量 G''（约 1×10^5Pa）小于弹性模量 G'（约 2×10^6Pa），Q-G_1COOMe 凝胶体系显现出了明显的黏弹性；当应变作用超过 0.1% 时，弹性模量 G' 和黏性模量 G'' 均快速减小，这说明部分凝胶体系已被破坏，且当应变超过 3% 时，黏性模量 G'' 大于弹性模量 G'，说明该凝胶体系已经被彻底破坏，显现出黏流体特性。Q-G_2COOMe 凝胶体系也表现出了相类似的流变力学行为[图 6-10（A）]。

在上述应变扫描结束后，我们又通过时间扫描[图 6-9（B）]来研究树状分子 Q-G_1COOMe 凝胶体系（甲苯，5.42%）的触变响应性能，结果发现，当没有应变作用于上述体系时，黏性模量 G''（约 2×10^5Pa）小于弹性模量 G'（约 1×10^6Pa），意味着体系又恢复为稳定的凝胶体系，此外该凝胶体系恢复前后的强度并没有发生太大的变化。Q-G_2COOMe 凝胶体系也具有同样的快速恢复成凝胶的性能[图 6-10（B）]。

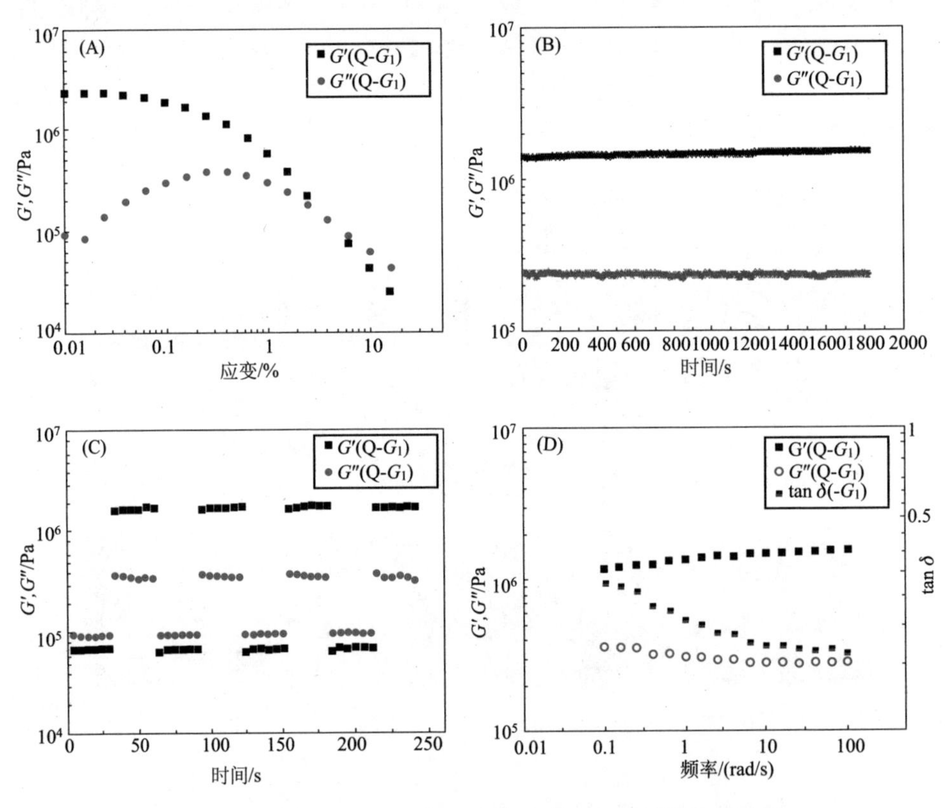

图 6-9 树状分子 Q-G_1COOMe 凝胶（甲苯，5.42%）流变力学实验

（A）应变扫描；（B）时间扫描；（C）振荡扫描；（D）频率扫描

随后，通过振荡扫描实验研究了这类树状分子凝胶体系触变响应的重复性，从图 6-9（C）可以发现，对上述凝胶体系施加 100% 剪切力作用时，体系的黏性模量 G''（约 9×10^4Pa）大于弹性模量 G'（约 6×10^4Pa），这说明凝胶体系在受到较强的剪切力作用时，会被破坏成溶胶体系；接着对溶胶体系施加 0.05% 剪切力作用时，

弹性模量 G'（约 6×10^5Pa）立刻大于黏性模量 G''（约 2×10^5Pa），显示出良好的弹性特点，说明溶胶体系又恢复为凝胶体系。上述过程能够多次重复且只有很少的模量损耗。Q-G_2COOMe 凝胶体系的触变响应性能也具有同样的重复性[图 6-10（C）]。

最后，我们通过频率扫描实验对树状分子凝胶体系 Q-G_1COOMe（甲苯，质量分数 5.42%）的耐振荡能力进行了研究，从图 6-9（D）能够发现，在所测试的频率范围内，黏性模量 G''（约 2×10^5Pa）小于弹性模量 G'（约 1×10^6Pa），这说明体系具有明显的黏弹性，同时也说明这类树状分子凝胶具有很好的耐振荡能力。当频率逐渐变小时，两种模量都没有发生太大的变化，说明树状分子 Q-G_1COOMe 凝胶体系是一种典型的超分子凝胶。Q-G_2COOMe 凝胶体系同样具有相类似的触变响应性能[图 6-10（D）]。

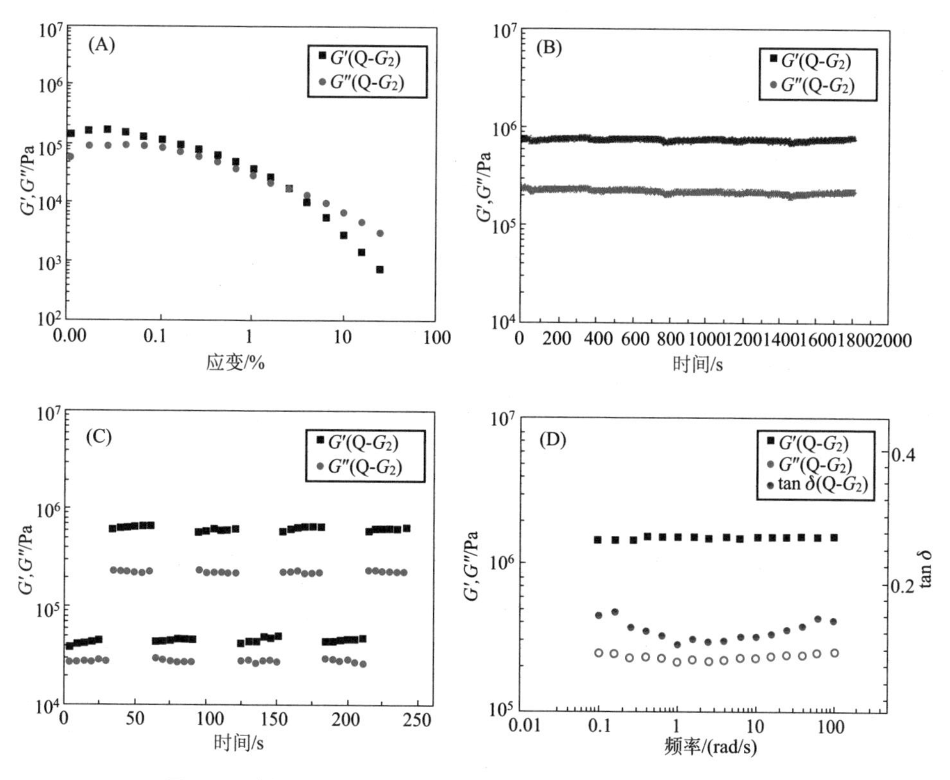

图 6-10　树状分子 Q-G_2COOMe 凝胶（甲苯，5.42%）流变力学实验

（A）应变扫描；（B）时间扫描；（C）振荡扫描；（D）频率扫描

6.1.5　喹啉功能化聚芳醚型树状分子凝胶对污染物的吸附性能

（1）金属离子吸附实验

分别准确称量 100mg 树状分子 Q-G_1COOMe 和 Q-G_2COOMe 置于 20mL 样品瓶中，然后在样品瓶中加入 2mL 丙酮，90℃水浴下使其加热溶解，冷却至室温后

超声形成白色浑浊凝胶。接着取 3 个 50mL 容量瓶并分别加入 0.391g$AgNO_3$ 白色固体、0.942g$Cu(NO_3)_2\cdot 3H_2O$ 蓝色固体、0.397g$Pb(NO_3)_2$ 白色固体，加入 50mL 超纯水稀释定容，制备得到 Ag^+、Cu^{2+}、Pb^{2+} 浓度均为 5000mg/L 的金属离子水溶液，用移液管准确移取 15mL5000mg/L 的金属离子水溶液加入置有凝胶体系的样品瓶中，然后开始吸附实验，每隔一段时间利用 X 射线荧光光谱仪分析水溶液中金属离子的浓度。

选用 Ag^+、Cu^{2+}、Pb^{2+} 作为模型离子，研究了 Q-G_1COOMe 和 Q-G_2COOMe 两种树状分子凝胶对金属离子的吸附行为。从图 6-11 可以看出，Q-G_1COOMe 树状分子凝胶刚开始对 Ag^+ 吸附很快，1h 后 Ag^+ 吸附率为 3%，3h 后其吸附率为 9%，进一步延长吸附时间，发现其吸附速率快速下降，吸附率约为 10%，12h 后，吸附达到平衡，最大吸附率为 11%。其对 Pb^{2+} 和 Cu^{2+} 的吸附行为也和 Ag^+ 相类似，相比于 Ag^+，其对 Cu^{2+} 和 Pb^{2+} 吸附效果更好，24h 时其对 Cu^{2+} 和 Pb^{2+} 的去除率分别为 17% 和 20%。

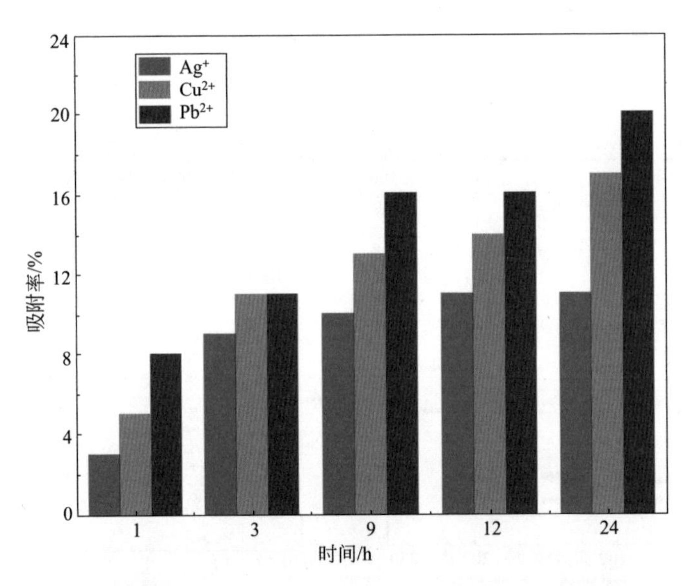

图 6-11　树状分子 Q-G_1COOMe 凝胶吸附金属离子的柱状图

相比于 Q-G_1COOMe 树状分子凝胶材料，Q-G_2COOMe 树状分子凝胶吸附速率更快（图 6-12），在吸附 1h 后，其对 Ag^+、Cu^{2+} 和 Pb^{2+} 的去除率分别为 4%、8% 和 7%，吸附 3h 就基本达到平衡，对 Ag^+、Cu^{2+} 和 Pb^{2+} 的去除率分别为 9%、12% 和 9%，随着时间的延长，其吸附速率大幅下降，28h 后，对 Ag^+、Cu^{2+} 和 Pb^{2+} 的去除率仅分别为 12%、11% 和 12%。Q-G_1COOMe 树状分子凝胶材料比 Q-G_2COOMe 树状分子凝胶具有更好的吸附效果。

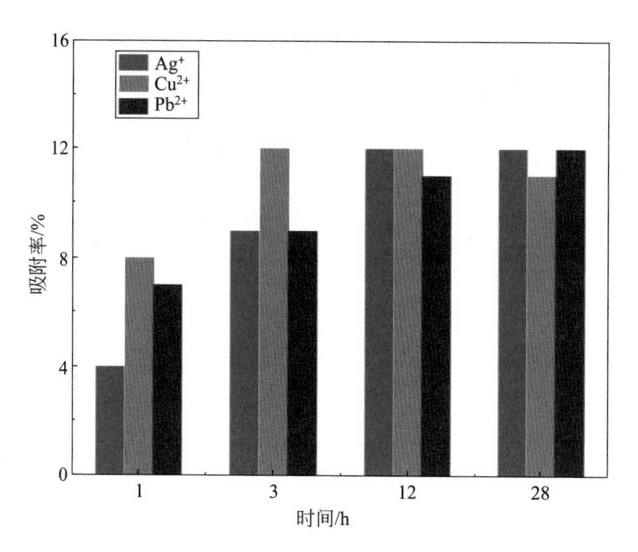

图 6-12　树状分子 Q-G_2COOMe 凝胶吸附金属离子的柱状图

（2）罗丹明 B 染料分子吸附实验

标准曲线绘制：于 10mL 容量瓶中加入 0.0605g 罗丹明 B，并加入超纯水稀释定容，得到 6.05g/L 的罗丹明 B 贮备液，继续通过超纯水稀释定容，配成浓度为 0.0006g/L、0.0012g/L、0.0018g/L、0.0030g/L、0.0060g/L、0.0090g/L、0.0120g/L 的系列标准溶液，利用紫外 - 可见吸收光谱测量其在 554nm 处的吸光度，根据罗丹明 B 浓度和对应测出的吸光度 A 绘制标准曲线（图 6-13）。

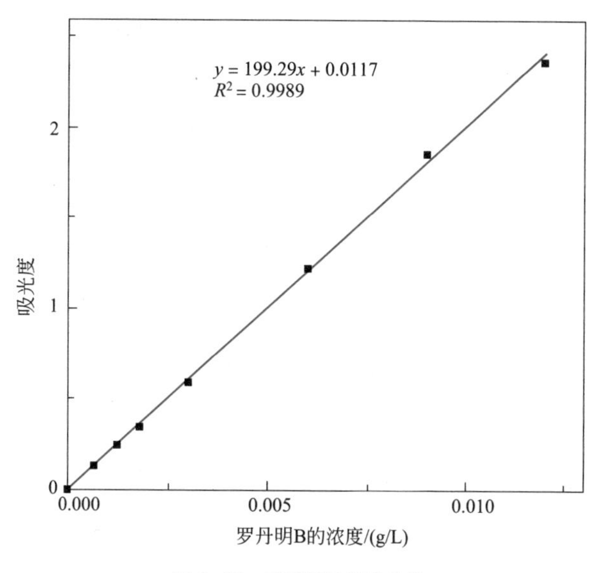

图 6-13　罗丹明 B 标准曲线

吸附曲线测试：分别称取树状分子 Q-G_1COOMe 与 Q-G_2COOMe 各 100mg 放入 20mL 样品瓶中，各加入 2mL 甲苯溶剂，用坩埚钳夹住样品瓶置于 90℃水浴锅中，待固体样品完全溶解并形成澄清溶液后，从水浴锅中取出样品瓶室温下静置 5min，然后将样品瓶在超声波清洗器中超声 1min，形成树状分子有机凝胶。分别取一定体积的 0.012g/L 的罗丹明 B 溶液加入置有 Q-G_1COOMe/ 甲苯与 Q-G_2COOMe/ 甲苯凝胶体系的样品瓶中，开始吸附。分别在凝胶吸附罗丹明 B 溶液 1min、5min、10min、15min、20min、30min、60min、90min、180min、240min、300min 后测定罗丹明 B 溶液的吸光度 A，然后通过罗丹明 B 标准曲线计算出溶液的相应浓度。

接着我们以罗丹明 B 为模型染料分子，研究了 Q-G_1COOMe 和 Q-G_2COOMe 两种树状分子凝胶对水溶液中罗丹明 B 的吸附去除效果。取 2mLQ-G_1COOMe 和 Q-G_2COOMe 凝胶（甲苯，质量分数 5.6%），在其上方分别加入 7mL 和 10mL 罗丹明 B 水溶液（2.5×10^{-5}mol/L），根据图 6-14 发现，静置一段时间后，罗丹明 B 染料逐渐被有机凝胶材料吸附，水层颜色由红色逐渐变为无色。通过对比吸附前后水溶液的颜色，可以看出 Q-G_1COOMe 和 Q-G_2COOMe 凝胶材料对罗丹明 B 染料分子有较强的吸附能力。

(A)

(B)

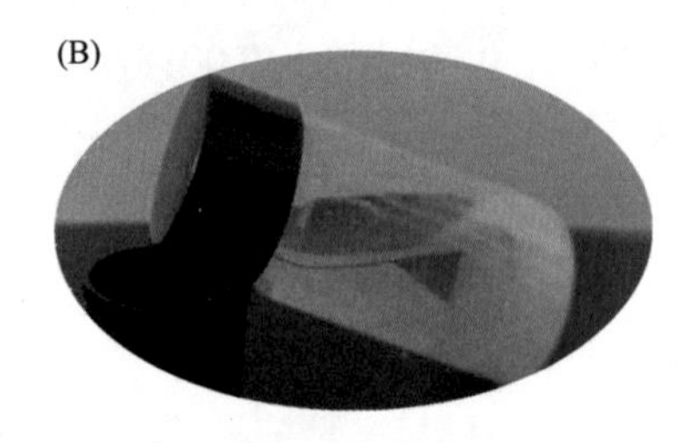

图 6-14　树状分子 Q-G_1COOMe 凝胶吸附罗丹明 B 前（A）和后（B）的照片

为了进一步定量分析出 Q-G_1COOMe 凝胶材料在水溶液中吸附罗丹明 B 的效果，利用紫外可见吸收光谱测试了上层水溶液中罗丹明 B 的浓度随时间的变化曲线[图 6-15（A）]。前 30min 的时候树状分子凝胶对罗丹明 B 的吸附速率很快，罗丹明 B 的浓度下降很快；罗丹明 B 的浓度从 0.012g/L 下降到了 0.005g/L，随着时间延长，树状分子凝胶对罗丹明 B 的吸附速率逐渐减慢，到 180min 时树状分子凝胶材料对罗丹明 B 的吸附基本达到饱和，其罗丹明 B 的浓度降低至 0.003g/L，吸附 300min 后，罗丹明 B 的浓度没有继续下降，饱和吸附率为 75%。

相比于 Q-G_1COOMe 凝胶材料，Q-G_2COOMe 凝胶材料对罗丹明 B 的吸附效果更好。吸附 30min 后，罗丹明 B 的浓度就降低至 0.0034g/L，降低到初始浓度的 1/3；180min 时树状分子凝胶材料对罗丹明 B 吸附基本达到饱和，罗丹明 B 的浓度降低至 0.0013g/L，降低到了初始浓度的 1/10，该有机凝胶材料对罗丹明 B 水溶液的吸附效率高达 89%［图 6-15（B）］，表明 Q-G_2COOMe 凝胶材料对罗丹明 B 染料分子具有高效的吸附能力。

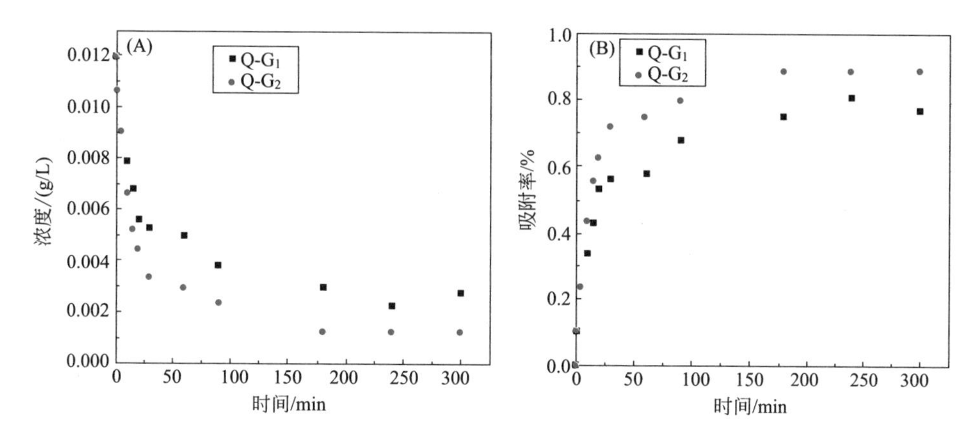

图 6-15 （A）凝胶上层清液中罗丹明 B 的浓度与吸附时间的变化曲线；（B）凝胶材料对罗丹明 B 染料分子的吸附率与时间关系曲线

6.2 核心修饰苯并噁唑官能团的聚芳醚型树状分子凝胶

激发态分子内质子转移（ESIPT）是指有机化合物分子在激发光的作用下从基态跃迁到激发态后，分子内某一基团上的氢（质子）通过分子内氢键，转移到分子内邻近的 N、O、S 等杂原子上，形成互变异构体的过程。ESIPT 化合物作为一类具有优异性能的功能材料[8,9]，有望被应用于荧光传感器、激光染料、光开关、电致发光材料等光电器件材料领域。

2-（2′- 羟基苯基）苯并噁唑（HPB）及其衍生物是一类典型的 ESIPT 发光分子（图 6-16）。该类分子具有荧光量子产率高、Stokes 位移大（无自吸收）和光稳定性好的特点。此外，HPB 分子还具有丰富的作用位点，例如 HPB 上的羟基可以选择性地与氟离子发生作用以及 HPB 单元能够与金属离子发生配位作用。基于以上这些独特的优点，该类型分子在荧光传感器、电致发光材料、光开关等光电材料和器件领域具有广阔的应用前景[10-16]。

2-（2′- 羟基苯基）苯并噁唑的激发态分子内质子转移发光过程如下：烯醇式基态在激发光源的作用下达到激发态，一方面烯醇式的激发态分子可通过释放能量，产生荧光（短波长）回到基态，另一方面由于 HPB 分子的结构特点，激发态分子可以发生激发态分子内质子转移（ESIPT）过程形成酮式激发态，且转移过程中的能量损失和形成更大的共轭 π 体系的原因，酮式激发态的能量要低于烯醇式激发态的能量。酮式的激发态通过释放能量产生荧光（长波长）回到其基态。由于烯醇式基态稳定性更好，酮式基态互变异构回到烯醇式基态。基于 ESIPT 化合物这一独特的光物理行为，如果在凝胶因子中引入 ESIPT 基团就可以很方便地制备一些具有优异发光性能的纳米材料，并应用于光电子和激光器件中。

6.2.1 HPB 功能化聚芳醚型树状分子合成及凝胶性能

（1）HPB 功能化聚芳醚型树状分子合成

Chen 等人[17,18] 首先通过 2,4- 二羟基苯甲酸与邻氨基苯酚反应，得到苯并噁唑类化合物，然后与树状分子 G_1-CH_2Br 通过简单的取代成醚反应得到目标产物 HPB-G_1（**6-3**，图 6-16），产物通过了 ^1H NMR、^{13}C NMR 和 HR-MS 的表征。

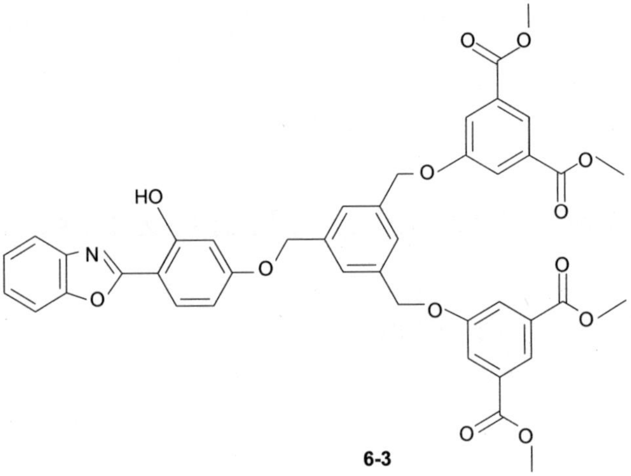

图 6-16 树状分子凝胶因子 HPB-G_1 的化学结构式[18]

（2）HPB 功能化聚芳醚型树状分子凝胶性能

他们考察了树状分子凝胶因子 HPB-G_1 的成胶性能。从表 **6-4** 可以看出，HPB-G_1 无论在单一溶剂还是混合溶剂中都表现出优异的成凝胶性能，在丙酮、乙腈、1,2- 二氯乙烷、THF、DMSO 等极性溶剂中以及在甲苯、四氯化碳等非极性溶剂中都能形成稳定的凝胶。但在甲醇这种极性质子溶剂中由于其溶解性非常差，不能形成凝胶。同时，在绝大部分有机溶剂中临界成凝胶浓度都在 15mg/mL 以下，其中在 DMSO 中临界成凝胶浓度低至 5.0mg/mL，表明这类树状分子凝胶因子达到了小分子凝胶因子较好的水平。研究发现，相对我们组报道的同代数的树状分子凝胶因子[19,20]，HPB 官能团的引入，有效地提高了其成凝胶性能，表现出成凝胶溶剂更广，成凝胶浓度更低的特点。

◆ 表 6-4 树状分子凝胶因子凝胶性能测试 [18]

编号	溶剂	HPB-G_1	编号	溶剂	HPB-G_1
1	甲苯	G（16.0）	9	四氯化碳	G（10.0）
2	苯甲醚	G（14.5）	10	1,2- 二氯甲烷	G（20.0）
3	苄腈	G（13.0）	11	甲醇	I
4	乙酸乙酯	G（8.1）	12	二甲基亚砜	G（5.0）
5	丙酮	G（14.0）	13	1- 丁醇	G（8.4）
6	乙腈	G（6.5）	14	四氢呋喃	G（25.0）
7	2- 甲氧基乙醇	G（5.4）	15	二氯甲烷	S
8	苄醇	G（10.0）	16	四氢呋喃 / 四氯甲烷 =5/1	G（18.0）

注：1. 括号中的数值为临界成凝胶浓度，单位为 mg/mL。

2.G—凝胶；S—澄清溶液；I—开始加热时不溶。详见 3.1.2 节。

（3）HPB 功能化聚芳醚型树状分子凝胶微观形貌及组装模型

利用扫描电镜（SEM）和透射电镜（TEM）研究了树状分子 HPB-G_1 凝胶在不同有机溶剂中的微观形貌（图 6-17）。从 SEM 照片可以看出，溶剂对凝胶微观形貌的影响是非常显著的，在不同的溶剂体系中呈现出不同尺寸的纤维及三维网络状结构。其中乙腈、苯甲醚和乙二醇单甲醚中更倾向于形成纤维更细的、更致密的三维网络状结构，而在丙酮、苄腈、DMSO 等溶剂体系中形成的纤维尺寸略大，直径在 20 ～ 100nm 之间，且纤维长度在几十微米。苯甲醇中形成了非常粗的纤维，三维纤维网络状结构也较差，故在宏观上表现出的成胶效果也较差。在四氢呋喃和四氯化碳的混合溶剂体系中，有较多的短而粗的纤维，这也可能是其成胶能力差的原因之一。

利用小角 X 射线粉末衍射对树状分子 HPB-G_1 凝胶的自组装模型进行了研究（图 6-18）。我们以 1,2- 二氯乙烷的干胶体系为研究对象，从 SAXS 的数据［图 6-18（B）］可以看出，其在 q=2.50°（110）、3.51°（200 和 020）、7.06°（400）、7.90°（420）和 17.72°（001）有很强的峰。通过计算，其正好符合中心正四方相（C2mm）结构，其中堆积参数为 a=b=35.8Å 以及 c=3.5Å。如果以分子密度为 d=1.1g/cm^3 考虑，计算可知一个单元里含有两个树状分子。根据上面的研究结果，他们可以推断出树状分子 HPB-G_1 的自组装模型，如图 6-19 所示。即 HPB-G_1 通过核心 HPB 单元之间的氢键相互作用形成二聚体，随后二聚体通过 π-π 相互作用成核增长，形成中心四方相，进一步组装形成纤维。纤维之间通过进一步相互交联缠绕形成三维网络状结构，从而将溶剂分子“固定”在三维网络状结构中，形成凝胶。

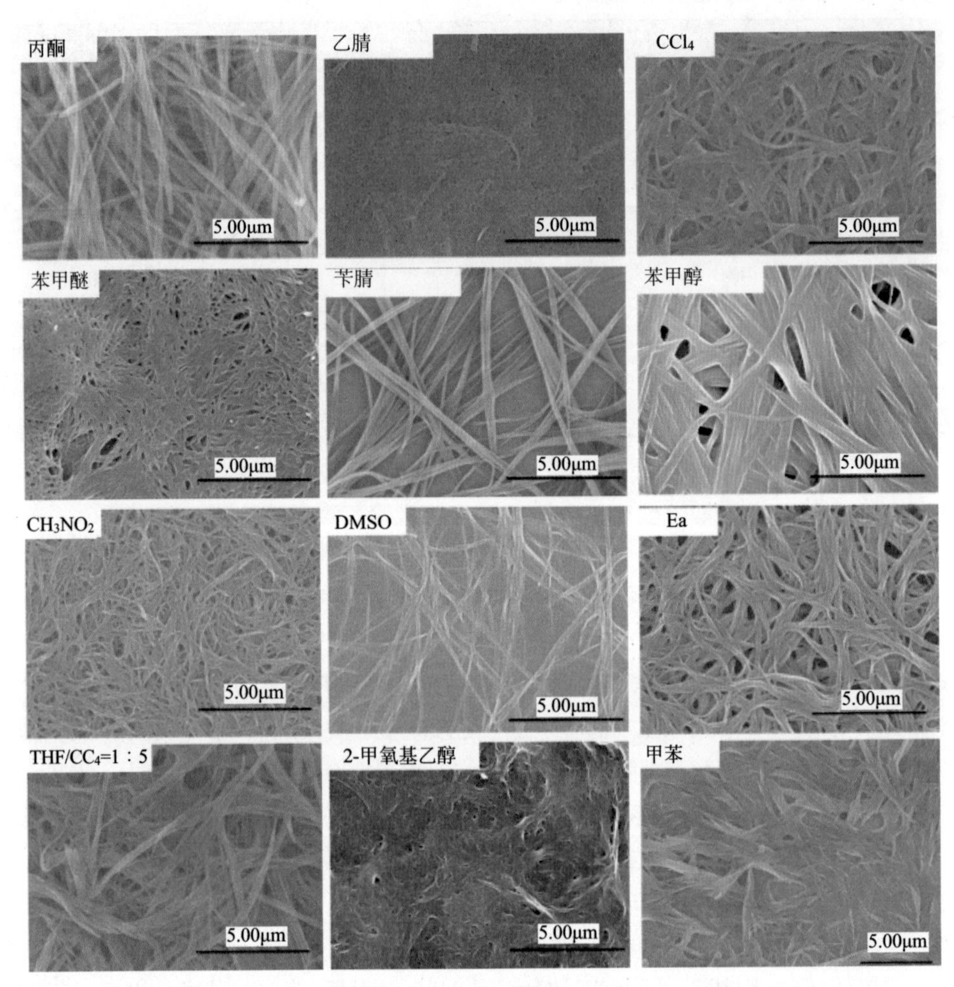

图 6-17　树状分子 HPB-G_1 凝胶在不同有机溶剂中干胶的 SEM 照片[18]

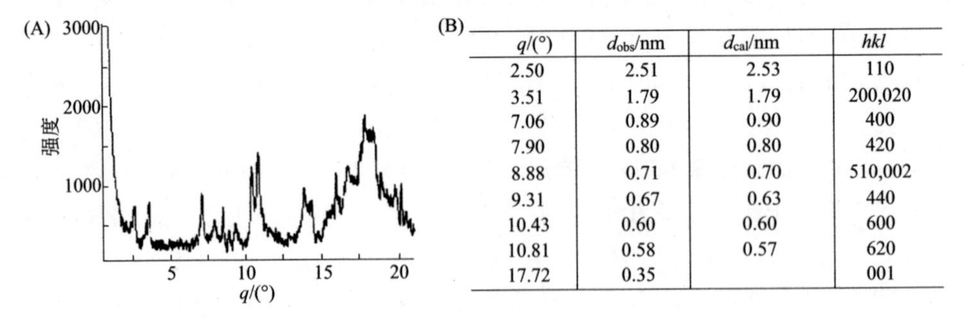

q/(°)	d_{obs}/nm	d_{cal}/nm	hkl
2.50	2.51	2.53	110
3.51	1.79	1.79	200,020
7.06	0.89	0.90	400
7.90	0.80	0.80	420
8.88	0.71	0.70	510,002
9.31	0.67	0.63	440
10.43	0.60	0.60	600
10.81	0.58	0.57	620
17.72	0.35		001

图 6-18　树状分子 HPB-G_1 在 1,2- 二氯乙烷中干胶的 XRD 图（A）及其 SAXS 的数据（B）[18]

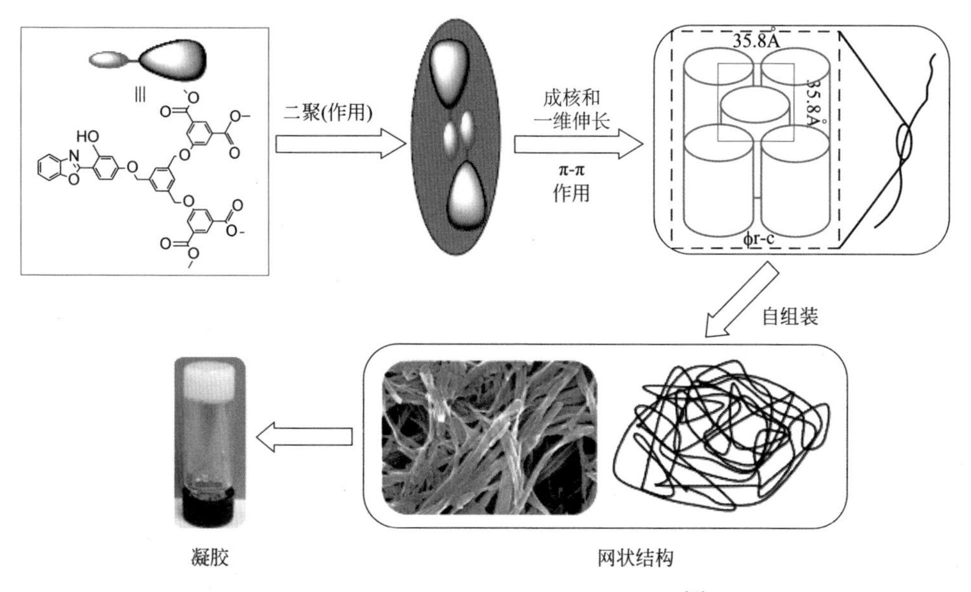

图 6-19　树状分子 HPB-G_1 可能的自组装模型[18]

6.2.2　HPB 功能化聚芳醚型树状分子成凝胶驱动力

以氘代乙腈为溶剂，研究了树状分子凝胶因子 HPB-G_1 在不同浓度下的核磁共振氢谱，从图 6-20（A）可以看出，树状分子外围的间苯二甲酸二甲酯芳环上的质子 H_a、H_b 和内层芳香环上的氢 H_c、H_d 都随着树状分子凝胶因子 HPB-G_1 浓度的增大而向高场移动。苯并噁唑单元上的氢 H_h、H_i 随着树状分子凝胶因子 HPB-G_1 浓度增加也向高场移动，其中氢 H_e ～ H_g 也观察到了同样的实验现象，这很好地证明了树状分子 HPB-G_1 之间存在着强的 **π-π** 相互作用。

利用变温氢谱对 **π-π** 相互作用进行了进一步的验证。从图 6-20（B）可以发现，随着温度由 328K 降低至 298K，树状分子外围的间苯二甲酸二甲酯芳环上氢 H_a、H_b 和内层芳香环上氢 H_c、H_d 的化学位移明显向高场移动，苯并噁唑单元上的氢 H_h、H_i 和 H_e ～ H_g 化学位移也向高场发生明显的移动。

通过上述实验他们发现无论是凝胶因子的浓度还是温度的变化，都会引起分子芳环上的质子氢发生位移，这证明了树状分子之间的 **π-π** 相互作用力是成胶的主要驱动力。同时，我们用小角 X 射线粉末衍射研究了 HPB-G_1 在干胶（1,2- 二氯乙烷）状态下的 **π-π** 相互作用力，从图 6-18（A）中可以看出在 q=17.72° 左右出现一个很强的衍射峰，它所对应的距离为 3.50Å，这是 **π-π** 作用力的有效距离。

综上所述，通过基于浓度、温度变化的核磁共振氢谱以及小角 X 射线粉末衍射等实验证明，树状分子之间的多重 **π-π** 相互作用力是成胶的主要驱动力。

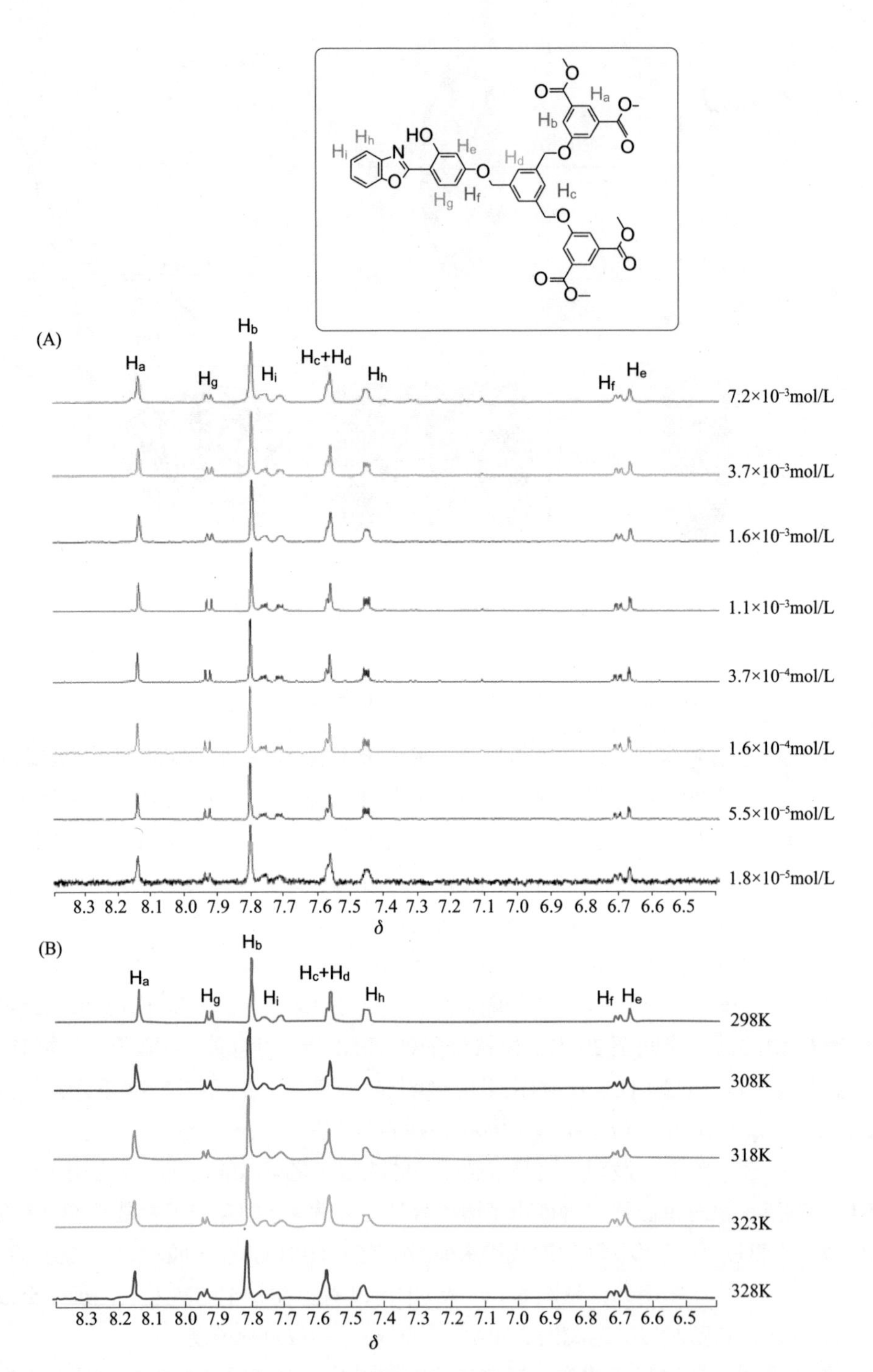

图 6-20　树状分子凝胶因子 HPB-G_1 在不同浓度（A）与不同温度（B）（HPB-G_1 浓度为 1.6×10^{-3}mol/L）条件下芳香区的 ^{1}HNMR（600MHz, CD_3CN）[18]

6.2.3 HPB 功能化聚芳醚型树状分子凝胶刺激响应性能

(1)树状分子凝胶对 F^- 的可视化识别

树状分子凝胶是在多重弱相互作用力驱动下组装成的，在宏观上表现为准固态弹性软材料。如果在体系中引入一些客体分子与其发生相互作用，可能会破坏其组装驱动力，导致凝胶破坏，发生凝胶到溶液的相转变过程。由此就可实现对某些分子的可视化识别。

在螺口瓶中加入 9.6mg 树状分子凝胶因子 HPB-G_1 和 1mLDMSO 溶剂，加热冷却后形成稳定的凝胶，然后在凝胶表面小心地加入四正丁基铵盐溶液(THF/H_2O=2/1，体积比)，随着氟离子的扩散，凝胶自上而下逐渐被破坏，约 4h 后体系变成淡黄色澄清溶液(图 6-21)，当往体系中加入一定当量的水时，又可恢复至凝胶态。而加入了其他负离子的凝胶体系，并未观察到上述现象。同时发现加入氟离子的体系其荧光强度也减弱。

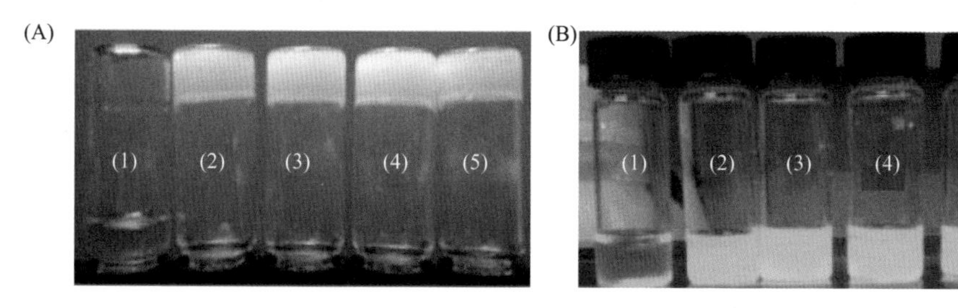

图 6-21 树状分子凝胶 HPB-G_1 添加不同四正丁基铵盐溶液后，静置 4h 后凝胶变化图片[18]

从左到右：(1) F^-；(2) Cl^-；(3) Br^-；(4) I^-；(5) HSO_4^-

利用 SEM 对 F^- 响应前后体系的微观形貌进行了研究(图 6-22)，加入 F^- 后，凝胶态致密的三维网络状结构变为无纤维状结构的微观形貌，宏观上伴随着凝胶状态转变为溶液态现象。推测可能是 F^- 使凝胶因子 HPB-G_1 上的羟基去质子化，破坏了成胶驱动力，导致凝胶态到溶液态的相转变。

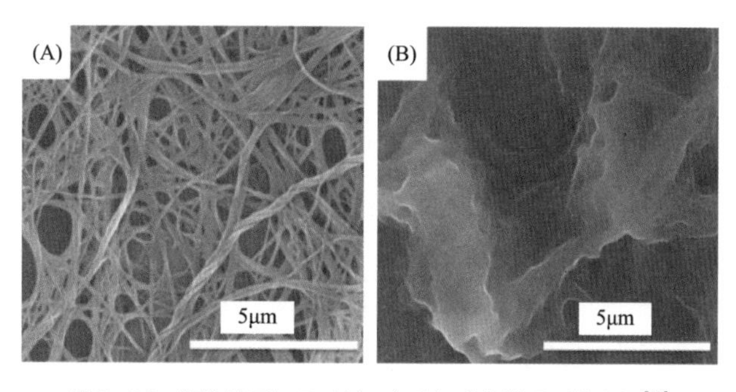

图 6-22 凝胶体系加 F^- 前(A)后(B)的微观形貌变化[18]

随后，他们利用核磁共振氢谱、紫外光谱和荧光光谱等技术手段对树状分子凝胶特异性识别的机理进行了研究。从核磁氢谱（图 6-23）可以明显看出，加入 1equiv F^- 后树状分子 HPB-G_1 的羟基氢消失，表明 F^- 的加入，使凝胶因子 HPB-G_1 上的羟基发生了去质子化过程。同时，HPB 功能基团上的氢（$H_e \sim H_i$）发生了明显的向高场的位移，而树状分子片段上的氢（$H_a \sim H_c$）未发生位移。这也从侧面说明发生去质子过程之后，HPB 部分更富有电子，因此 HPB 上的苯环氢往高场位移。

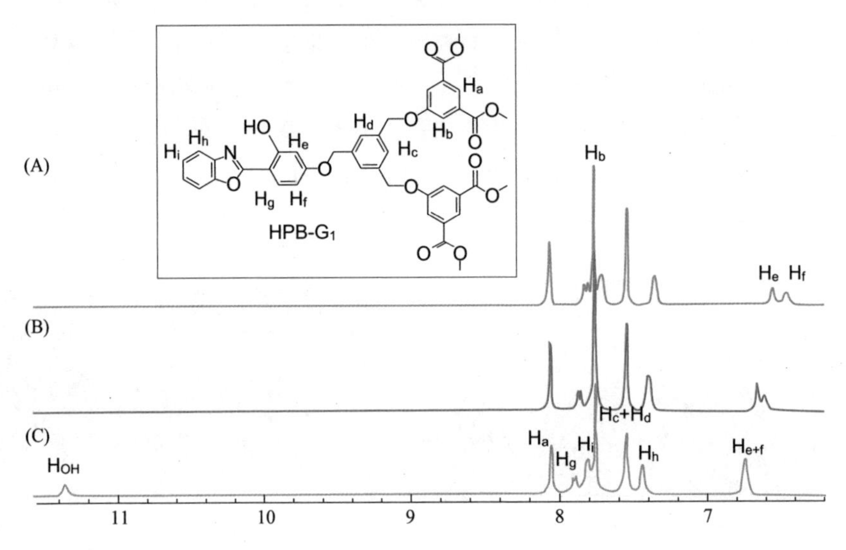

图 6-23　添加 1equiv（A）、0.5equiv（B）、0equiv（C）、TBAF 后树状分子凝胶因子 HPB-G_1 部分 ^{1}HNMR（600MHz,DMSO-d_6,HPB-G_1 浓度为 4.4mg/mL）[18]

从 HPB-G_1 的紫外吸收光谱以及荧光发射光谱可以看出，随着 F^- 的加入，紫外吸收光谱在 λ=390nm 左右产生了新的紫外吸收峰，而其他负离子的加入却没有引起其紫外光谱的变化［图 6-24（A）］，因而可以得出只有 F^- 才会与凝胶因子发生特异性相互作用。从荧光光谱［图 6-24（B）］中也可以看出，其他阴离子的加入并未引起体系荧光的明显改变，只有加入 F^- 后，其荧光发射峰发生了显著变化，且其荧光强度大大减弱。因此树状分子凝胶因子 HPB-G_1 相当于 F^- 的一个“关闭”（turn off）荧光探针。且其荧光光谱实验结果也与上面的实验现象［图 6-21（B）］能很好地吻合，即加入 F^- 离子后荧光大大减弱，由此可以通过该刺激响应性能对体系的荧光进行有效的调控。

在上面的研究基础上，通过紫外光谱测定了 HPB-G_1 树状分子和 F^- 离子之间作用的摩尔比。通过二者之间的 Job 曲线分析得出，该类树状分子和 F^- 的摩尔比约为 2 ：1（图 6-25）。

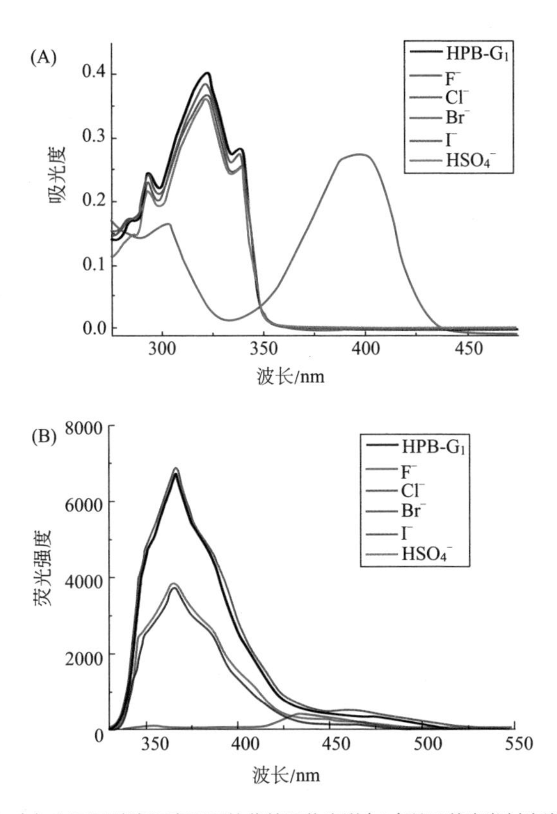

图 6-24　HPB-G_1 中加入不同种类阴离子后的紫外吸收光谱（A）以及荧光发射光谱（B）图（HPB-G_1：5×10^{-5}mol/L；激发波长：321nm）[18]

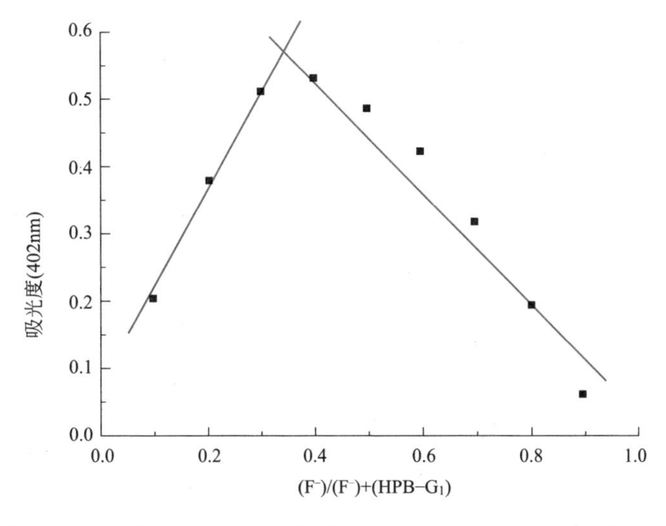

图 6-25　树状分子 HPB-G_1 与 F^- 之间的 Job 曲线（HPB-G_1+Bu_4NF=1×10^{-4}mol/L），其中横坐标为氟离子的物质的量分数

（2）树状分子凝胶的 Zn^{2+} 响应性能

树状分子凝胶除了对氟离子有专一的识别性以外，还具有对特定阳离子专一的选择识别性。例如当往树状分子凝胶体系中加入 1.0equiv $Zn(OAc)_2$ 后，凝胶缓慢地转变为溶液，并伴随着部分白色沉淀的生成。同时也发现，当往体系中加入 EDTA 时其又可以恢复至凝胶态。而加入其他二价离子比如 Ca^{2+}、Cu^{2+}、Cd^{2+}、Pb^{2+} 等时，仍然会维持稳定的凝胶状态［图 6-26（A）］。利用 SEM 研究了凝胶体系加入 Zn^{2+} 前后的微观形貌。从图 6-26（B）、图 6-26（C）中可以看出其微观结构发生显著变化。加入 Zn^{2+} 后，其微观结构由原来紧密的三维网络状结构变为片状的微观结构。究其原因可能是，部分 HPB 可以提供配位活性位点，Zn^{2+} 可以与 HPB 功能基团发生配位作用，破坏了凝胶体系的部分成胶驱动力，导致了凝胶的破坏，另外在缓慢渗透过程中，Zn^{2+} 与 HPB 作用生成的新物种成胶性能较差。

图 6-26　树状分子的 Zn^{2+} 响应示意图（A）及加入 Zn^{2+} 前（B）后（C）其微观形貌的变化[18]

随后用紫外吸收光谱以及荧光发射光谱研究了锌离子响应的机理。从图 6-27 可以看出，加入 Zn^{2+} 后，λ=375nm 左右产生了新的紫外吸收峰，同时荧光发射峰也发生了相应的位移。

随后利用 MALDI-TOF 对加入 Zn^{2+} 后的混合体系进行了研究。从质谱（图 6-28）可以看出，除了有凝胶因子 HPB-G_1 相对应的质谱峰（$[M+H]^+$、$[M+Na]^+$、

$[M+K]^+$）之外，还存在与 Zn^{2+} 单配位的质谱峰（$[M-H+Zn]^+$），以及与 Zn^{2+} 双配位的质谱峰（$[2M-2H+Na+Zn]^+$、$[2M-2H+K+Zn]^+$）。这说明 Zn^{2+} 与树状分子发生了配位作用。

利用 ^1H NMR 对该响应性能进行了研究。从图 6-29 中可以看出，加入 0.5equiv Zn^{2+} 后其 H_{OH} 数目已经减少，当加入 1.0equiv Zn^{2+} 后，H_{OH} 几乎消失，这说明应该是加入的 Zn^{2+} 与 HPB 部分发生了配位作用，消耗了这部分质子氢。另外从加入 Zn^{2+} 后树状分子凝胶因子芳环上氢的位移也可以看出，HPB 功能基团上的氢（H_e ～ H_i）发生了明显的向高场的位移，而树状分子片段上的氢（H_a ～ H_d）未发生位移。这说明是 Zn^{2+} 与树状分子的 HPB 部分发生了配位作用，可能破坏了其部分成胶驱动力，从宏观上表现出凝胶的破坏。

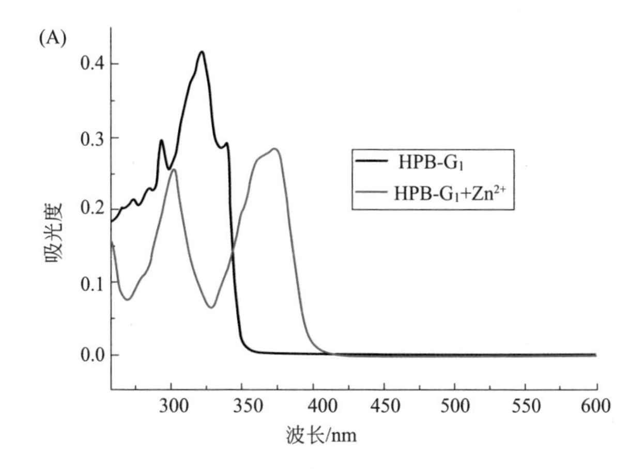

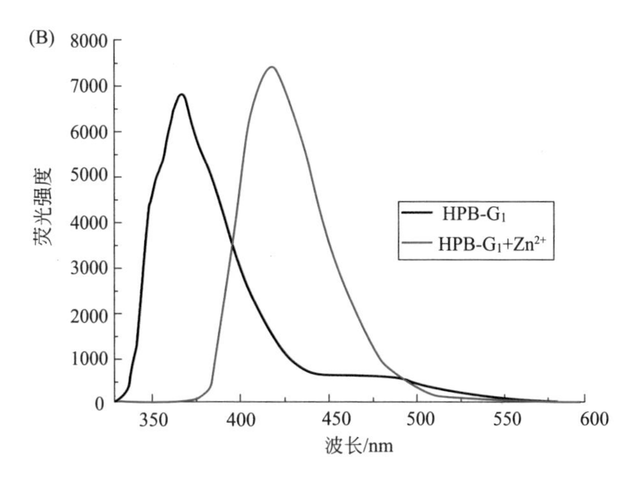

图6-27　HPB-G_1中加入金属离子前后的紫外吸收光谱［A］以及荧光发射光谱［B］图
（HPB-G_1：5×10^{-5}mol/L；激发波长：321nm）[18]

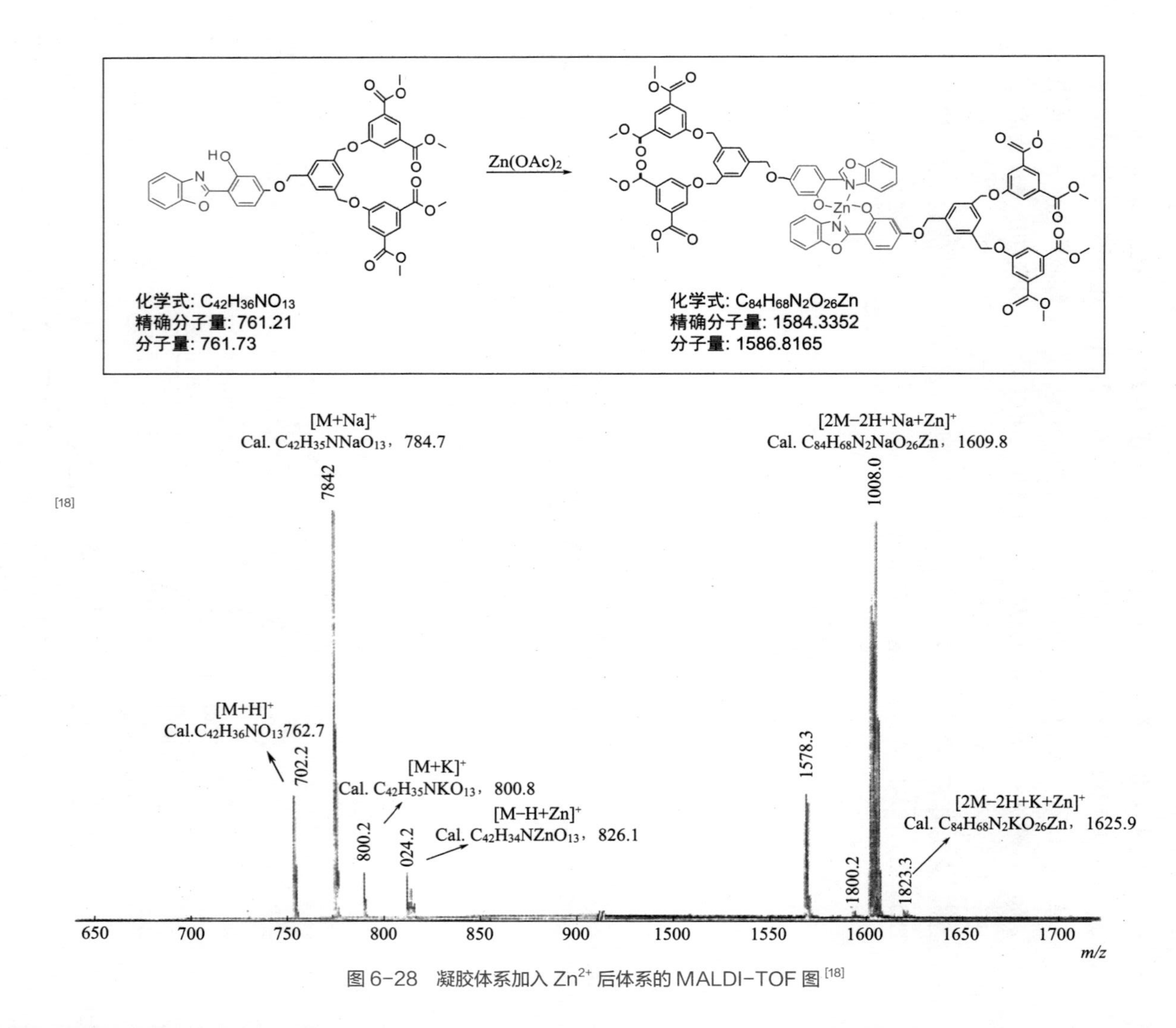

[18]

图 6-28 凝胶体系加入 Zn^{2+} 后体系的 MALDI-TOF 图[18]

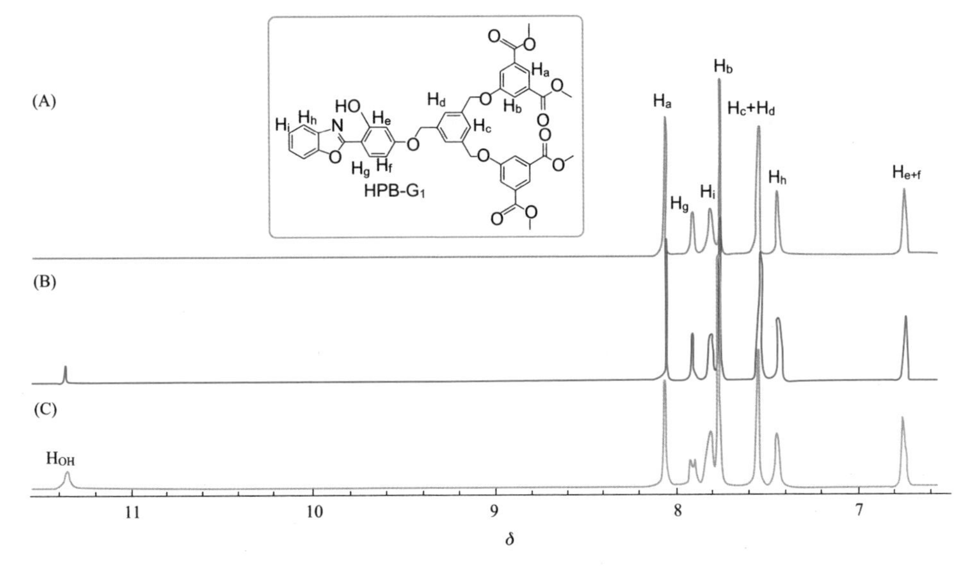

图 6-29　加入 Zn^{2+} 前后的树状分子凝胶因子 HPB-G_1（c=4.4mg/mL）的氢谱图 [18]

（A）加入 1.0 equivZn^{2+} 后芳环部分的氢谱；（B）加 0.5 equivZn^{2+} 后芳环部分的氢谱图；（C）未加 Zn^{2+} 芳环部分的氢谱图

（3）树状分子凝胶的 pH 响应性能

该凝胶体系还具有 pH 响应性能，如图 6-30 所示，将树状分子凝胶因子 HPB-G_1 加热溶解，冷却，能够在 DMSO 形成稳定的凝胶，而当加入 2equiv 的溶解于 DMSO 氢氧化钠溶液后，在水浴中加热几分钟，体系中出现沉淀，体系由原来的白色变成淡黄色。在冷却的条件下，即使放置较长时间，体系也不会形成稳定的凝胶。但是当往其中加入 3equiv 酸，重新加热冷却后，会重新形成稳定凝胶，且发现凝胶颜色又变为白色。可能的原因是树状分子凝胶因子 HPB-G_1 中含有酚羟基，当加入碱后能与其发生反应，破坏了凝胶因子之间的相互作用力，因而能对碱产生响应。

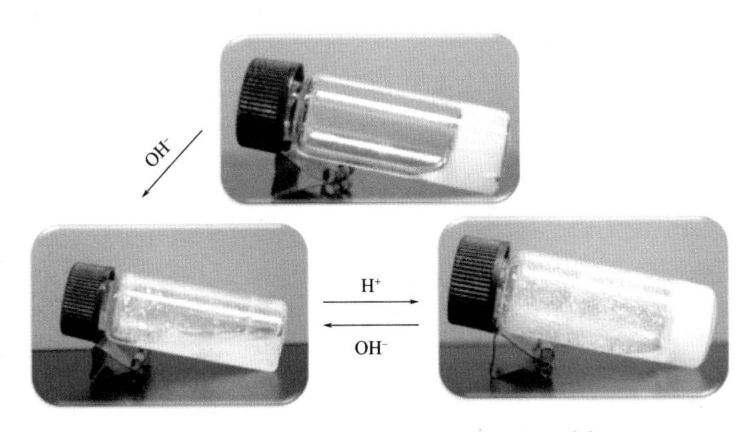

图 6-30　树状分子凝胶的 pH 响应性能示意图 [18]

从其微观形貌研究发现，加入 OH^- 后，其微观形貌发生了显著变化，其由原来的致密三维网络状结构变为无定形的聚集体[图 6-31（A）、图 6-31（B）]。从树状分子凝胶因子的紫外吸收光谱及荧光发射光谱[图 6-31（C）、图 6-31（D）]可以看出，加入 OH^- 后其光谱发生了显著变化，这应该是 OH^- 拔掉了树状分子凝胶因子 HPB-G_1 上的羟基，因此破坏了树状分子凝胶因子的结构，导致其光谱发生了显著的变化。

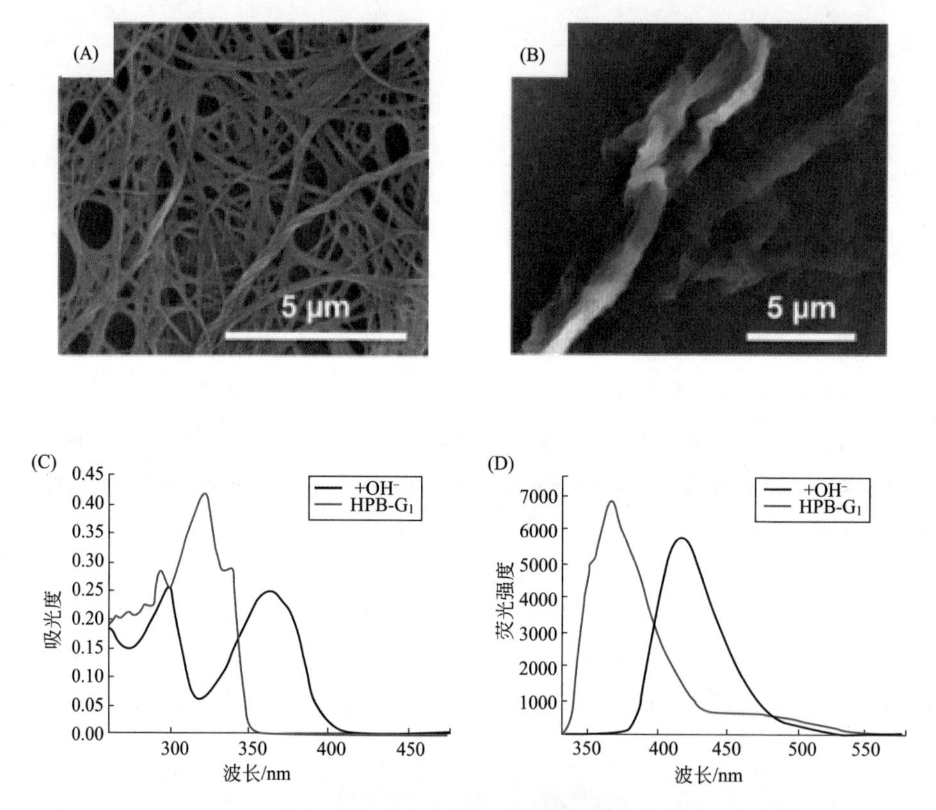

图 6-31　OH^- 对树状分子凝胶因子 HPB-G_1 微观形貌和光谱性能的影响[18]

（A）空白对照的 SEM 图；（B）加入 OH^- 后微观结构的 SEM 图；（C）紫外吸收光谱；（D）荧光光谱

随后利用 ^1H NMR 对 pH 响应性能进行了研究。从氢谱（图 6-32）可以看出，加入 1equiv OH^- 后其 H_{OH} 氢消失，同时 HPB 功能基团上的氢（H_e ～ H_i）明显向高场位移，而树状分子片段上的氢（H_a ～ H_d）没有明显变化，表明加入的 OH^- 拔掉树状分子凝胶因子 HPB 部分上的活泼 H^+ 后使 HPB 更富电子，氢质子发生了向高场的位移。

这类树状分子凝胶除了能够对 F^-、Zn^{2+} 和 pH 等产生智能响应外，还会对物理刺激如热、超声和应力产生智能响应，是一类具有多重刺激响应性能的“软物质”材料。

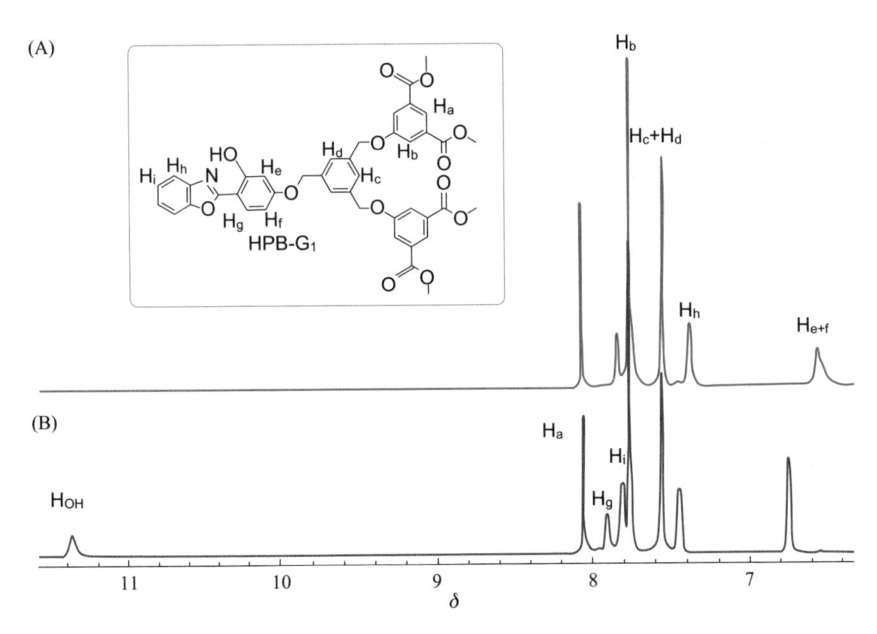

图 6-32　加入 OH^- 前后的树状分子凝胶因子 HPB-G_1（c=4.4mg/mL）氢谱图

其中（A）为加入 OH^- 后的氢谱；（B）为未加 OH^- 的氢谱图[18]

6.2.4　核心修饰荧光基团的聚芳醚型树状分子凝胶荧光性能

2-（2′- 羟基苯基）苯并噁唑（HPB）基团除了具有独特的发光性能外，近年来发现其也具有聚集诱导荧光增强的特性。他们研究了树状分子凝胶因子 HPB-G_1 成胶后的聚集诱导荧光增强的现象。

（1）树状分子凝胶因子 HPB-G_1 的光谱性能研究

从紫外吸收光谱可以看到其在 293nm、322nm、338nm 处有吸收峰，其中在 293nm 处的吸收峰为噁唑啉部分的吸收峰，322nm 处的吸收峰为树状分子的特征吸收峰，在 338nm 处的吸收峰为 HPB 官能团的吸收峰。在荧光光谱中，其中在 365nm 处的荧光发射峰应是分子烯醇式的激发态回到基态所产生的荧光发射峰（图 6-33），在 475nm 处的峰是烯醇式经过激发态分子内质子转移过程，形成酮式的激发态回到其基态所产生的荧光发射峰。

同时考察了树状分子 HPB-G_1 聚集前后紫外吸收光谱变化情况，通过把 20mg/mL HPB-G_1 的二氯甲烷溶液滴加在 $12 \times 25mm^2$、1mm 厚的石英片上，室温甩膜，真空干燥后，测量了树状分子 HPB-G_1 聚集状态下的紫外吸收光谱。从图 6-34 可以看出，聚集后体系的紫外吸收光谱发生了明显的红移，这说明树状分子的聚集方式为“*J*- 聚集”，即实现错位平行堆积。

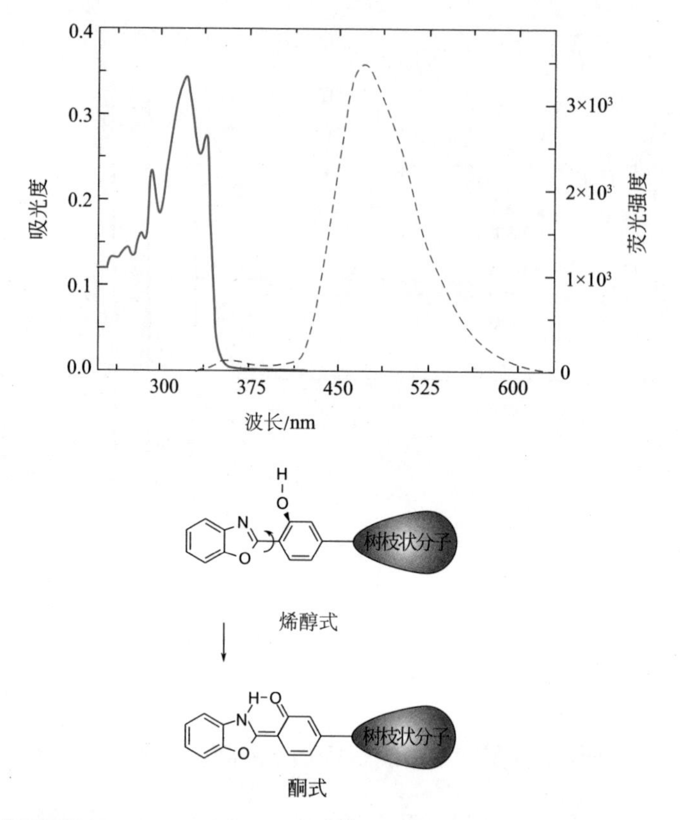

图 6-33 树状分子凝胶因子 HPB-G_1 的紫外吸收和荧光发射光谱（HPB-G_1 浓度为 5×10^{-5}mol/L，溶剂为 CCl_4，激发波长 321nm）[18]

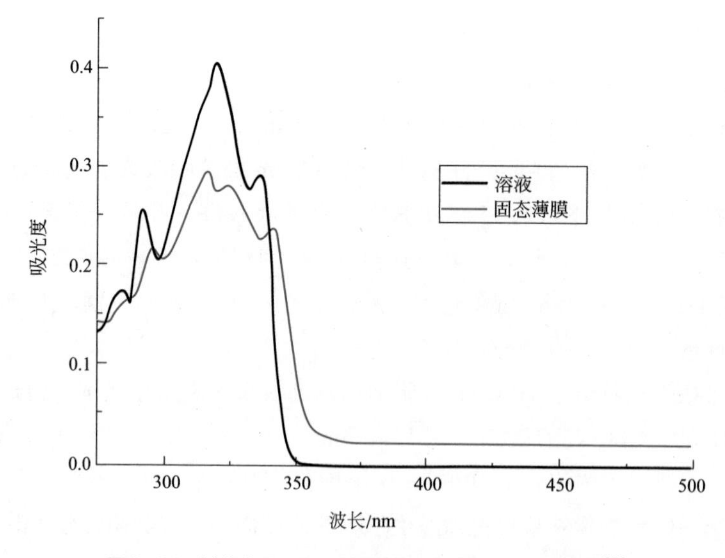

图 6-34 树状分子 HPB-G_1 聚集前后的紫外吸收光谱图 [18]

（2）树状分子 HPB−G_1 的聚集发光性能研究

在 245nm 紫外灯下，观察树状分子凝胶 HPB-G_1 成胶前后的荧光变化情况（图 6-35）。发现成胶后体系荧光强度显著增强，即表现出荧光增强的现象。

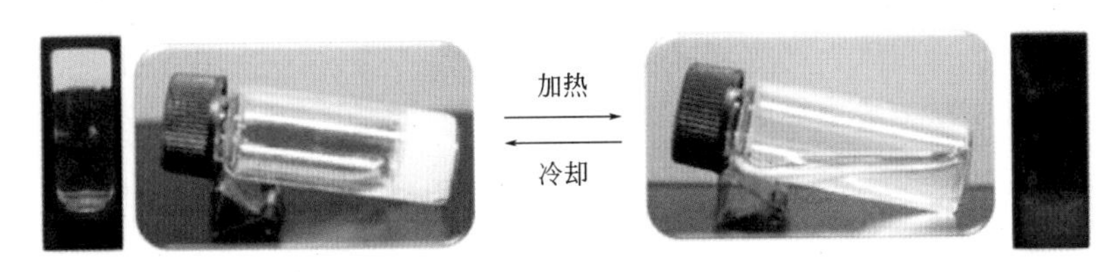

图 6-35　树状分子凝胶 HPB−G_1 成胶前后荧光的对比（245nm 紫外光照）[18]

选取 CCl_4 为溶剂体系，通过荧光光谱（图 6-36）可知，体系在 365nm 左右有较弱的荧光发射峰，在 475nm 左右有非常强的荧光发射峰。从含 HPB 基团分子的发光机理可知 365nm 为烯醇式的荧光发射峰，475nm 为酮式的荧光发射峰。研究发现该体系在 65℃的情况下保温 30min 后，体系荧光不再发生变化，其有可能是体系组装与解组装到达一定的平衡，荧光强度也不再发生变化。随后体系缓慢降至室温，可以看出随着温度的逐渐降低，475nm 左右的荧光强度逐渐增强。最后当把测试体系于 20℃的水溶液中放置 10min 后，发现其荧光发射强度相对于室温的荧光强度又有明显增加，可能的原因是，温度降低，体系进一步发生聚集组装，因此荧光强度有所增加。同时我们发现 365nm 处的荧光发射峰也随温度的降低而逐渐增强，不过相对于在 475nm 左右的荧光增强程度要小一些。

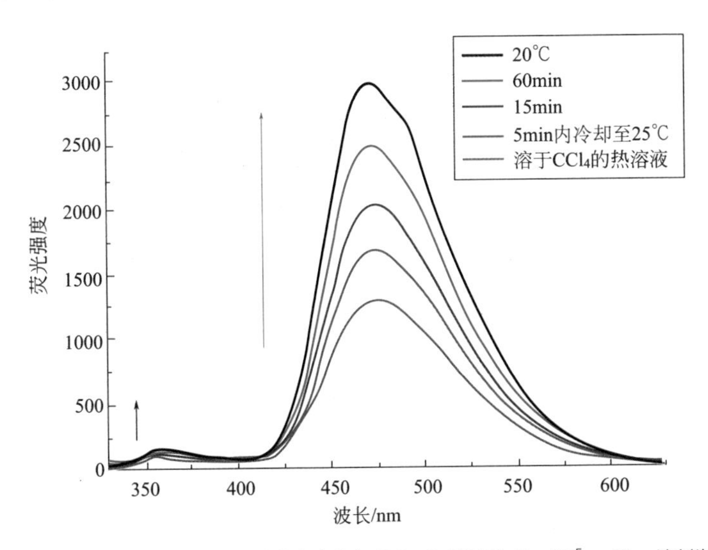

图 6-36　树状分子 HPB−G_1 体系的荧光变化（HPB−G_1 浓度为 5×10^{-5}mol/L，溶剂为 CCl_4，激发波长：321nm）[18]

树状分子 HPB-G_1 在 CCl_4 中的溶解性非常差，因而他们选取 CCl_4 为不良溶剂。通过改变良溶剂 THF 和不良溶剂 CCl_4 的比例，利用荧光光谱研究了树状分子 HPB-G_1 的荧光变化情况。如图 6-37 所示，在 THF 和 CCl_4 混合溶剂体系中，主要是以长波（long wavelength）荧光发射峰为主。且随着不良溶剂比例的增大，其荧光强度逐渐增强。这是因为加入不良溶剂后，树状分子凝胶因子 HPB-G_1 逐渐发生聚集组装，表现出聚集诱导荧光增强的现象。

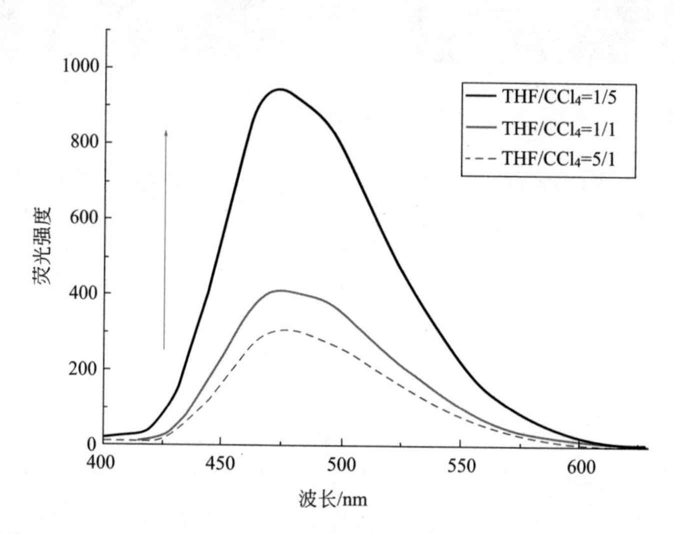

图 6-37　树状分子 HPB-G_1 在混合溶剂体系中的荧光光谱（HPB-G_1：5×10^{-5}mol/L；激发波长：321nm）

他们推测树状分子 HPB-G_1 聚集诱导荧光增强的原因可能如下：树状分子 HPB-G_1 在高温时，体系处于解组装状态，苯并噁唑基团容易发生分子内自由旋转，激发态分子的非辐射跃迁过程活跃，荧光发射峰强度较弱。然而当体系逐渐降温时，分子间弱相互作用力驱动树状分子发生聚集组装。一方面树状分子通过分子间相互作用使得核心的 HPB 荧光基团彼此靠近，限制了荧光基团的自由旋转，某种程度上减弱了激发态分子的非辐射跃迁（图 6-38 中 A）更重要的一方面是：聚集组装后使得核心的 HPB 荧光基团彼此靠近，有利于分子的平面化，进而更有利于分子发生激发态质子跃迁（ESIPT）（图 6-38 中 B）。这可以从实验数据看出，体系逐渐降温或者不良溶剂比例增大时，体系荧光都随着组装的发生而增强。且 475nm 处的荧光增强程度要远远大于 365nm 处荧光增强的程度。同时，树状分子空间位阻导致的“*J*- 聚集”方式也可能是其荧光增强的原因之一。树状分子凝胶的“*J*- 聚集”方式不利于激基态缔合物的生成，在某些情况下其也有利于聚集诱导荧光增强现象的发生。综上所述，该类树状分子 HPB-G_1 凝胶是一类优异的具有聚集诱导荧光增强现象（AIEE）的“软物质”材料。通过对其机理研究后，我们推测这种聚集诱导的荧光增强现象是树状分子凝胶因子通过分子间 π-π 相互作用形成的“*J*- 聚集”方式、激发态分子内质子转移（ESIPT）过程和分子内自由旋转受阻这些因素的综合结果。

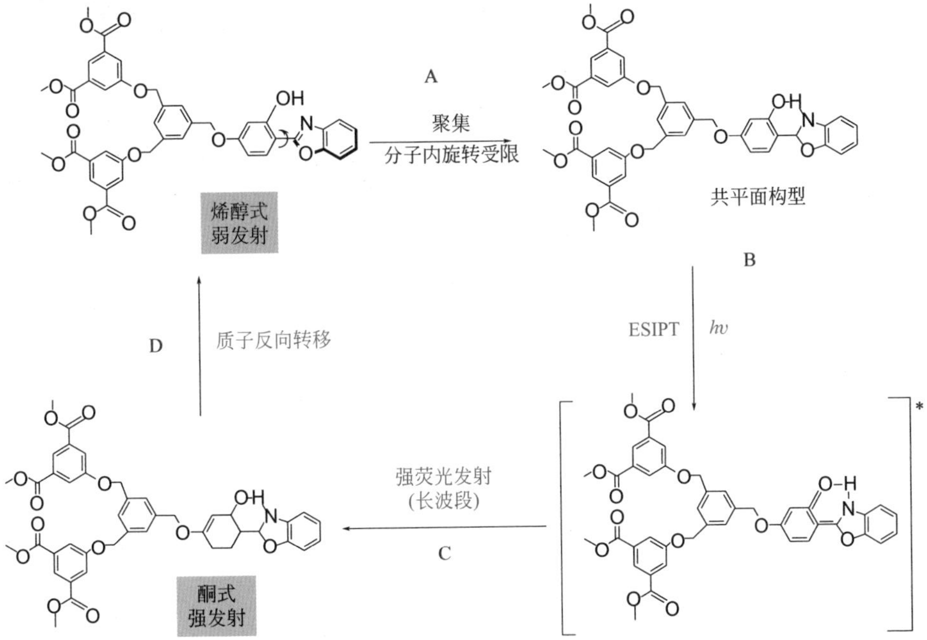

图 6-38　含 HPB 树状分子的荧光聚集增强机理[18]

6.3　其他类型双功能化聚芳醚型树状分子凝胶材料

张德清课题组[21]将光致变色分子螺吡喃引入间苯二甲酸二甲酯功能化的聚苄醚型树状分子（**6-4**）的核心，在紫外光照下，其核心的螺吡喃开环形成离子型的部花菁结构，伴随着该树状分子在甲苯溶液中自组装形成微纳米级球型聚集体；当该树状分子甲苯热溶液冷却至 0℃，则形成浅黄色的透明凝胶，该凝胶在紫外光照射下，由于螺吡喃发生开环反应导致凝胶由浅黄色逐渐变成蓝紫色，相反在可见光的照射下，其颜色由紫蓝色逐渐变成浅黄色，在整个变化过程中凝胶保持不变（图 6-39）。而且上述过程可以循环进行多次，其优异的光致变色性能有望被用于信息存储领域。

随后，他们合成了核心修饰有光活性的四苯基乙烯官能团，外围为间苯二甲酸二甲酯功能化的聚苄醚型树状分子凝胶因子[22]**6-5**；研究发现该树状分子凝胶因子在甲苯溶剂中成凝胶后，其荧光强度显著增强，且其荧光强度可以通过加热或者冷却过程进行有效调节；由于该类凝胶独特的聚集诱导发光现象，在凝胶态下，光诱导的能量传递可以在该凝胶因子和苝四羧基二酰亚胺（PI）之间顺利进行，而在溶

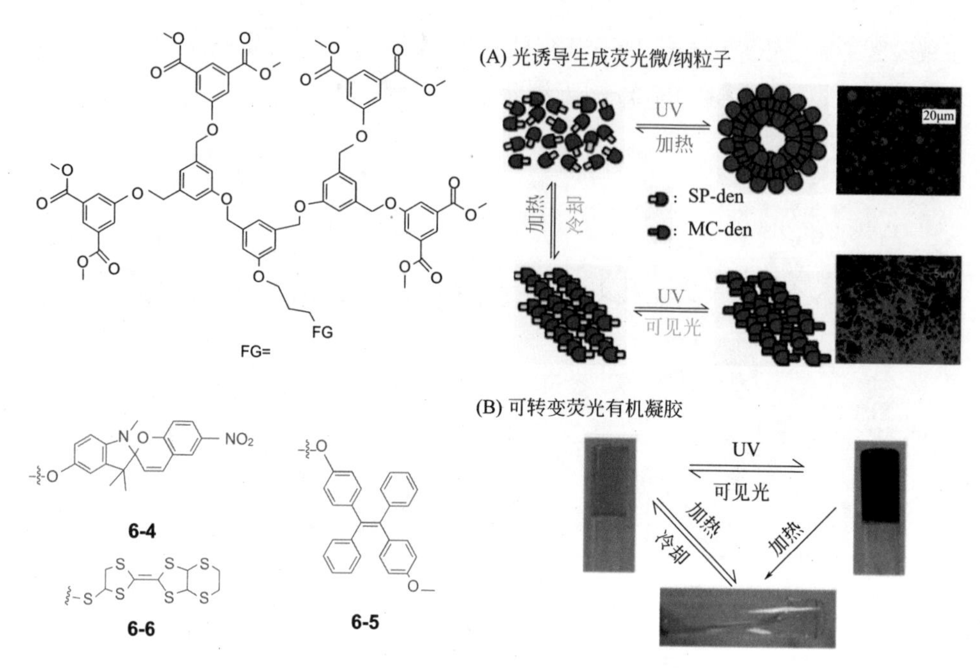

图 6-39 核心功能化的聚苄醚树状分子凝胶因子[21]

液中却不能进行。其发射光的波长可以通过调节能量受体分子 PI 的浓度来实现紫光、黄光以及红光的相互转变。另外他们发现前面提到的核心含有螺吡喃树状分子和核心修饰有四苯基乙烯官能团的树状分子之间同样也能进行能量传递（图 6-40）。

最近，他们小组在该类聚苄醚型树状分子凝胶因子的核心修饰有氧化还原活性

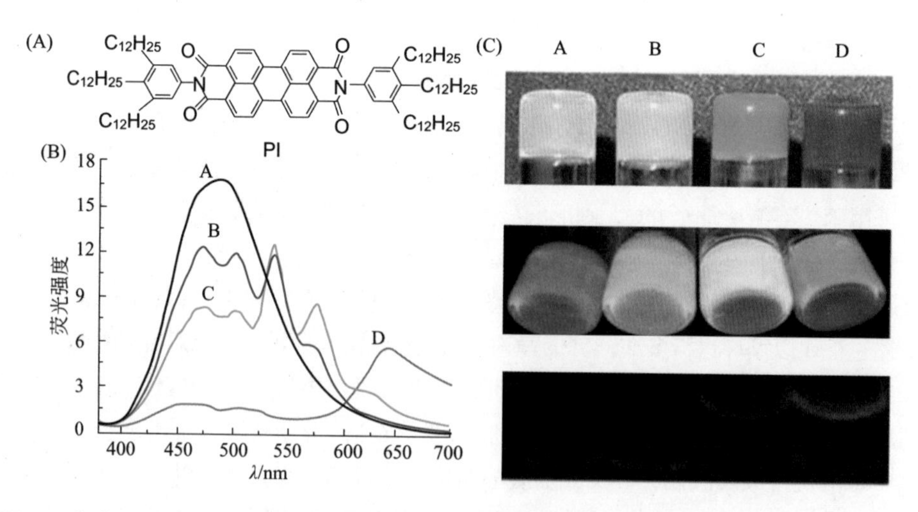

图 6-40 （A）PI 分子结构；（B）添加不同当量 PI 凝胶体系的荧光光谱（A:0mmol/L；B: 0.1mmol/L；C: 1.0mmol/L；D：10.0mmol/L）；（C）从上到下依次为凝胶在可见光、紫外光下，以及溶液在紫外光下的荧光照片[22]

的四硫富瓦烯（TTF）官能团 **6-6**，其能够在某些芳香溶剂中形成稳定凝胶，在该凝胶体系中加入四氯对苯醌后凝胶体系同样能够保持，当再往其中加入具有氧化性的 Pb^{2+}、Sc^{3+} 后，由于 TTF 官能团被氧化成 TTF^{+} 导致凝胶变成溶液；在镁屑的还原作用下，TTF^{+} 还原变成 TTF，再经过加热冷却凝胶能够自行恢复，因此他们成功构建了一类具有氧化还原响应性能的树状分子凝胶[23]。

Prasad 等人[24,25]通过在这类 AB_3 型聚苄醚树状分子的核心通过酰腙键连接某些荧光官能团（如蒽、芘和萘官能团等）从而发展了一系列荧光型树状分子有机凝胶（图 6-41）。上述含有荧光基团的树状分子均能在某些有机溶剂以及混合溶剂中形成稳定的凝胶，且伴随有荧光增强现象。有意思的是在核心含有蒽（**6-7**）或者芘的树状分子凝胶体系中，添加氟离子后，凝胶被破坏，逐渐变成溶液，同时伴随着体系由绿色变成红色的颜色变化。因而发展了一种简便快捷，只需通过裸眼观察就能鉴别氟离子的方法。

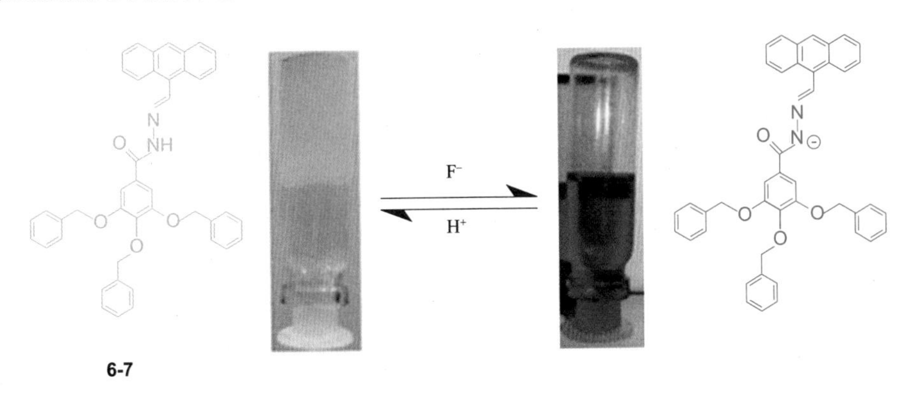

图 6-41　AB_3 型聚苄醚树状分子凝胶因子离子响应性[24,25]

2014 年，Prasad 等人[26]通过在聚苄醚型树状分子的核心修饰有二茂铁官能团，成功构建了一类新型的树状分子有机凝胶因子 **6-8**。氢键及树状分子之间的 **π-π** 相互作用是其成胶的主要驱动力。同时，研究发现该类凝胶能够对多种外界刺激（如热、氧化还原以及 Pb^{2+}）产生智能响应（图 6-42）。

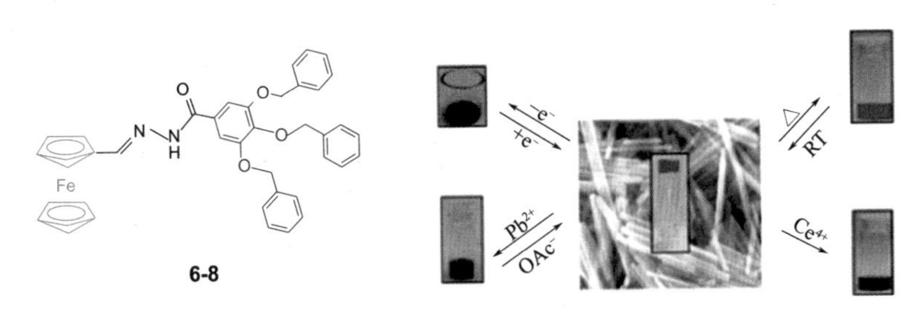

图 6-42　核心含二茂铁的聚苄醚型树状分子凝胶及其多响应性能

最近，他们又设计合成了一类新型的核心修饰有三联吡啶官能团的 AB_3 型聚芳醚树状分子凝胶因子[27]，该凝胶因子能够在二甲亚砜/水、*N*,*N*-二甲基甲酰胺/水、二氧六环/水、乙腈/水（1/1，体积比）中形成稳定凝胶，其成凝胶的驱动力为酰胺官能团之间的氢键作用，其组装形成的凝胶（图 6-43）表现出了明显的聚集诱导增强荧光特性，而在体系中引入铜离子后，随着铜离子的扩散，凝胶的荧光逐渐被猝灭最终形成了非荧光含铜金属超分子凝胶（CuG），在这种非荧光含铜金属超分子凝胶（CuG）中引入 CN^- 后，凝胶的荧光增强现象恢复，因此超分子金属凝胶可以作为探针检测 CN^-，其检出限可达 1.09×10^{-9}mol/L，在试剂条上涂覆一薄层该类金属凝胶可以可视化检测水中的 CN^-。

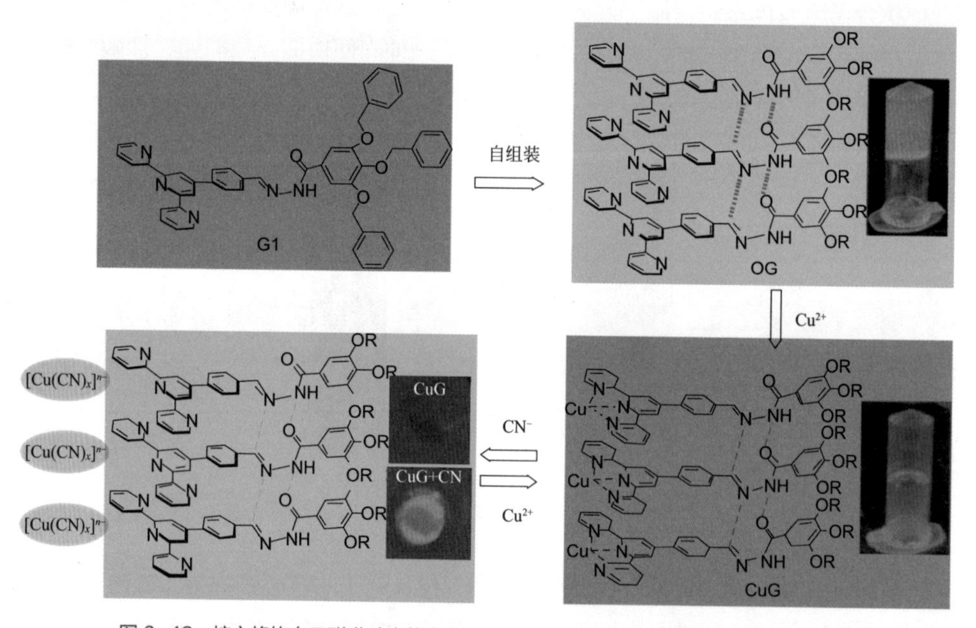

图 6-43　核心修饰有三联吡啶官能团的 AB_3 型聚芳醚树状分子组装及识别示意图[27]

参考文献

［1］Mirzaie M, Rashidi A, Tayebi H-A, Yazdanshenas M E. Removal of Anionic Dye from Aqueous Media by Adsorption onto SBA-15/Polyamidoamine Dendrimer Hybrid：Adsorption Equilibrium and Kinetics. *J Chem Eng Data* **2017,** *62*（4）: 1365-1376.

［2］Sun H, Zhang X, He Y, Zhang D, Feng X, Zhao Y, Chen L. Preparation of PVDF-g-PAA-PAMAM membrane for efficient removal of copper ions. *Chem Eng Sci* **2019,** *209*, 115186.

［3］Rafi M, Samiey B, Cheng C-H. Study of Adsorption Mechanism of Congo Red on Graphene Oxide/PAMAM

Nanocomposite. *Materials* **2018,** *11*(4): 496.

[4] Sohail I, Bhatti I A, Ashar A, Sarim F M, Mohsin M, Naveed R, Yasir M, Iqbal M, Nazir A. Polyamidoamine (PAMAM) dendrimers synthesis, characterization and adsorptive removal of nickel ions from aqueous solution. *J Mater Res Technol* **2020,** *9*(1): 498-506.

[5] Zhou Y, Luan L, Tang B, Niu Y, Qu R, Liu Y, Xu W. Fabrication of Schiff base decorated PAMAM dendrimer/magnetic Fe_3O_4 for selective removal of aqueous Hg(Ⅱ). *Chem Eng J* **2020,** *398*, 125651.

[6] Hao X, Liu Z, Qin J, Jin X, Liu L-Z, Zhai H, Yang W, Yan Z-C, Feng Y. Quinoline-cored Poly (Aryl Ether) Dendritic Organogels with Multiple Stimuli-Responsive and Adsorptive Properties. *Chem-Asian J* **2022,** *17*(1): e202101135.

[7] 郝晓宇．功能化聚芳醚型树状分子凝胶因子的设计合成及响应、吸附性能研究．大同：山西大同大学，2022.

[8] Klymchenko A S, Demchenko A P. Electrochromic Modulation of Excited-State Intramolecular Proton Transfer: The New Principle in Design of Fluorescence Sensors. *J Am Chem Soc* **2002,** *124*(41): 12372-12379.

[9] Park S, Kwon J E, Kim S H, Seo J, Chung K, Park S-Y, Jang D-J, Medina B M, Gierschner, J, Park, S Y. A White-Light-Emitting Molecule: Frustrated Energy Transfer between Constituent Emitting Centers. *J Am Chem Soc* **2009,** *131*(39): 14043-14049.

[10] Tang Z, Han H, Ding J, Zhou P. Dual fluorescence of 2-(2′-hydroxyphenyl) benzoxazole derivatives via the branched decays from the upper excited-state. *Phys Chem Chem Phys* **2021**, *23* (48): 27304-27311.

[11] Syetov Y. Luminescence spectrum of 2-(2′-hydroxyphenyl)benzoxazole in the solid state. *Ukr J Phys Opt* **2013,** 14(1): 1.

[12] Simei S, Song Z, Jiao S, Xiaoshan G, Chao J, Jingyu S, Saiyu W. Ultrafast proton transfer dynamics of 2-(2′-hydroxyphenyl)benzoxazole dye in different solvents. *Chinese Phys B* **2022,** *31*: 027803.

[13] Shang Y, Zheng S, Tsakama M, Wang M, Chen W, A water-soluble, small molecular fluorescence probe based on 2-(2′-hydroxyphenyl) benzoxazole for Zn^{2+} in plants. *Tetrahedron Lett* **2018,** *59*(45): 4003-4007.

[14] Ohshima A, Momotake A, Nagahata R, Arai T. Enhancement of the large stokes-shifted fluorescence emission from the 2-(2′-hydroxyphenyl) benzoxazole core in a dendrimer. *J Phys Chem A* **2005,** *109* (43): 9731-9736.

[15] Minati D,Mongoli B, Krishnamoorthy G. Host-guest interaction aided Zinc carry and delivery by ESIPT active 2-(2′-hydroxyphenyl) benzoxazole. *Spectrochimica Acta Part A:Molecular and Biomolecular Spectroscopy* **2022,** *281*: 121474.

[16] Meisner Q J, Younes A H, Yuan Z, Sreenath K, Hurley J J M, Zhu L. Excitation-Dependent Multiple Fluorescence of a Substituted 2-(2′-Hydroxyphenyl) benzoxazole. *J Phys Chem A* **2018,** *122*(47): 9209-9223.

[17] Chen H, Feng Y, Deng G-J, Liu Z-X, He Y-M, Fan Q-H. Fluorescent Dendritic Organogels Based on 2-(2′-Hydroxyphenyl)benzoxazole: Emission Enhancement and Multiple Stimuli-Responsive Properties. *Chem Eur J* **2015,** *21*(31): 11018-11028.

[18] 陈辉．聚苄醚型树状分子凝胶因子的设计合成及性能研究．湘潭：湘潭大学，2015.

[19] Feng Y, Liu Z, Wang L, Chen H, He Y, Fan Q. Poly (Benzyl Ether) Dendrons without Conventional Gelation Motifs as a New Kind of Effective Organogelators. *Chin Sci Bull* **2012,** *57*(33): 4289-4295.

[20] Feng Y, Liu Z-T, Liu J, He Y-M, Zheng Q-Y, Fan Q-H. Peripherally Dimethyl Isophthalate-Functionalized Poly (benzyl ether) Dendrons: A New Kind of Unprecedented Highly Efficient Organogelators. *J Am Chem Soc* **2009,** *131*: 7950-7951.

[21] Chen Q, Feng Y, Zhang D, Zhang G, Fan Q, Sun S, Zhu, D. Light-Triggered Self-Assembly of a Spiropyran-Functionalized Dendron into Nano-/Micrometer-Sized Particles and Photoresponsive Organogel with Switchable Fluorescence. *Adv Funct Mater* **2010,** *20*(1): 36-42.

[22] Chen Q, Zhang D, Zhang G, Yang X, Feng Y, Fan Q, Zhu D. Multicolor Tunable Emission from Organogels Containing Tetraphenylethene, Perylenediimide, and Spiropyran Derivatives. *Adv Funct Mater* **2010,** *20*(19):

3244-3251.

[23] Yang X, Zhang G, Li L, Zhang D, Chi L, Zhu D. Self-Assembly of a Dendron-Attached Tetrathiafulvalene : Gel Formation and Modulation in the Presence of Chloranil and Metal Ions. *Small* **2012,** *8*(4): 578-584.

[24] Rajamalli P, Prasad E. Low Molecular Weight Fluorescent Organogel for Fluoride Ion Detection. *Org Lett* **2011,**13(14): 3714-3717.

[25] Rajamalli P, Prasad E. Non-Amphiphilic Pyrene Cored Poly (Aryl Ether) Dendron Based Gels: Tunable Morphology, Unusual Solvent Effects on the Emission and Fluoride Ion Detection by the Self-Assembled Superstructures. *Soft Matter* **2012,** *8*(34): 8896-8903.

[26] Lakshmi N V, Mandal D, Ghosh S, Prasad E. Multi-Stimuli-Responsive Organometallic Gels Based on Ferrocene-Linked Poly (Aryl Ether) Dendrons : Reversible Redox Switching and Pb^{2+}-Ion Sensing. *Chem-Eur J* **2014,** *20*(29): 9002-9011.

[27] Sebastian A, Prasad E. Cyanide Sensing in Water Using a Copper Metallogel through "Turn-on" Fluorescence. *Langmuir* **2020,** *36*(35): 10537-10547.